27

도해
특수부대

오나미 아츠시 | 지음

AK TRIVIA BOOK

■ 여기서 잠깐! 독자 여러분들의 이웃은 정말로 괜찮은 걸까요?

근처에 새로 이사 온 젊은 부부, 북쪽에서 새로 전학 온 급우는 과연 정말로 안전하며 안심할 수 있는 존재일까요? 어쩌면 그들은 여러분들의 「잔잔하고 평온한 일상」을 파괴해버릴 존재일지도 모르는 법입니다.

✎ 아래의 체크 시트를 참고로 확인해봅시다!

당신의 이웃은……

- 발소리를 내지 않고 걷는다.
- 아주 작은 소리에도 곧잘 반응한다.
- 반짝이는 것을 몸에 걸치지 않는다.
- 어디서든 수면을 취할 수 있다.
- 외국어가 능숙하다.
- 바늘이나 실을 아주 잘 다룬다.
- 노상에 주차되어 있는 차량에는 가까이 다가가지 않는다.
- 입에 넣은 것을 바로 삼키지 않는다.
- 종교에는 관용적이다.

6쪽에 계속

  본서는 특수부대의 임무나 역할, 각종 테크닉 등에 대하여 알기 쉽게 해설하고 있는 책입니다. 특수부대의 대원들은 육체의 한계까지 자신을 몰아붙일 정도로 뼈를 깎는 훈련을 받으며, 수많은 정신적 고통을 버텨내야 하고, 각종 비밀을 엄수해야 하는 의무 때문에 자신들이 세운 공적을 자랑할 수도 없는 데다, 때로는 무지로 인한 오해까지 감수해야 하는 등, 은막의 스타들이나 프로스포츠의 신수들처럼 스포트라이트를 받는 화려한 무대에 서서 칭송을 받는 일은 꿈조차 꿀 수 없는 존재들입니다.

  이러한 그들을 지탱해주는 것은 다름 아닌 「익명의 열정」이라고도 할 수 있을 것입니다. 아군 부대의 안전이나, 소속되어 있는 사회나 국가의 안녕, 더 나아가서는 세계의 평화가 자신들의 어깨 위에 걸려있으며, 자신들의 헌신을 통해 지켜진다는 것을 믿기에, 평범한 사람의 힘으로는 절대 불가능할 고난을 이겨내고 임무를 수행할 수 있는 것이지요.

  엔터테인먼트의 세계에 있어 「특수부대」는 대단히 매력적인 조연으로 등장하곤 합니다. 주인공이 군이나 경찰 등에 속해있다고 하더라도 "특수부대가 주역"인 경우는 조금 드문 편이지만, 그들이 속한 조직이나 부대가 특수부대적인 성격을 지니고 있거나 하는 일은 꽤 많은 편이지요. 이것은 특수부대의 이미지가 기본 「소수정예」인데다, 어떠한 장비를 보유하고 있더라도 딱히 부자연스러울 것이 없으며, 역사적으로 중요한 전환점의 입회인으로 참여할 수도 있는 위치에 있기 때문입니다. 또한 주인공이 평범한 민간인일 경우엔, 위기에 처한 주인공 일행을 구원하기 위해 달려온 정의의 기병대가 되기도 하고, 주인공의 적대 세력이 보낸 무시무시한 강적으로 그려지는 일도 자주 있지요.

  자신이 만들고자 하는 창작물에 특수부대, 혹은 특수부대에 준하는 집단을 등장시키려고 할 경우, 그 모델이 되는 부대를 미리 정해보는 것도 하나의 방법일 수 있을 것입니다. 이를테면, 어느 방면으로도 우수한, 뛰어난 밸런스를 자랑하는 영국의 『SAS』나, 지적인 행동을 중시하는 미국의 『그린베레』나 수중 침투를 장기로 하는 『네이비 씰』, 경찰 계통의 대테러부대라고 한다면 『SWAT』를 모델로 삼아보는 것이지요. 각각의 부대에는, 그 부대가 설립된 경위나 특기로 하는 분야, 혹은 익숙지 않은 분야가 있게 마련이고, 이러한 정보들에 대하여 해설한 자료나 기록들도 다수 출판되어있는 상태입니다. 이 책을 읽고 난 뒤에는 특수부대에 관하여 기술한 전문 서적들의 내용을 보다 깊고 심도 있게 이해하실 수 있을 것이므로, 여기서 얻은 지식을 바탕으로 자신이 흥미를 갖고 있는 부대에 대해서 알아보는 것도 좋은 방법이 아닐까 합니다.

  이 책이 독자 여러분들의 지적 호기심을 자극하고 이끌어내는데 도움이 될 수 있다면 정말 기쁘겠습니다.

오나미 아츠시

목차

제5장 특수부대의 생존 기술 169

- 외식을 나갔을 때는 바깥 경치보다는 가게 내부를 널리 조망할 수 있는 자리를 더 선호한다.
- 일하는 곳은 '경비회사'.
- 전신에 수많은 상처가 있다.
- 괜히 누군가 등 뒤에 서 있으면 심기가 불편해진다.
- 어린 딸이 있다.
- 비상근으로 고고학 강사 일을 하기도 한다.
- 사이보그인 여친이 있다.

이 가운데 해당하는 항목이 많은 경우, 여러분은 여태까지 살고 있던 정든 고향을 떠나거나, 지역 주민 및 자치 단체와 협력하여 즉각 이러한 이질적 분자를 배제하는 길을 선택하지 않으면 안 됩니다. 다만, 아놀드 슈워제네거 또는 스티븐 시걸과 흡사한 목소리의 소유자일 경우, 승산 따위는 애초부터 존재하지 않으므로 앞뒤 가리지 말고 바로 도망치실 것을 권하는 바입니다.

제1장
특수부대에 대한 기초지식

특수부대란 무엇인가?

특수부대란 그 이름 그대로 「특수」한 부대이다. 특수하다고 한다면, 통상 부대에 속한 일반적인 군인들과는 어디가 달라도 다른 「범상치 않은」 부분이 있게 마련인 법인데, 과연 어디가 다르다고 하는 것일까?

● 특수부대의 역할

특수부대란 군대나 법집행기관(경찰 등)이 여러 방면에서 활동함에 있어, 통상적인 부대로는 대응할 수 없는 「특수한 케이스」가 발생했을 경우를 대비하여 조직된 부대를 말한다.

여기서 말하는 「특수한 케이스」란, 테러 조직의 우두머리가 잠복한 장소를 발견했다거나, 건물을 점거한 무장 세력이 터무니없는 요구를 해왔을 경우, 적지 깊숙한 곳에 설치된 미사일 발사 설비를 어떻게든 해야만 하는 상황 등으로, 자칫 잘못된 대응을 했을 경우 도저히 손을 쓸 수 없을 정도로 상황이 악화되어버리고 마는 일이 많다.

상황을 컨트롤하면서 문제를 해결하기 위해서는, 정석에서 벗어난 「특수한 방법」을 통해 상대의 의표를 찔러, 사태의 주도권을 되찾을 필요가 있다. 하지만 보급도 닿지 않는 적지 깊숙한 곳에 낙하산으로 강하하거나, 잠수함을 통해 수중으로 숨어들어가는 것은 일반적인 부대에 있어서 너무도 난이도가 높은 임무로, 여기서 혹독한 훈련을 통해 특별한 기술과 노하우를 겸비한 특수부대의 진가가 빛을 발하게 된다.

처음에는 이러한 「특수한 케이스」가 발생할 때마다, 일반 부대에서 해당 임무에 필요한 기능을 보유한 인원을 소집하여 즉석에서 팀을 조직하는 식으로 대응했으나, 오래지않아 아예 처음부터 상설부대로 편성하여 멤버를 구성하는 국가가 늘어났다. 임무가 발생할 때마다 인원을 모으는 것보다는 처음부터 한 곳에 인원을 모아두는 것이 효율적인 데다, 훈련이나 기밀유지라는 측면에서도 이쪽이 훨씬 편리했기 때문이다.

전쟁이나 분쟁이 발생하지 않은 평화로운 시기에 일부 해산된 부대도 있었지만, 미국이나 영국, 러시아와 같이 선진국이라 불리는 국가들의 경우, 대체적으로 복수의 상설 특수부대가 존재하고 있다. 동일 국가 내의 특수부대라고 하더라도, 각각의 모체가 되는 조직이나 임무 내용이 제각기 다르기 때문에 때로는 서로 연계하기도 하고, 또 때로는 서로의 발목을 잡기도 하며 각자의 임무에 종사하고 있는 중이다.

특수부대란 대체 무엇이 다른 것인가?

특수부대란……
「**특수한 임무**」를 「**특수한 방법**」으로 해결하는 부대 ……를 말한다.

(특수한 임무)

일반적인 부대로는
대응할 수 없다.

• 테러조직의 우두머리를 발견
• 무장 조직의 터무니없는 요구
• 적 중요시설의 파괴

특수부대가 출동!

(특수한 방법으로 해결)ᐳ
• 강습부대를 파견하여 암살!
• 시가전 부대가 강행돌입!
• 정찰부대를 파견한 뒤, 나중에 폭격!!

(일반적인 부대는……)

• 지적능력이나 체력에 있어 「일반인보다 좀 높은」 정도의 수준.
• 보유한 기술의 폭은 천차만별이며, 별다른 특기가 없는 자도 있다.
• 잡다한 임무를 수행하기 때문에, 소속 인원의 수가 많다.

(특수부대는……)

• 지적능력은 물론 체력도 「대단히 뛰어난 자」밖에 입대할 수 없다.
• 평균 이상의 기본 기술을 지닌데 더해, 다양한 특수 기술을 습득하고 있다.
• 전문적인 임무를 맡으므로 소수정예이다.

특수부대의 정의
「특수부대란 무엇인가」에 대한 정의는 좀 애매하고, 확립된 것은 없다.
군 조직에 한정되지 않고, 경찰의 강행돌입부대(농성 중인 범인을 배제하거나, 인질을 구출하는 부대), 연안경비대에서 임검(臨檢, visitation)을 담당하는 부대, 국경경비대의 감시 · 정찰부대 등이 특수부대라는 이름을 달고 있는 케이스도 많다.

원 포인트 잡학
흔히 말하는 현대적 특수부대의 선구가 된 것은 제2차 세계대전 당시의 독일이었다고 하지만, 어느 시대 · 지역을 막론하고 「특수한 부대」는 항상 존재해왔다. 이를테면, 「트로이의 목마」에 숨어있던 병사들도 일종의 특수부대라 할 수 있을 것이다.

특수부대에는 「군계통」과 「경찰치안계통」의 두 종류가 있다?

현대의 특수부대는 크게 나눠 두 가지 계통이 존재한다. 군 내부에서 창설된 조직과, 경찰이나 내무부 등 국가의 치안을 담당하는 기관에 소속된 조직이 그것으로, 일반적으로는 전자를 「군계통」, 후자를 「경찰치안계통」이라 구분하여 부르고 있다.

● 상위 조직에 따라서 잘라지는 부대의 성격

「보통 사람의 힘으로는 달성하기 어려운 임무를, 보통을 넘어선 수단으로 해결한다」라고 하는 기본 이념은, 「군계통」과 「경찰치안계통」 양자 모두 동일하다. 하지만 근본적으로는 폭력조직일 수밖에 없는 군에서 만든 특수부대와 치안 유지나 법의 집행을 목적으로 하는 경찰의 특수부대 사이에는 커다란 차이가 존재한다. 바로 임무 수행에 있어 수반되는 위험(리스크)의 허용범위이다.

군계통의 특수부대가 투입되는 케이스에 있어, 작전의 성패는 국익에 큰 영향을 주는 패턴이 대부분이기에, 자연히 「실패는 용납되지 않는」 경우가 많다. 만약 작전 도중에 대원 일부가 목숨을 잃게 된다 하더라도, 이는 임무의 달성을 위한 '숭고한 희생'으로 간주하게 되며, 작전은 이와 상관없이 속행되는 것이 보통이다. 물론 저항하는 적은 모두 사살하며, 팀원들의 피해를 최소한으로 줄인다는 점에서도, 적에게 자비를 베풀 여유 따위는 존재치 않는다.

이러한 경향은 인질구출작전과 같은 임무에도 적용된다. 불행히도 구출해야 할 인질 가운데 몇 사람이 희생당했다고 하더라도, 전체 인질 가운데 몇 퍼센트 이내의 희생은 "어쩔 도리 없는 일"이라 하여 허용되는 것이다. 이것은 군사작전에 있어 「일정 비율의 손실은 반드시 나올 수밖에 없는 것」이라고 하는 사상의 영향을 강하게 받은 결과라 할 수 있을 것이다.

이에 비해 경찰 소속 특수부대의 경우, 사망자가 나오는 사태에 대해서 대단히 엄격하고 민감한 편이다. 물론 이것은 무장을 한 범죄자에 대해서까지 해당하는 것은 아니며, 총구를 이쪽으로 향하거나, 경고에 따르지 않는 상대에 대해서는 정당방위라는 이름하에 사살할 수 있다.

하지만 군의 특수부대가 「임무만 제대로 달성되었다면 자잘한 것에 대해서는 불문에 붙인다」는 부분이 있는 것과는 달리, 경찰치안계통의 특수부대의 경우, 「어떤 식으로」 임무를 달성했는가 하는, 과정을 중요시하는 경향이 있다. 대원들의 행동은 보고서를 통해 검증되며, 그 내용에 문제가 있었을 경우 법적 처분의 대상이 되기도 한다.

「군계통」과「경찰치안계통」

현대의 특수부대에는……
군 내부에서 창설된 부대 = **군계통 특수부대**
치안유지기관에 소속된 부대 = **경찰치안계통 특수부대**
……라고 하는 2가지 계통이 존재한다.

| 군계통 특수부대 | 경찰치안계통 특수부대 |

목적 = 국익의 수호
수단 = 가리지 않는다
제한 = 국제법

목적 = 치안의 유지
수단 = 나중에 검증을 받아야 함
제한 = 국내법

양자 모두 프로페셔널한 전투집단임에는 틀림없으나,
「임무 수행에 있어 수반되는 위험」의 허용범위가 다르다.

크다	리스크의 허용범위	작다
리스크를 각오하고 투입된다.		리스크를 최대한 배제한 뒤에 투입된다.

조금 무모한 작전이라도 「국익을 지키기 위한」것이라면 다소의 희생은 어쩔 수 없지!

법률 준수! 인명을 최우선으로 하고, 필요한 절차를 꼼꼼히 밟아야 하며, 희생은 최소한으로 줄여야 해!

이러한 구분은 해당 부대가 소속되어있는 국가에 따라서 애매한 것이 되기 쉬운데, 이를테면 러시아의 내무군(내무부 산하의 치안유지를 목적으로 하는 준군사조직)의 경우 치안유지기관 답지 않은 수단도 아무렇지 않게 사용하며, 반대로 군사조직 소속의 특수부대임에도 불구하고 'About'한 방식이 허용되지 않는 일본의 경우가 대표적인 예라고 할 수 있을 것이다.

원 포인트 잡학
미국의 경우 시민의 흉악 범죄나 폭동에 군대를 출동시킬 수 없다는 법률 규정(Posse Comitatus Act : 미 연방법의 민병대 소집법)으로 인해, 전장에서 사회에 복귀한 전직 특수부대원이 사회적 부조리에 불만을 품고 무차별 살인을 저지르고 다니더라도 군이 아닌 경찰 치안조직의 특수부대가 대처해야만 한다.

부대의 규모는 어느 정도일까?

일반적으로 특수부대하면 소수정예라는 이미지가 있고, 이 점은 대체적으로 사실에 가까운 편이다. 가혹한 조건아래에서 특수한 임무를 달성할 수 있는 능력을 갖춘 자는, 그 자체만으로도 희소가치가 있으며, 훈련을 통해 그런 능력을 지닌 인원을 늘리고자 하더라도 한계가 있게 마련이다.

● 그다지 규모가 크지 않은 것이 일반적

　특수부대의 규모는 소속된 조직의 전체 규모에 비해서는 그다지 큰 편이 아니다. 왜냐하면 아무리 큰 규모의 조직이라도 「특수 임무를 감당할 수 있는 능력의 소유자」의 수는 그리 많지 않기 때문이다. 또한 특수부대원이 될 수 있는 인재들의 경우 그 성격상, 조직을 구성하는 여러 「톱니바퀴」가 되기에는 너무도 강렬한 「규격 외」의 개성을 지닌 사람들이 많다고 하는 것 또한 그 이유라 할 수 있을 것이다. 이러한 개성을 적절하게 컨트롤하고 이끌어내기 위해서도 부대의 규모는 지나치게 크지 않은 편이 유리하며, 델리케이트한 임무에도 대응할 수 있다.

　특수부대의 유효성이 다양한 측면에서 실제로 증명되어, 수많은 국가에서 상설 특수부대를 편제 및 운용하게 되었으나, 부대의 규모 자체는 콤팩트하게 유지하고 있는 경향이 지속되고 있다. 미 육군의 경우 50만에 달하는 병력을 자랑하고 있지만, 육군에 소속된 특수부대인 그린베레의 인원은 1,800명 정도에 불과하다. 이보다 군의 규모가 훨씬 작은 유럽 국가들의 경우는 500명 전후의 규모이며, 100명 정도의 인원으로 구성된 소규모 부대도 존재한다.

　이러한 숫자는 군이나 정부의 공식·비공식 발표 외에, 국제적인 군사 연구기관의 조사 결과 등을 그 근거로 하고 있으나, 이러한 수치 전부를 곧이곧대로 받아들이지 않는 것이 현명하다. 애초에 「특수부대의 소속인원」이라는 것 자체가 틀림없는 전략정보이며, 이러한 정보가 기밀로 취급되는 것은 너무도 당연한 일이기 때문이다. 숫자를 공표하는 것은 그 자체에 의미가 있는 전략으로, 숫자를 크게 부풀려 자국의 힘을 강하게 보이려는 일종의 블러프(Bluff)로 사용되거나, 반대로 숫자를 축소하여 적을 방심시키는 등, 여러 가지 활용이 가능하다.

　또한 전투 요원과 그 외의 인원 사이의 비율 등도 자세한 내역을 알 수 없는 이상, 100명의 인원들 가운데 실제로 적과 싸울 수 있는 대원의 수는 2할 정도에 불과할 수도 있는 일이며, 부자연스러울 정도로 인원수가 많은 경우는 복수의 부대를 하나로 뭉뚱그려 발표했다거나, 공수부대나 해병대같은 부대도 일종의 특수부대로 취급한 경우도 있기 때문에 이러한 수치를 받아들이는 데에는 주의가 필요한 것이다.

기본적으로 특수작전을 수행할 수 있는 능력의 소유자는 그리 많지 않은 법이다.

특수부대는 소수정예

대원 각자의 개성을 적절하게 컨트롤하기 위함이라는 측면에서 봤을 때에도, 부대의 규모는 지나치게 크지 않은 편이 유리하다.

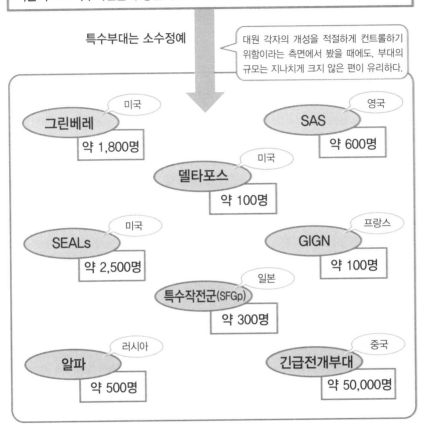

그린베레	미국	약 1,800명
SAS	영국	약 600명
델타포스	미국	약 100명
SEALs	미국	약 2,500명
GIGN	프랑스	약 100명
특수작전군(SFGp)	일본	약 300명
알파	러시아	약 500명
긴급전개부대	중국	약 50,000명

하지만……

이러한 수치를 액면 그대로 받아들여서는 곤란하다.

• 전투 요원과 지원 요원의 비율이 불명.
• 복수의 부대를 하나로 묶은 숫자일 가능성.
• 발표된 숫자가 실제보다 많든 적든 적을 혼란시키기에는 충분하다.

원 포인트 잡학

각기 소속이 다른 대원들을 한데 모아 편성한 합동부대를 「테스크포스(Task force, 특수임무부대)」라고 한다.

13

특수부대원이 되기 위해서는 어떠한 자질이 필요한가?

특수부대에 입대하기 위해서는 어떤 것을 갖춰야 할까. 체력 테스트나 지능 테스트의 결과도 중요하지만, 그 이상으로 중요시되는 것이 「강인한 정신력」이다. 난이도가 높고 많은 위험을 수반하는 임무를 수행하려면 흔히 말하는 '강철 멘탈'이 필수이기 때문이다.

● 강인한 정신력 없이는 임무를 수행할 수 없다

특수부대에 입대하기 위한 선발 시험에서는, 적성 테스트 과정에서 체력이나 지력이 어느 정도인지 대체적으로 판단이 이루어진다. 프로페셔널한 전투 집단인 이상, 표준을 훨씬 웃도는 체력은 불가결한 요소이며, 무기나 장비를 신속 정확하게 다루기 위해서는 그에 맞는 지적 능력 또한 필요하다. 하지만 이러한 요소는 입대를 희망한 시점에서 대부분의 지원자들은 이미 합격점에 도달해있는 경우가 많다.

각종 전문 기능이나 지식 또한 갖추고 있으면 선발에 유리하게 작용하는 것이 사실로, 이를테면 저격술이나 맨손 격투술, 폭발물의 취급법이 그 대표적인 예라고 할 수 있을 것이다. 해외에서 활동할 일이 많은 부대의 경우 외국어의 소양은 대단히 귀중한 무기가 될 수 있으며, 차량의 운전이나 선박·항공기를 능숙하게 다루는 능력 또한 판단 기준에 플러스적인 요소로 작용하곤 한다. 하지만 이러한 류의 기능이나 지식은 입대 후에 받게 되는 훈련을 통해서도 어느 정도 향상시킬 수 있는 분야이기에 가장 중요한 요소라고는 할 수 없다.

특수부대원에 있어 다른 무엇보다도 중요하게 요구되는 자질, 그것은 강인한 「정신력」이다. 특수부대의 임무 중에는 한 곳에 붙박인 채 움직이지 않고 계속해서 대상을 감시해야 하는 것이 있는가 하면, 주위가 온통 적군으로 가득한 상황에서 최소한의 장비만을 가지고 계속 움직여야 하는 케이스도 그리 드문 것이 아니기 때문이다.

이러한 상황에 빠지더라도 평정을 잃지 않고 올바른 판단을 내리기위해서는, 이른바 '강철 멘탈'이라고 부르는 정신적 터프함이 필요하다. 계속해서 닥쳐오는 극도의 정신적 스트레스를 이겨내고, 설령 작전이 실패하더라도 다시금 정신을 가다듬을 수 있는 자세. 그것이야말로 특수부대원에게 필요한 가장 중요한 자질이라고 할 수 있는 것이다.

특수부대의 선발과정에서도 선발 담당관들은 입대 희망자들이 이러한 정신력을 지녔는지에 대해서 주의 깊게 관찰하고 있다. 아무리 사격이나 격투 능력이 우수하다고 하더라도, 또한 필기 성적이 얼마나 우수하더라도, 역경에 쉽사리 굴복하고 마는 사람은 특수부대의 대원으로 선발될 수 없는 법이다.

강건한 육체 · 명석한 두뇌

각 부대가 정하고 있는 엄격한 기준을 통과할 필요가 있지만, 거의 대부분의 입대 희망자들은 이러한 기준에서 요구하고 있는 수준에 도달한 경우가 많다.

특수한 기능이나 전문지식

갖추고 있다면 선발 과정에서 유리하게 작용하는 것이 사실이나, 입대후의 훈련과정에서도 습득이 가능하다.

요구되는 기능의 예

저격술	맨손 격투술	폭발물의 취급법

외국어	각종 교통수단의 운전 및 조종 기술

군계통 특수부대의 경우, 여기에 더하여 「파견지역의 언어나 문화 지식」, 「인심 장악술」, 「야외생존술」 등이, 경찰치안계통의 부대라면 「교섭술」, 「범죄심리학」 등이 추가된다.

강인한 정신력

특수부대원에게 요구되는 가장 중요한 자질.

- 몇 시간이고 같은 자세로 목표를 감시.
- 먹지도 마시지도 않고 적지를 돌파.
- 극히 혼란스러운 상황에서도 당황하지 않는 냉정한 판단력.

어떠한 역경이라도 강한 의지력을 통해 극복할 수 있다!

쉽게 포기하고 좌절하는 사람은 입대를 포기하는 것이 좋다.

시험에서 탈락한 자가 다시 도전하여 성공할 가능성은 절망적으로 낮다고 해도 과언이 아니다. 특수부대에서 가장 중요시하는 자질인 정신력은 단련하기가 극히 어려우며, 한 번 실패한 사람은 몇 번을 다시 도전해도 역시 부적합이라는 판단이 내려지게 마련이다.

원 포인트 잡학

정신적인 측면의 자질은 강제로 발휘될 수 있는 것이 아니기 때문에, 상관이나 상사의 추천으로 훈련 캠프에 입소하게 되는 경우는 있어도, "본인이 희망하지 않은" 상황에서 입대 당하는 경우는 없다.

여성도 특수부대원이 될 수 있을까?

남녀평등의 시대가 되었다고 하지만, 군대라고 하는 조직 내부에서 여성은 여전히 비주류파에 속하는 것이 사실이다. 육체적 · 정신적으로 뛰어난 인재가 모여있는 특수부대. 과연 여성도 입대가 가능한 것일까?

● 군부대 계통의 경우라면 많이 어려운 편이다

　여러분은 『G.I. 제인』이라는 영화를 보신 적이 있으신지? 데미 무어가 연기한 여성 군인이 미국 해군의 특수부대인 SEALs의 훈련 프로그램에 들어가, 남성들과 동일한 훈련을 이겨내는 등, 여성 또한 똑같은 군임임을 인정받기위해 분투하는 스토리의 영화로, 극중에서는 군의 고관들이 "사내자식들도 징징 우는 소릴 내는 선발 훈련을 계집년이 따라 올 수나 있겠어?"라면서 반대하는 장면이 나오기도 한다. 물론 이것은 허구속의 이야기이긴 하지만, 군 고위 간부들의 속마음은 이와 거의 비슷한 부분이 많다고 할 수 있을 것이다. 또한 여성이 들어옴으로 인해 발생하는 풍기상의 문제도 무시할 수는 없다. 제대로 써먹을 수 있는 요원일지 어떨 지도 확실히 알 수 없는 여성 대원 때문에 중요 전력이었던 남자들을 못 쓰게 되어버리면 그보다 곤란한 일은 없기 때문이다.

　하지만 이라크 전쟁 이후, 중동 지역의 전황이 그리 좋지 않게 돌아가게 되면서, 이러한 추세도 서서히 바뀌려 하고 있는 중이다. 지방의 집락 같은 곳의 경우, 여성이나 어린 아이들의 비율이 대단히 높고, 민사작전을 위해 파견된 남성 대원들이 무슬림 여성들과 접촉하는 것은 지역 사회의 종교적 터부를 건드리는 일이기에, 도리어 해당 지역 주민들의 반감을 키우는 결과가 되기 일쑤였으며, 테러리스트들도 이러한 점을 이용하여 여장을 하거나, 여성들의 의복 속에 무기를 숨겨 일종의 운반책으로 이용하는 등의 수법으로 미군을 괴롭혀왔다. 일반 부대에 소속된 여군들은 이런 상황에 대응할 수 있기는 했지만, 아무래도 특수부대와 함께 행동하기에는 능력적으로 문제가 있었기에, 미군은 『CST(Cultural Support Team)』이라 하여 여성들로 구성된 부대를 만들어, 특수부대의 활동을 지원하기 시작했다. 이것은 검문이나 신체수색 등 지역 여성 주민들에 대한 대응에 그치지 않고, 마을의 장로를 비롯한 남성들의 경계심을 누그러뜨리는 효과도 있었다.

　하지만 이러한 현상은 군계통 특수부대의 이야기로, SWAT를 비롯한 경찰치안계통의 부대의 경우는 사정이 조금 다르다. 애초에 경찰 조직은 군대에 비해서 여성의 비율이 훨씬 높기 때문에, 근무환경의 문제는 거의 없다고 해도 과언이 아니며, 체력적인 문제 또한, 임무의 특성상 군부대처럼 장시간에 걸쳐 극한 상황이 지속되는 일은 매우 드물기에 딱히 문제가 될 가능성이 희박한 편이다. 평균 이상의 기량과 체력을 지니고 있으며, 선발 시험에 통과하기만 한다면 그만이기 때문에 여성이 SWAT 대원이 되는 것이 그렇게 까지 드문 일은 아닌 것이다.

특수부대와 여성

남녀평등의 시대라고요. 여자들도 남자들이랑 똑같이 싸울 수 있다는 걸 증명해보이겠어요!

아무리 그래도 그렇지, 계집년들이 특수부대의 임무를 수행할 수 있을 거란 생각은 안 드는데……

군의 높으신 분들

게다가, 가슴에 그런 '흉기'를 '소지'하고 다니면 굶주린 사내자식들이……

「육체적인 핸디캡」, 「모성 보호」,
「군 특유의 보수적인 체제」 등의 문제로
특수부대는 여성에 대한 문호가 거의 막혀있었다.

중동 정세의 악화
= 미국에서 「CST」가 탄생하다.

CST = Cultural Support Teams
2인 1조 체제로 특수부대를 지원하는 여성 팀. 엄격한 특수 훈련을 받아 남성 특수부대원들에게 손색없는 활동이 가능하다.

경찰치안계통 특수부대의 경우, 여성 대원의 존재가 그리 드문 것이 아닌데, 이것은 군부대와 달리 임무와 개인 프라이버시를 따로 분리하기가 훨씬 수월한데다, 숙소나 복장을 갈아입는 장소, 샤워 시설이나 화장실과 같은 시설이 이미 남녀 별도로 갖추어져 있다고 하는 점에서 기인하는 부분도 제법 큰 편이다

원 포인트 잡학

여성을 '거부'하는 분야는 특수부대 외에도 전차병이나 잠수함 승무원 등이 있는데, 이들 병과에서 내건 공통된 이유는 "남자들로 가득한 밀폐 공간에 여자를 집어넣는 건 너무 곤란하다"라는 것이다.

No.006

특수부대를 그만두는 이유는?

특수부대원이 부대를 떠나기 위해서는 그 나름의, 특히 부대의 상층부에서 납득할만한 이유가 필요하다. 이 부분에 대한 설명이나 이유가 석연치 않을 경우,「혹시 저거 적의 스파이 아냐?」라는 식의 의심을 품게 되고, 이후의 인생을 살아감에 있어 평생 감시가 따라붙는 등의 애로사항이 만발할 가능성도 있다.

● 자기 맘대로 그만둘 수는 없지만……

특수부대원들은 다른 일반 부대원들과는 그 입장이 많이 다르다. 막대한 국가의 예산을 들여 양성된 요원들인데다, 특수한 임무를 수행해야하는 직무의 특성상 각종 기밀을 알게 될 수 밖에 없으며, 특수한 노하우도 지니고 있기 때문이다. 따라서 잡음 없이 원만하게 그만두고 싶어도「개인적인 사정이 생겨서, 이번 달을 마지막으로 특수부대 생활을 그만두게 되었습니다.」……라는 식으로는 갈 수가 없는 법이다.

일반적으로「전직 특수부대원」이라는 과거를 지닌 인물이 어째서 부대를 떠나게 되었는가 하는 이유로 가장 설득력을 갖는 것이라면, 육체적 문제를 들 수 있을 것이다. 나이를 먹은 대원이 육체적 노쇠를 실감하고 일선에서 물러나는 것은 픽션에서도 흔히 볼 수 있는 익숙한 패턴이지만, 현실에서는 임무 도중, 또는 훈련 중의 사고 등으로 신체적 장애나 결손 등이 발생하여 은퇴하게 되는 패턴도 자주 볼 수 있다. 이러한 인물들의 경우 이제까지 쌓아온 경험이나 노하우를 아까워한 상부의 요청으로 후방 근무 요원이나 어드바이저 역으로 부대에 잔류하는 예도 존재하기는 하지만 일반적인 사례라고 하기는 힘들 것이다.

정신적인 문제를 안고 있는 경우도 임무 수행에 지장을 초래할 수 있다. 이를테면 작전 도중에 오인사격으로 무고한 자를 사살했다거나, 폭파에 말려들게 한 것이 트라우마(trauma, 정신적 외상)로 이어진 경우가 대표적인 케이스이다. 이런 경우, 심하면 방아쇠를 당길 수 없게 된다거나, 폭파 스위치를 누르는 것을 주저하게 되는 등, 도저히 임무를 수행할 수 없을 지경에 이르기도 한다.

정신적인 문제의 또 한 가지 케이스라면,「살인에서 일종의 쾌락을 느끼게 되었다」고 하는 경우인데, 이렇게 되어버린 인물은 부대 측에서 먼저 방출시켜버리곤 한다. 부대에서 원하는 인물은 어디까지나「필요할 경우 주저없이 사람을 죽일 수 있는」인물이지, 아무리 뛰어난 실력의 소유자라도「사람 죽이는 것을 좋아하는」인물이 아니기 때문이다.

특수부대에서 물러난 대원들의 경우, 소속되어있던 군이나 경찰일 자체를 그만두는 일이 많다. 이제 와서 도로 일반 부대의 '어중이떠중이'들과 같이 '구른다'는 것 자체가 자존심 상하는 일이기 때문이다. 민간군사회사는 이러한 인물들을 수용하는 곳으로 기능하는 면이 있으며, 실제로도 많은 수의 전직 특수부대원들을 받아들이고 있는 중이다.

특수부대를 그만두었으면 합니다

부대를 떠나기 위해서는……
상층부에서 납득할 만한 **이유**가 필요

| 육체적 이유 | = 신체적 장애나 결손, 노쇠 |
| 정신적 이유 | = 심적 외상을 안게 되거나 정신적 균형을 잃었을 경우 |

특히 개개인의 멘탈(정신)에 관한 부분은 다루기가 까다롭다.

부대에서 필요로 하는 것은 이런 인물이지……

……이런 인물은 곤란하다.

필요하기에 「죽인다」

즐거우니까 「죽인다」

특수부대 전역자의 경우…

• 전선에 설 수 없게 되었다는 것이 자존심의 상처가 되었다.
• 부대에 남은 다른 대원들을 대하기가 좀 껄끄럽다.

그대로 군이나 경찰 자체를
그만두게 되는 경우도……

민간군사회사(No.015)는 이러한 인물들을 받아들이는 장소로서의 기능을 하는 측면이 존재한다.

원 포인트 잡학

민사작전이나 정보 수집을 주요 임무로 하는 특수부대 소속 인원들의 경우, 직접 전투에 나설 수 없다고 하는 것 자체가 그렇게 까지 큰 스트레스의 요인이 되지는 않는 경우도 존재한다.

No.006

제1장 ●특수부대에 대한 기초지식

19

정보기관과 특수부대는 사이가 좋지 않다?

특수부대와 정보기관의 사이가 별로 좋지 않다고 하는 것은 제법 자주 오르는 얘기 가운데 하나이다. 특히 나 군 소속 특수부대의 경우, 이른바 스파이(첩보활동)의 세계에도 한 발을 담고 있을 수밖에 없는 입장이기에, 아군이어야 할 정보기관과 일종의 '밥그릇' 내지는 '구역' 싸움을 하게 되는 경우도 자주 있다고 한다.

● 양자의 연계가 필수이기는 한데……

군계통 특수부대가 해외 등지에 파견될 경우, 잠입 장소나 목표에 관한 정보가 '기밀'이란 이름의 베일에 가려져 있는 것은 별로 드물 것도 없는 일이다. 여기에 더해 시간적 제약이 더해지면서 불충분하면서 불완전한 정보에 의지하여 작전을 결행해야 하는 경우도 비일비재한 것이다.

하지만 이러한 상황 아래에서 작전을 수행하다가 실패했을 경우, 특수부대의 멤버들 입장에서 봤을 때, 실패의 원인을 불완전한 정보에서 찾는 것은 극히 자연스러운 일로, 「우린 목숨을 걸고 싸우고 있단 말이다. 어정쩡한 정보 따윈 들고 오지 말라고!」라며 정보기관 측에 대해 불평을 늘어놓게 마련이다.

하지만 정보기관 측에서는 이러한 비난에 대해 일방적인 '생트집'에 지나지 않는다고 생각한다. 애초에 기밀 취급되는 정보를 단기간 내에, 그것도 충분한 준비도 없이 입수한다는 것은 어지간한 노력으로는 턱도 없는 일이기 때문이다. 그럼에도 불구하고 이러한 전후사정을 이해할 생각은 눈곱만치도 없는 주제에 불평만을 늘어놓는 상대를 좋게 봐줄 리는 만무한 법. 결국 정보기관 쪽에서도 「이쪽은 진짜 목숨을 내놓고 정보를 수집하고 있는 거란 말이다. 징징대는 것도 좀 정도껏 하라고!」라며 독설을 퍼붓고 싶어지는 것이 그 속내라 할 수 있을 것이다.

하지만 양자의 관계가 원만하건 소원하건, 특수부대와 정보기관의 사이라고 하는 것은 도저히 뗄 수 없는 일종의 상호보완적 관계인 것이 사실이다. 특수부대의 입장에서 본다면 정보기관 측에 작전상 꼭 필요한 기밀성 높은 정보를 요청할 필요가 있으며, 정보기관의 입장에서도 책상머리에 붙어 앉아만 있어서는 정보를 입수할 수 없기에 전 세계에 요원들을 파견하게 되는데, 만일 이들이 곤란한 상황에 빠졌을 경우 특수부대의 손을 빌릴 수밖에 없기 때문이다.

특수부대 측에서 자체적인 정보수집 팀을 편성하거나, 반대로 미국의 CIA나 FBI처럼 정보기관이 독자적인 현장 팀을 보유 · 운용하는 경우도 없지는 않으나, 이러한 예는 역시 소수의 예외적인 것이라 할 수 있으며, 상호간의 경쟁의식이나 '구역 싸움'으로 인해 어느 쪽도 제 역할을 수행하지 못하게 되거나 일을 그르치게 될 위험성도 존재한다. 특수부대와 정보기관의 긴밀한 연계는 특수 작전을 성공시키는데 있어 절대로 빼놓을 수 없는 조건이라 할 수 있는 것이다.

우린 아무 잘못 없다니까!!

> 특수부대의 작전은 시간적 제약으로 인해
> 「정보가 부족한」 상태에서 강행해야 하는 경우도 많다.
> = 즉, 잘 풀리지 않을 (실패할) 경우도 잇는 것이다.

너희가 준 정보, 완전 엉터리잖아! 덕분에 우린 죽을 뻔 했다고. 이거 어떻게 책임질 거야? 이 월급 도둑 자식들아.

남이 얼마나 고생하는 지도 모르면서 쫑알대지 마. 그 정보를 빼내게 위해서 얼마나 희생을 치렀는지 알기나 해?

특수부대의 대원
(실력행사 담당)

정보기관의 요원
(정보 수집 담당)

양자의 불평을 담은 대화는 그야말로 평행선. 서로 상종을 하지 않으려 드는 경우도……

양 측 모두 자신들의 임무에 대한 프라이드가 매우 강하며, 목숨을 걸고 하는 일이기에
자연히 상대방에 대해 날이 선 표현을 하기도 한다.

경우에 따라서는 상대방을 비난하고 깎아내리는 것을 통해
자신들의 입장을 정당화 하려고 하기도 한다.

애초에 거친 일을 하는 조직에 속한 사람들인 만큼 '인격자'만 있을 것이라 생각하면 오산이다.

양 기관의 사이가 좋지 않은 것은, 이러한 심리적 요소 또한
영향을 주고 있는 것으로 추정된다.

원 포인트 잡학

CIA가 자체적으로 보유하고 있는 현장 부대의 경우, 그 구성원의 다수가 군 소속 특수부대 출신자(OB)로 이루어져 있기도 하다.

특수부대가 투입되는 것은 어떤 국면에서인가?

특수부대라 하는 것은, 군 또는 치안 유지 조직의 「비장의 카드」라고 할 수 있다. 따라서 적절한 시기에 투입했을 때야말로 최대한의 효과를 발휘할 수 있는 것이다. 특수부대의 투입을 결정해야 할 경우, 과연 어떤 요소들을 고려해야만 하는 것일까?

● 더 이상 손을 쓸 수 없는 일이 되기 전에……

군계통의 특수부대와 경찰치안계통의 특수부대는 운용되는 환경이 서로 다르기에, 부대 투입을 판단하는 준비 과정에 있어서도 상이한 점이 존재한다.

군 소속 특수부대의 투입을 판단하는 기준으로 가장 크게 작용하는 것은, 그 임무가 「국익과 연관된 중대 사항인가 아닌가」 하는 것과, 임무 내용이 「아무리 생각해도 일반 부대로는 감당하기 어렵지 않은가」 하는 점이다.

「인질구출작전」이나 「파괴공작」 같은 임무의 경우, 작전의 성패가 국가의 위신에까지 이어지는 경우가 많아 실패가 절대로 용납되지 않는데다, 이러한 임무의 경우 「적지에서의 단독 행동」이나 「장기간의 감시」 같은 것들을 수행해야만 하기에, 고독이나 피로에 견디는 훈련을 쌓지 못해 그 한계점이 낮은 일반 병사들로서는 도저히 감당하기가 어렵다. 따라서 이러한 경우 특수부대를 파견하여 신속히 문제를 해결, 이를 통해 사태가 수습하기 곤란할 정도의 수렁에 빠지는 것을 미연에 막을 필요가 있는 것이다.

정부 측에서 "국제적 테러 조직의 수괴"에 해당하는 인물의 소재를 밝혀내고 제거하려 할 경우에도 마찬가지로 신속한 대처를 취해야만 하는데, 만약 어물거리고 있을 경우, 그들이 다시 지하로 잠복해버리면서, 이제까지의 노력이 도로 물거품이 되고 말 가능성이 있기 때문이다. 짧은 준비기간을 거치고도 신속하고 확실하게 목표를 구속하거나 제거할 수 있는 것은 특수부대 말고는 존재하지 않는다.

경찰이나 치안조직 소속 특수부대의 경우, 적이 되는 것은 단독, 또는 소수의 인원으로 구성된 무장 범죄자들이고, 좀 더 제대로 무장한 적이라 해도 테러리스트의 실행 부대가 고작으로, 이들이 특수부대의 대원들 이상의 훈련을 쌓았을 가능성은 희박한 편이다.

즉, 특수부대를 투입한다면 대원들 개개인의 전투 능력으로 적을 압도적으로 제압할 수 있지만, 그만큼 투입의 의사결정에 대해서 나중에 책임 문제 등이 거론되는 일로 발전하는 사태도 적지 않은 편이다. 따라서 「인질들의 체력이 한계에 달했다」 라거나, 「범인이 흥분해서 언제 무슨 일을 저질러도 이상하지 않다」 등의 근거가 필요하다는 것은 경찰치안조직 소속 특수부대의 태생적 숙명이라 할 수 있을 것이다.

「군계통 특수부대」와 「경찰치안계통 특수부대」는 투입시기의 판단 기준에 차이가 있다.

군계통 특수부대의 경우

그것이 국익과 관련된 중대한 사항인가?

임무 내용상 일반 부대로는 감당하기 어려운 일인가?

사실이 표면상으로 드러나거나, 일이 손을 쓰기 어려울 정도로 커지기 전에 부대를 투입한다.

시기를 놓칠 경우, 피해가 더욱 확산되거나, 국제사회의 비난을 받아 국가의 발언력이 약화되는 경우도 있다.

경찰치안계통 특수부대의 경우

사태의 장기화를 피해야만 하는 구체적인 이유는 있는가?

법적 근거라는 면에서 아무런 문제가 없는가?

상대가 경계나 준비를 시작하기 전이라는 타이밍을 노리고 부대를 투입한다.

시기를 놓칠 경우, 민간인이나 구출해야 하는 인질이 희생되거나, 범인을 전원 사살할 수밖에 없게 되어, 배후 조직을 밝힐 수 없게 되기도 한다.

특수부대의 투입이 지나치게 빨라도 곤란하다

투입 시기가 너무 이를 경우, 충분한 정보 수집이나 분석이 이루어지기 전에 부대를 출동시키는 것이 되며, 나중에 생각해보니 "굳이 특수부대를 출동시킬 필요까지도 없었잖아?!" 라고 하는 케이스가 늘기도 한다. 또한 이런 식으로 특수부대라고 하는 '카드'를 남발할 경우, 대원들을 필요 이상으로 혹사하는 것에 그치지 않고, 때에 따라서는 동시다발적으로 일어난 사건에 대응할 부대가 남아있지 않다고 하는 사태에 빠질 위험성이 존재하기도 한다.

원 포인트 잡학

군계통 특수부대의 투입여부는 당연히 국익에 직결되는 문제이지만, 경찰치안계통 특수부대의 경우에도 실행범이나 피해자가 어떤 위치에 있는 가에 따라 역시 국제문제가 되는 일이 존재한다. 이 때문에 부대의 투입 허가는 국가원수나 그에 준하는 인물이 내리는 것이 일반적이다.

대테러부대란 어떤 부대인가?

테러리스트, 그 중에서도 조직화된 테러 그룹은 그 집단의 역량이 뛰어나면 뛰어날수록 주도면밀한 준비와 계획에 따라 행동하는 경향이 강하다. 「대테러 특수부대」란 그들에게 대항하기 위해서 탄생한 조직인 것이다.

● 테러리스트들과 '타협'하지 않기 위하여……

우수한 테러리스트일수록 발작적인 범행을 저지르는 일은 없다. 그들은 사건을 일으키기 전에 주의깊게 예행 연습을 한 뒤, 예기치 못한 사태에 대비한 복수의 계획을 세우고, 기회가 왔을 때 그 타이밍을 절대 놓치지 않고 행동에 옮기는 것이다.

그들이 범행을 저지르는 목적은 자신들의 정치적 목적을 달성하거나, 조직의 활동 자금을 마련하는 등 여러 가지가 있으나, 이른바 「신념」이라는 것을 갖고 움직이며 그 행동에 아무런 주저가 없다. 필요하다면 인질을 아무렇지도 않게 살해하는 일도 있기 때문에 참으로 난감한 존재들이다.

이러한 상대에 대응하기 위해서는, 테러리스트들의 수법이나 사고방식을 속속들이 파악한 뒤 그들보다 한 수 앞서나갈 필요가 잇다. 그들의 행동이나 요구에는 정치적 요소가 끼어있는 일이 많으므로, 대부분의 대테러부대는 초 법규적 행동이나 대처가 가능한 군 내부에 편성되어있다.

물론 경찰치안계통 특수부대 중에도 대테러부대로서 편제되어있는 것이 존재한다. 경찰치안계통 특수부대는 "상대를 체포하여 법의 심판을 받게 만든다"고 하는 것이 기본적인 방침이기에, 상대가 범죄자라고 해서 지나치게 과격한 수단을 사용하는 것은 금지되어있다. 하지만 상대가 테러리스트, 특히 외국에서 들어온 자라고 하면 얘기가 조금 달라지며, 경고 없이 전원을 사살해버리는 결말도 그리 드문 것은 아니다.

이것은 무차별 테러 등의 사건이 다발하면서 「테러리스트는 사회를 혼란에 빠뜨리려 하는 '악' 그 자체이며 이러한 자들을 상대로 자비를 베풀어줄 필요도 없고, 교섭이나 양보따위 또한 있을 수 없는 일이다」라는 생각이 일반 시민들 사이에 많이 퍼지게 되었고, 특수부대 측에서 조금 강경한 수단을 사용하더라도 그러한 선택을 지지하게 된 점이 크다고 할 수 있을 것이다.

또한 그들을 「체포」하게 되었을 경우, 다른 테러리스트 들이 그들의 석방을 요구하며, 제2, 제3의 사건을 일으키는 등의 악순환에 빠질 수 있다는 것도 경험적으로 체득하고 있기에, 이 또한 테러리스트에 대하여 강경한 자세를 취할 수밖에 없는 근거 가운데 하나로 작용하고 있다.

카운터테러의 전문 집단

경계해야 할 테러리스트의 특징

- 사전에 주도면밀한 계획을 세운다.
- 강한 신념을 품고 있어, 행동에 아무런 주저가 없다.

뛰어난 테러리스트나, 그러한 인물이 이끄는 집단은
정부나 시민 사회에 있어 큰 위협이 된다.

테러리스트의 수법이나 사고방식을 속속들이 파악하고 있는
「테러에 대처(카운터테러, Counterterror)」하기 위한 집단이 필요!

대테러부대의 탄생

기존의 특수부대와는 다른 장비나
노하우가 필요하게 되는데……

영국의 경우……

기존의 특수부대(SAS)에 대테러능력을 부여.

미국의 경우……

육군 내부에 대테러부대(델타포스)를 창설.

일본의 경우……

기동대 내부의 전담부서를 전문부대(SAT)로 다시 새로이 편성.

각각의 국가나 지역에 따라 다른 접근방식을 보여주고 있다.

순수한 「경찰치안계통」이라 할 수 없는 특수부대로는 러시아 내무부에 소속된 「오몬
(OMOH, 영어로는 OMON)」, 프랑스 국가헌병대의 「GIGN」, 독일 국경경비대 (현재의
연방경찰) 소속 「GSG-9」 등이 있으며, 이들 부대의 경우 상황에 따라서는 군 소속
특수부대 저리가라할 정도로 강경한 수단을 사용하기도 한다.

원 포인트 잡학

「대테러」라고 하는 단어 하나로 뭉뚱그려 사용되지만, 실은 상황이나 대처에 따라 용어를 구분하여 사용하기도 한다. 예
를 들어 이미 발생하고 만 테러에 대응하는 「Antiterror(안티테러, 반테러)」와, 테러를 일으키기 전에 그 계획이나 조직을
분쇄해버리는 「Counterterror(카운터테러)」가 그것이다.

특수부대원은 냉정한 살육 머신이어야만 한다?

특수부대원이라고 하면 「냉혹무비한 킬링 머신」이라는 이미지를 떠올리는 경우가 많다. 매일같이 상대를 죽이는 훈련을 쌓고 또 쌓아, 명령이 내려지기만 하면 그 어떤 상대라도 아무런 주저 없이 공격하며, 소리 없이 몰래 접근해서는 급소에 치명상을 입히는 존재. 아군들조차 두려워하는 전투 머신이라는 이미지가 그것이다.

●실은 「사람다운 부분」이 중요시되는 임무도 많다

특수부대의 임무는 그저 단순한 '살육자'이기만 해서는 수행할 수가 없다. 군계통 특수부대의 주요 임무 가운데 하나라고 할 수 있는 「민사작전」의 경우, 민간인들 사이에서 신뢰관계를 구축해야 하며, 모종의 이유로 부대와 떨어져 고립되었을 때에는 그 지역 토착민들의 도움을 받아야 할 필요가 있기 때문이다.

또한 경찰치안계통 특수부대의 경우, 주로 도심지에서 행동해야하기 때문에, 커뮤니케이션 능력이 꼭 필요하다. 원래 범인과의 대화는 전문 교섭 요원이 담당하는 것이 보통이지만, 인원이 부족할 때에는 곧바로 현장으로 달려오지 못하는 일이 발생할 수 있으며, 이때 대원들이 그저 단순한 「킬링 머신」이기만 해서는 이런 상황에 대응할 수 없다.

특수부대원들의 전투를 보면 그 움직임에 군더더기가 일절 없기에, 보기에 따라서는 '기계'에 가깝다는 인상을 받을 수 있다. 하지만 이러한 "감정이 없는" 움직임은 철저한 반복 훈련에 의해 얻어진 결과로, 하나하나의 동작을 보다 신속하게, 그리고 확실하게 할 수 있도록 반복에 반복을 거쳐 터득하게 된, 무술에서 말하는 일종의 「형」 또는 「품세」와 일맥상통하는 부분이 있는 것이라고도 할 수 있을 것이다.

상대의 급소(목 줄기나 경추, 간장 등)를 우선적으로 파괴하려 하는 것도, 그렇게 하는 것이 목적의 달성, 또는 장해의 신속한 배제에 있어 가장 '효율적'이기 때문으로, 그 이상도 그 이하의 의미도 갖지 않는다. 대원들에게 있어 이러한 일은 딱히 무리해서 감정을 억누르거나 할 필요조차 없는, 그저 단순한 '작업'에 지나지 않는 것으로, 요리사들이 살아서 펄떡거리는 생선을 토막 내고 살을 발라내면서 「물고기가 불쌍해」라는 생각을 하지 않는 것과 마찬가지라 할 수 있는 일이다.

특수부대의 대원들이 '머신'으로 보이는 것은 자기 자신에 대한 탁월한 자기암시의 결과이다. 그렇기 때문에 우연이나 사고로 무고한 시민들을 살상했을 경우, 자신의 능력에 대한 자신감을 잃게 되거나, 지키고 보호해야 할 대상을 자신의 손으로 상처 입혔다는 죄책감으로 인해 자기암시의 중요한 전제 자체가 무너지게 된다. 그리고 이는 트라우마(정신적 외상)으로 이어지면서, 최악의 경우 특수부대원으로서 더 이상 활동할 수 없게 되는 경우가 발생할 수도 있는 것이다.

우리들은 '기계'가 아니라고!

어려운 임무를 달성하기 위해, 특수부대원들은 반드시
냉혹무비한 전투 머신이 될 필요가 있는 것일까……?

꼭 그럴 필요는 없다. 오히려 「사람다운 부분」이 남아있지 않으면 임무를 수행할 수 없다.

| 민사작전 |

| 협력자와의 연락 및 거래 |

| 농성 중인 범인의 설득 |

모두가 일정 수준 이상의 커뮤니케이션
능력 없이는 불가능한 임무이다.

특수부대의 대원들이 '기계'처럼 보이는 이유는……

철저한 「반복훈련」을 통해 익힌 군더더기 없는 움직
임. '머리'보다도 '몸'이 먼저 반응하여 움직인다.

거듭된 연구를 통해 도출된 「가장
효율적으로 인간의 움직임을 차단
하는 방법」을 우직하게 실천.

탁월한 「자기암시」의 결과로, 딱히 의식해서 감정을 억누르거나 한 것은 아니다.

어떠한 이유로 발생한 '사고'(무고한 민간인이 휘말리거나, 인질에게 오인사격을 하
거나 하는 일 등)로 자기암시가 흔들리게 되면, 그것이 트라우마가 되어, 더 이상 임
무를 수행할 수 없게 되고 마는 케이스도 적지 않은 편이다.

▌원 포인트 잡학

적지 잠입이나 정찰 등, 임무에 따라서는 민간인인 척 연기를 해야만 하는 경우도 있기 때문에, 사회 부적응자는 이러한
상황에 대응할 수가 없다. 특수부대의 대원이 되기 위해서는 일정 이상의 사교성 또한 필요한 것이다.

특수부대가 군사기밀이 되는 이유는?

특수부대, 그 중에서도 특히 군 소속 부대는 임무의 달성을 위해 수단을 가리지 않는 경향이 있다. 경우에 따라서는 그러한 방법들이 국제법에 저촉되는 일도 있으며, 아예 임무 그 자체가 비합법적인 것일 경우도 비일비재하다. 따라서 그러한 활동에 종사하는 부대 따위는 절대 존재해서는 안 되는 것이다. 적어도 '표면상'으로는……

● 때에 따라서 특수부대는 '더러운' 임무도 수행 한다

특수부대는 문자 그대로 '특수'한 임무를 '특수'한 방법으로 수행하는 부대이다. 그리고 이러한 '특수' 임무 중에는 암살이나 납치 등 함부로 입 밖에 낼 수 없는 것들도 포함된다. 특수부대가 소속되어있는 국가라는 이름의 '괴물'은 스스로의 존속을 위해 네거티브한 수단을 사용해야만 하는 경우도 적지 않기 때문이다.

또한 임무 달성을 위해 국제적으로 '비합법'이라 간주되는 수단을 택하거나, 조약이나 국제법으로 금지되어있는 총기나 장비 등을 사용하게 되는 경우도 적지 않은데, 이러한 케이스에 있어, 명령을 내리는 쪽의 입장에서는 이러한 일들이 표면에 드러나는 것을 바라지 않는다. 만약 이러한 일들이 외부에 알려졌을 때는 주위의 반발, 그 중에서도 특히 감정적인 반감을 사게 될 것이 너무도 명백하며, 국제적으로도 문제가 되기라도 하면 뒷감당이 매우 곤란하기 때문이다.

여기에 개발도상국의 특수부대나 호전적인 성격의 지도자가 이끄는 국가의 경우, 과잉 충성을 보이는 자나, 도덕적 인성이 결여된 대원들이 그야말로 기세 하나로 일을 더욱 크게 벌여놓는 경우도 자주 있다. 아예 처음부터 「그런 부대는 존재하지 않는 것」으로 처리해버리려고 하는 것은 이러한 이유 때문으로, 국경을 넘어가서 활동을 해야 하는 경우가 많은 군계통의 특수부대 가운데 이런 패턴은 제법 많은 편이라고 할 수 있다.

점차 테러리스트에 대한 대처를 임무로 내세우는 부대가 늘어나면서, 대테러부대로서 그 존재가 공인되어있기는 하지만, 그 구체적인 편성이나 장비 등, 상세한 부분에 대해서는 일절 공개하지 않는 방식을 취하기도 하는데, 이는 정보를 제한하여 적으로 하여금 사전에 대책을 세우지 못 하게 함과 동시에, 상대방으로 하여금 그런 정체를 알 수 없는 적과는 싸우고 싶지 않다고 생각하게 하는 효과를 갖기도 한다.

이러한 것은 「발각되었을 경우 문제가 되는 임무나 방법」과는 그리 관련이 없는 부대에서도 사용하는 수법으로, 애초에 국내법을 준수하는 형태로 존재하는 경찰치안계통의 특수부대에서 즐겨 쓰고 있기도 하다. 다만 이쪽의 케이스는, 의도적으로 부대의 장비나 훈련 광경을 대외적으로 공개함으로써 국내외의 범죄자들에 대한 억지력으로 작용할 것을 기대하여 실시되는 일종의 블러핑(Bluffing)이라 할 수 있겠다.

비밀로 취급하는 이유

특수부대(특히 군계통)의 경우 임무 달성을 위해 수단을 가리지 않음.

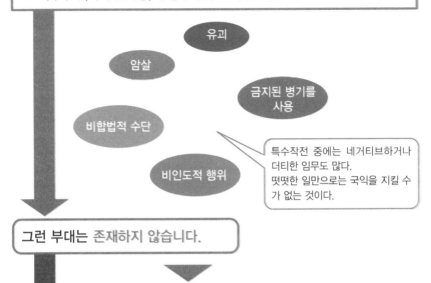

유괴

암살

금지된 병기를 사용

비합법적 수단

비인도적 행위

특수작전 중에는 네거티브하거나 더티한 임무도 많다.
떳떳한 일만으로는 국익을 지킬 수가 없는 것이다.

그런 부대는 존재하지 않습니다.

적어도 「공식적」으로 그렇게 해두지 않으면 국제사회에서의 입장이 난처해지거나, 관련국가와의 외교 교섭에서 타협점이 없어질 수 있다.

그 외에 다른 수법이라면……

존재는 하지만, 어디까지나 「대테러」를 주임무로 하는 극비부대입니다.
임무 특성상 상세한 사항에 대해서는 일절 공표할 수 없습니다.

부대의 전술이나 노하우자체는 비밀로 취급하지만, 일부 장비나 훈련 광경을 공개하여 일종의 억지효과를 노리는 방법도 존재한다.

정보를 '제한'하여 「적」이 사전 대책을 세우지 못 하게 만드는 효과를 얻을 수 있으며, 현장의 대원들 입장에서 본다면 이것이 가장 큰 이유라 할 수 있을 것이다.

원 포인트 잡학
기밀 레벨이 높은 부대에 소속된 대원들의 경우, 그 가족들에 대해서도 자신이 하는 일이 '어떤 것'인지를 밝히는 것이 용납되지 않는다.

부대의 이름은 어떻게 붙게 되는가?

특수부대들의 경우, 그 실력에 걸맞은, 특별한 이름이 붙는 일이 많다. 일반부대와의 차별화는 물론, 대원들을 포함한 조직 멤버들에게는 긍지를, 국민들과 아군의 일반 부대에게는 신뢰를, 그리고 적에게는 공포를 심어주는 효과가 있기 때문이다.

● 강해보이고 멋진 이름으로 지어보자

특수부대의 이름을 짓는 방식에는 국내외 정세에 따른 부대의 입지나 부대 창설자의 센스 등에 따라서 여러 가지 방식이 쓰이곤 하는데, 크게 나눠본다면 3가지의 흐름이 존재한다.

우선, 「기존에 쓰이던 '뭔가'의 의미가 담긴 단어」나 「어떤 특정의 기호」, 또는 그러한 것을을 조합하여 명명하는 패턴을 들 수 있는데, 미 육군의 특수부대인 그린베레는 부대의 트레이드마크인 녹색 베레모가 그 유래이며, 델타포스는 "이미 존재하는 3개 분견대와는 다른 「제4의 분견대」" 라는 의미로 명명된 경우이다.

그 다음으로 들 수 있는 것은 「뭔가의 약칭」이라는 패턴인데, 여기서 말하는 "뭔가"라고 하는 것은 부대의 성격을 나타내는 단어이거나, 부대의 모토인 경우가 많지만, 이러한 케이스에서 가장 유명한 것이라면 미국의 경찰치안계통 특수부대인 SWAT라 할 수 있을 것이다. SWAT란 「Special Weapons And Tactics(특수 무기 및 전술)」이라는 단어의 머리글자를 딴 것으로, 부대의 명칭인 동시에 그 존재의의를 단적으로 표현하고 있는 것이기도 하다.

위에서 예를 든 2가지를 합친 패턴으로는 미 해군의 특수부대인 SEALs(네이비 실, 정식 명칭은 「United States Navy SEALs」)를 들 수 있다. 영어로 물개(바다표범)을 의미하는 「seal」이라는 단어가 그대로 Sea(해양), Air(공중), Land(지상)의 머리글자를 떼어 붙여 만들어진 약칭이 된 것이다.

"머리글자를 이어 붙여 단어로 만드는" 경우, 읽는 법에 있어 명확한 규칙이 있는 것은 아니지만, 군이 법칙이나 기준 비슷한 것이 있다고 한다면 「4글자 이상을 이어 붙인 경우는 하나의 단어처럼 읽지만, 3글자까지는 알파벳을 하나하나 발음한다」는 것으로, SWAT의 경우는 하나로 이어서 「스와트」라고 읽게 되지만, 영국의 SAS의 경우는 「사스」가 아니라 「에스 에이 에스」라고 딱딱 끊어서 읽는 것이 그 예라고 할 수 있다. 하지만 일본의 SAT의 경우처럼 3글자로 쓴 약칭이지만, 그냥 하나로 이어서 「사트」라고 부대도 있으므로 이 또한 '케이스 바이 케이스'라고 할 수 있을 것이다.

특수부대의 이름

특수부대에는 「특별한 이름」이 붙는 경우가 많다.

- 일반 부대와 비교해 확실하고도 알기 쉽게 구분이 된다.
- 대원들에게는 긍지를, 아군이나 일반 국민들에게는 신뢰감을 심어주게 된다.
- 잠재 적국이나 테러리스트들에 대해서도 강한 이미지를 어필할 수 있다.

부대의 이름을 지을 때에는……

| 패턴 1 | 뭔가 「그 자체로서 의미를 갖는 단어」를 부대의 이름으로 사용한다.

그린베레 (미국) 　부대의 트레이드마크인 「녹색 베레모」에서 유래.

델타포스 (미국) 　포네틱 코드(Phonetic code)에 따라 이미 존재하는 「알파(A)」, 「브라보(B)」, 「찰리(C)」에 이은 「제4(델타 = 'D')의 분견대」라는 의미에서 유래.

> 오스트리아의 「코브라」나 홍콩의 「비호(飛虎)대」, 아르헨티나의 「알바트로스」등 동물 이름을 부대의 이름으로 사용하는 케이스도 많다.

| 패턴 2 | 부대의 명칭이 「뭔가의 약칭」인 경우.

SWAT (미국) = Special Weapons And Tactics 　「특수 무기 및 전술」의 머리글자.

SAS (영국) = Special Air Service 　「특수 공수 부대」의 머리글자.

SAT (일본) = Special Assault Team 　「특수 급습 부대」의 머리글자.

GIGN (프랑스) = Groupe D'Intervention de la Gendarmerie Nationale
　「국가 헌병대 개입 부대」의 머리글자

| 패턴 1과 2의 융합 |

미 해군 특수부대 「네이비 실」

seal = 바다표범이라는 의미　 **+**　 SEALs = Sea Air Land

바다의 맹수인 「바다표범」을 의미하는 영단어에, 「해양」, 「공중」, 「지상」 등 장소를 가리지 않고 임무를 수행한다는 부대의 모토를 결합한 결과이다.

부대 약칭을 읽는 법은 「SWAT = 스와트」라는 식으로, 하나의 단어처럼 이어서 읽어버리는 경우와 「SAS = 에스 에이 에스」처럼 알파벳을 한 글자씩 따로 읽어주는 경우가 있다.

원 포인트 잡학

러시아의 독립 특수임무여단인 알파 등의 경우, 다른 국가들에서는 「스페츠나츠(Спецназ /Spetsnaz)」라 뭉뚱그려져 불리기도 하며, 그린베레의 대원들은 자기 부대를 가리켜, 그냥 「스페셜포스」라고 부르는 등, 당사자들과 외부인들 사이에 부르는 명칭이 서로 다른 케이스도 존재한다.

「공수부대」와 「해병대」도 특수부대?

공수부대나 해병대는 구성원들이 우수한 기량을 보유한데다가 매우 사기가 높기 때문에, 일반적인 부대가 달성하기 어려운 임무도 거뜬히 완수할 수 있다. 따라서 숙련도가 높은 「엘리트 부대」라는 포지션을 차지하고 있지만, 그 위치나 성격에 있어 특수부대와는 좀 많이 다른 종류의 부대이다.

●능력적으로는 근접해있지만 특수부대라고는 할 수 없다

「공수부대」라고 하는 것은 낙하산 등의 장비를 이용하여 공중에서 강하, 통상적인 방법으로는 부대를 파견하기 어려운 장소에 대한 기습이나 정찰 임무를 수행하는 육상 부대이며, 「해병대」는 해상의 선박에서 상륙정이라는 특수 함정 등을 이용해 해안 지역에 상륙, 적의 방어 전력을 분쇄하고 '교두보'를 확보하여 아군의 후속 부대가 진출할 수 있도록 하는 등의 임무를 맡은 부대이다.

낙하산을 이용한 강하나 해상으로부터의 상륙 임무 모두가 일반 부대의 인원들로는 수행하기 어려운 일들로, 이러한 임무에 종사하는 공수부대나 해병대의 대원들은 매우 엄격한 훈련을 받아야 한다. 하지만 이들이 특수부대처럼 「인질구출작전」이나 「테러조직 수괴의 암살」과 같은 임무로 출동하는 일은 없다. 해병대와 공수부대 모두 통상적인 군사작전이라는 카테고리 안에서 운용되는 부대들이기 때문이다.

하지만, "특수부대가 아니다"라는 포지션이 일종의 메리트로 작용하는 경우도 있다. 공수부대나 해병대의 지휘계통은 통상부대의 범주 안에 있기 때문에, 특수부대를 출동시킬 경우에 필요한 복잡한 절차와는 인연이 없다는 것이다.

특수부대는 국가나 조직의 "비장의 카드"이기에, 아무리 현장의 요청이 급박하다 하더라도 시원스럽게 팍팍 출동시킬 수는 없는 법이다. 또한 부대의 규모 자체도 작기 때문에, 나름대로 합당한 이유나 상황 등의 요건이 갖춰진 것에 더하여, '높으신 분'들의 지지 또한 필요로 한다. 즉, 정치적 판단까지 얽혀있는 등, 여러 단계를 거치지 않으면 출동시킬 수 없는 것이다. 하지만 이와 달리 공수부대나 해병대는 통상전의 일환으로서 부대를 투입시킬 수 있다.

또한 공수부대나 해병대의 경우, 특수부대에 입대하는 것보다는 (어디까지나 상대적으로) 그 관문이 낮으면서도 낙하산 하강이나 산악전, 수륙양용전 등, 특수 작전에 필요한 기술을 습득할 수 있기에, 특수부대원을 지망하는 장병들에게 있어서는 특수부대에 지원하기위한 일종의 '등용문'으로 간주되는 경향이 있고, 특수부대 측에서도 인적 자원의 공급원으로 보고 있기도 하다.

공수부대나 해병대는 '스페셜'한 존재이다

공수부대나 해병대가 특수부대인가 하면……

| 공수부대 | = 흔히 말하는 「낙하부대」.
낙하산을 이용하여 공중에서 강하, 기습이나 정찰, 양동을 위한 교란 작전을 수행. |
| 해병대 | = 해군에 속한 백병전 부대.
공세의 선발대로 적지에 상륙, 후속부대를 위한 교두보를 확보. |

• 높은 기량을……

⇒ **보유하고 있다** ◁─── 일반 부대와는 격을 달리하는 「엘리트 부대」라고 할 수 있다.

• 통상적 군사행동의 범주를 벗어난 임무를……

⇒ **수행하지 않는다** ◁─── 인질 구출이나 요인 암살 등, 「통상적인 군사행동」의 범주를 벗어난 임무를 위한 운용은 실행하지 않는다.

높은 기량을 보유하고는 있으나, 운용상의 문제로 인해 「특수부대」라 부를 수는 없다.

그렇다면 이들은 「특수부대」보다 못한 존재인 걸까……?

No!

일반 부대 이상, 특수부대 미만이라고 하는 위치는 사실
대단히 귀중한 포지션이라 할 수 있다.

| 특수부대는 함부로 움직일 수 없는 부대이다. | 특수부대란 조직이나 국가의 "비장의 카드"와도 같은 존재이기 때문에, 한 번 움직이기 위해서는 여러 단계를 거칠 필요가 있다. |
| 공수부대나 해병대의 경우 출동까지의 문턱이 (상대적으로) 낮은 편이다. | 군사 편제상의 취급은 통상 부대와 다를 바가 없기에, 현장의 판단에 따라 움직일 수가 있다. |

또한 공수부대나 해병대는 「낙하산 강하」나 「수중 활동」 등, 특수부대에서 필수라 할 수 있는 기능을 습득할 수 있는 환경이기에, 인재 육성의 장이라는 기능을 갖고 있기도 하다.

원 포인트 잡학

일본 육상자위대의 경우, 특수부대에 해당하는 「특수작전군(SFGp, Special Forces Group)」이 발족되기 전까지는 치바(千葉) 현의 나라시노(習志野)에 주둔하고 있는 공수부대인 「제1공정단」이 대내외적인 최정예부대의 위치를 차지하고 있었다.

용병이 되기 위해서는 어떠한 자격이 필요할까?

용병이란 창이나 칼을 들고 치고 박던 시대부터 존재한, 유서 깊은 직종 가운데 하나이다. 이들은 충성심이나 애국심을 근거로 하여 싸움에 나섰던 기사나 병사들과는 달리, 「금전적 계약에 의해 고용된」 전투의 프로페셔널이며, 현대 사회에 들어와서도 여전히 그 모습을 찾아볼 수 있다.

● '자칭'으로도 OK?

특별히 용병이 되기 위한 자격 증명이나 라이센스(면허)가 존재하는 것은 아니다. "난 전직 특수부대원이라고!"라는 말을 함부로 꺼냈을 경우엔 부대 측의 신원 조회 대상이 되거나, 재수가 없는 경우엔 신분을 '사칭'한 것이 문제가 되어 법적 제재를 받을 수도 있지만, 그냥 "용병이다."라고 자칭한 것뿐이라면 아무런 문제가 되지 않는다.

분쟁지역이나 극심한 빈곤에 시달리는 지역에서는, 튼튼한 자신의 몸 말고는 달리 재산이 없는 자들이 먹고 살기 위하여 용병의 길을 걷는 경우도 있다. 민사작전, 또는 민사심리공작 임무를 위해 찾아온 선진국의 특수부대원에게서 훈련을 받는 등의 코스를 거쳐 전투 기술을 익히기는 하지만, 이런 종류의 용병들은 그 생존율이 극히 낮은 편이고, 고용주 입장에서도 그저 「쓰고 버리는 장기말」 이상도 이하도 아닌 존재인 경우가 많다. 하지만 반대로 특수부대를 전역한 자나 그러한 자들의 그룹은 각각의 출신국 군대에서 체계적인 정규 훈련을 받은 상태로, 확실한 동기만 주어진다면 어려운 작전이라도 확실히 성공시키기 때문에, 고용주 입장에서 본다면 「돈값을 확실히 해주는 고용인」이라 할 수 있는 것이다.

양자의 신분적 차이는 딱히 존재하지 않으며, 오로지 '실적' 하나만이 판단 기준이 된다. 「잘 안 나가는 배우」나 「인기 없는 화가」와 마찬가지로, 공적 서류의 직업란에 배우 또는 화가라고 기재를 하더라도 법적 문제가 발생할 일은 없지만, 주위에서 그에 맞는 대접을 해줄지 어떨지는 완전히 별개인 것과 마찬가지이다.

게다가 현대의 국제 사회에서는 대부분의 국가들이 「전투는 어디까지나 정규군에 의해 수행되어야만 한다」라고 규정하고 있기 때문에, 당연하게도 용병의 존재는 용납이 되지 않는다. 용병은 국제법상 '전투원'으로 취급받지 못하며, 만약 붙잡히기라도 한다면 테러리스트와 마찬가지로 간주된다. 제네바 협약(Geneva Conventions)에 따른 인도적 대우는 일절 받지 못하며, 그저 범죄자 내지는 살인자로 취급되어 이에 따른 처벌을 받게 될 가능성마저 있는 것이다.

이러한 상황으로 인해, 용병들은 이들 동료끼리의 그룹을 형성하게 되었다. 법적 신분의 보장까지는 기대하기 어렵지만, 의뢰나 정보의 상호 교환등을 통해 생존을 모색한 것이다. (업계에서) 유명한 용병이 이러한 집단의 리더가 되는 일도 많고, 이들이 기업화하여 표면의 무대에서 활약하게 될 경우는 「민간군사회사」가, 뒷무대에서의 활동을 위주로 움직이게 되면 흔히 말하는 「용병부대」가 된다.

용병의 자격과 신분

용병이란……
금전적 계약으로 고용된 병사를 뜻한다.

이 몸은 「세계용병협회의 국제A급 라이센스」를 보유하고 계신 프리
랜서 용병이시지. 응? 자격증을 좀 보여달라고? 어허~ 이 업계에
서 그런 단순한 종이 쪼가리는 아무 의미가 없다는 거 모르시나?

위 인물의 주장에는 '거짓' 내지는
'과장'이 포함되어 있습니다.

용병이 되기 위해서 「특별한 자격」이 필요한 것은 아니다.

⇒ "자칭"이라고 해도 No Problem!

> 자칭 용병
>
> 역전의 용병

양자 간에는 아무런 신분적 차이가 없다.

다만 역시 신분적 보장이 전혀 없기 때문에
전장에서는 똑같이 「테러리스트」 취급을 받게 된다.

외인부대 또는 민간군사회사에 소속되거나, 별도 그룹을 형성하게 된다.

> 프랑스 외인부대

> 민간군사회사

입대 중에는 프랑스 정규군 신
분으로 행동한다.

계약기간 중에는 회사 이름으로
여러 가지 편의를 제공해준다.

원 포인트 잡학

역사적으로는 국가 규모로 용병 수출을 중요한 생업으로 주관하던 스위스 같은 나라의 예도 존재한다.

민간군사회사는 어떠한 조직일까?

민간군사회사(Private Military Company = PMC)란 군사 서비스를 제공하는 민간기업의 총칭이다. 사원들의 대부분은 정규군에서 물러난 전직 군인이나 특수부대 경험자들로, PMC 오퍼레이터라고도 불린다.

● 부대를 렌탈해 드립니다

　전직 특수부대원이나 종군 경험자 등, 험악한 직종에 종사했던 사람들을 모은 회사를 설립하고, 이러한 인력이나 서비스를 필요로 하는 고객에게 군사 서비스를 제공하는 것, 그것이 바로 「민간군사회사」라고 하는 조직이다.

　돈을 받고 전쟁터에 나서는 것, 다시 말해 용병들이 하고 있는 것과 별 다를 것 없는 서비스를 제공하지만, 개인의 능력이나 카리스마에 의해 규합된 대다수의 용병부대와는 달리, 보다 조직화, 기업화 되어있는 것이 특징이며, 민간인을 대상으로 한 「사격교실」, 「자기방어 훈련코스」등을 개최하여 건전한 기업으로서의 이미지를 어필하는 일도 많다.

　이러한 조직 자체는 이미 이전부터 존재해왔지만, 본격적으로 부각된 것은 2003년에 발발한 이라크 전쟁 이후의 일이다. 전후의 혼란스러운 상황 속에서 요인경호나 차량경호, 물자수송의 호위와 같은 임무에 파견할 일손이 부족해지면서, 민간군사회사에 이러한 업무를 위탁하게 된 케이스가 늘었기 때문이다.

　이제까지 이러한 종류의 임무는 정규군의 2선급 부대가 담당해왔으나, 민간군사회사에 이를 위탁하면서 "서류상으로 나타나는 전상자의 수를 늘리지 않을 수 있다"라고 하는 이점이 발생했다. 미국과 같은 국가의 경우, 전쟁에서의 전사자 수가 늘게 될 경우, 이는 정권의 지지율이 떨어지는 등 정치적 부담으로 다가오기에, 정부의 입장에서 봤을 때 이는 대단히 큰 이점으로 작용했던 것이다.

　반면에 정규군은 아니라 하더라도, 총을 들고 험악한 일을 하고 있다는 것에는 아무런 차이가 없었고, 국제법적으로 보더라도 이들의 신분 등이 정말 애매하다는 문제도 있었다. 정규군이 아닌 탓에 이들 '직원'들의 도덕적 기준이 매우 낮은 경우도 많았으며, '자기 방어'라는 명목 하에 함부로 총기를 휘두르거나 포로에게 비인도적 행위를 저지르는 등의 문제를 일으키는 케이스도 적지 않았다.

　직원들의 급여는 민간 기업인 이상, 천차만별이었지만, 선진국의 일반적인 기업보다는 그 수준이 낮다. 하지만, 개발도상국의 소득 평균보다는 훨씬 높다고 할 수 있으며, 특수부대 출신자 등 이른바 '부가가치'가 있는 인재들의 경우 고액의 보수를 받는 경우도 많다.

민간군사회사의 업무

민간군사회사(PMC)란 군을 대신하여
「경비」, 「수송」, 「후방시설의 운용」 등을 담당하는 기업이다.

「C」의 부분은 계약자난 청부인을 의미
하는 Contractor 으로 적는 경우도 있다.

민간   군사   회사
PMC = Private Military Company 의 약자이지만……

「Military」라는 부분을 「Security」로 대체하여
= PSC라는 이름을 내세우는 기업도 존재한다.

기본적으로
「전투는 하지 않는다」고 하지만……

자위나 반격을 위한 것이
라는 명목 아래, 정규군과
거의 같은 수준의 무장을
하고 있다.

경비나 경호

일반적인 경비회사는 전투가
벌어지는 지역에서 중요 인
물이나 시설을 지키기에 역
량이 부족하다.

항공운송

대공포화가 빗발치는 상공을
비행하거나 물자를 공중에서
투하하는 노하우는 일반 항
공사는 절대 보유할 수 없는
것이다.

무인기(UAV)의 조종

정찰이나 미사일 공격에 사용
되는 「무인기」의 경우, PMC
직원들이 조종을 담당하는 경
우가 많으나, 공격 자체는 현
역 군인들이 담당한다.

원 포인트 잡학

현재 민간군사회사를 나타내는 영어 약칭으로는 「PMSCs(Private Military and Security Companies)」이라는 것이 사용되
고 있는데, 이것은 2008년 스위스의 몽트뢰(Montreux)에서 채택된 문서(Montreux Document)에 따른 것이다.

외인부대는 난폭한 자들의 집단?

외인부대라는 것은 그 이름이 나타내는 바와 같이 「외국인을 고용하여 편제한 부대」을 일컫는 말이다. 출처도 과거도 불명인 '깡패'같은 자들의 모임이라는 이미지가 있으나, 실제로는 일반적인 용병부대나 민간군사기업에 비해 훨씬 사기도 높은 데다, 정규군으로서의 신분이 보장되는 곳이다.

●높은 사기의 정예 집단

우리가 「외국인」이라고 하는 단어에서 연상할 수 있는 이미지라면 여러 가지가 있을 수 있겠으나, 그 가운데 하나가 상호이해가 불가능한 수상한 존재라는 부정적인 이미지일 것이며, (실질적 안보환경과는 상관없이) 오랜 평화에 젖어 살고 있는 현대의 한국이나 일본인들의 시선에서 봤을 때 "일부러 외국에 나가서 까지 전쟁을 하고 싶어 하는 정신 구조 자체가 이상하다"라는 인상이 강할 것이다. 하지만 「외인부대」에 대한 이러한 이미지는 정확한 것이라 할 수 없다.

외인부대라고 하면 프랑스 외인부대가 가장 유명하지만, 여기에는 선발 훈련을 통과하여 입대할 때 「익명」으로 해야 한다는 규칙이 있다. 이것은 뭔가 숨기고픈 과거를 지닌 자가 이런 저런 추적을 받지 않도록 하기 위한 일종의 "배려"로, 확실히 19세기 말까지는 「범죄자나 범죄의 용의자가, 수사나 사회적 관심이 잠잠해질 때까지 일시적 '은신처'로 삼아온」 것의 간접적 원인이 되어왔다. 하지만 현대에 들어와서는 입대 시에는 물론, 이후에도 철저한 신변조사가 이루어지도록 되어있기 때문에 경력에 문제가 있는 사람(전과자나 지명수배자)이 부대원으로 복무하는 것은 거의 있을 수 없는 일이다.

사실 외인부대는 그 자체로 특수부대라 할 수는 없으나 외국인으로 구성된 부대라는 특성상 자국민을 투입할 경우 반발을 살 우려가 있는 임무, 흔히 말하는 '더럽거나 뒤가 구린' 임무에 투입되는 일이 많으며, 역사적으로 보더라도 프랑스 외인부대 또한, 일찍이 식민지 지배를 통한 권익을 확보하기 위해 투입되는 실효부대로, 또는 침략전쟁이나 무력개입의 첨병으로 활약해왔던 것은 역사적 사실이다. 이러한 임무의 경우, 수중전이나 산악전 등 특수부대에서 필요로 하는 것과 거의 같은 기능을 요했기에, 외인부대는 자연스럽게 「정규군 내부의 '특수부대적' 성격을 보유하고 있는 부대」로 자리매김하게 되었다.

국제법을 비롯한, 전쟁의 기본적 '규칙'이 정비되기 전까지, 외인부대는 '더러운 역'을 떠맡아야하는 입장이었지만, 동시에 여러 가지 규정들에 얽매이지 않고 '탄력적'으로 운용할 수 있는 부대라는 부분도 있었다. 하지만 현재의 프랑스나 스페인 등의 국가에 조직되어 있는 외인부대는 정규군의 일원이라는 지위를 차지하기에 걸맞은 정예군 집단으로 남아있는 상태이다.

외인부대도 정규군

외인부대란……
외국인으로 편제되어있는 부대이다.

외인부대의 이미지

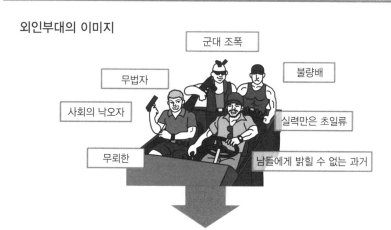

군대 조폭

불량배

무법자

사회의 낙오자

실력만은 초일류

무뢰한

남들에게 밝힐 수 없는 과거

── 도무지 손쓸 수 없는 무뢰한들의 집단?? 이거 오해인거 다 아시죠~? ──

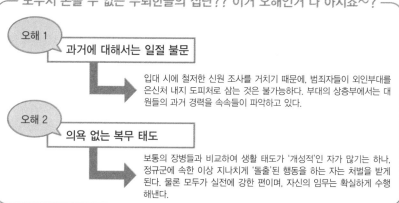

오해 1
과거에 대해서는 일절 불문

입대 시에 철저한 신원 조사를 거치기 때문에, 범죄자들이 외인부대를 은신처 내지 도피처로 삼는 것은 불가능하다. 부대의 상층부에서는 대원들의 과거 경력을 속속들이 파악하고 있다.

오해 2
의욕 없는 복무 태도

보통의 장병들과 비교하여 생활 태도가 '개성적'인 자가 많기는 하나, 정규군에 속한 이상 지나치게 '돌출'된 행동을 하는 자는 처벌을 받게 된다. 물론 모두가 실전에 강한 편이며, 자신의 임무는 확실하게 수행해낸다.

외인부대의 장병들은 군법에 따라 정규군의 '군인'으로서 대우를 받기 때문에, 설령 포로가 되더라도 제네바 협약에 따른 권리를 보장받을 수 있다. (용병이나 민간군사회사의 사원들의 경우 국제법에서 규정하는 「전투원」으로서 인정받지 못하는 일이 많다.)

▪ 원 포인트 잡학

프랑스 외인부대에서의 익명생활은 부대를 전역할 때까지 계속되는 것은 아니며, 수년에 걸쳐 착실하게 임무를 수행했을 경우 본명을 다시 사용할 수 있게 된다. 부대 복무 중에 차를 구입하거나 결혼하기 위해서는 본명을 사용한 상태에서의 근무가 조건이 된다.

제2차 세계대전까지의 특수부대

두 차례에 걸쳐 일어났던 세계대전은 그 이름 그대로 전 세계를 무대로 벌어진 국가 총력전으로, 각 참전국들은 오늘날까지 이어져 내려오는 특수부대의 '원형'이라고 할 수 있는 것들을 만들어냈다. 제1차 세계대전 말기 독일의 「돌격대(Stoß truppen)」는 정면의 강력한 거점을 우회한 뒤, 적진의 취약지점을 파고들어 무너뜨리는 전술로 활약했는데, 통상부대와의 연계에 실패하면서 그 특성을 제대로 발휘할 기회는 그리 많지 않았다. 제2차 세계대전에 와서는 국방군(Wehemacht)내에 「브란덴부르크(Brandenburg)」 부대가 조직되었는데, 이들은 주로 후방교란이나 정찰·파괴활동 등에 종사했으며, 이외에 무장친위대(Waffen SS)의 오토 슈코르체니(Otto Skorzeny)가 편성하였으며, 주둔지의 지명에서 유래하여 프리덴탈(Friedenthal) 구축대라 불리던 제502 SS 경보병대(SS-Jäger-Bataillon 502)의 활약이 특히 유명한데, 이들은 국왕과 의회에 의해 실각당하고 연금되어있던 이탈리아의 무솔리니를 구출한 것과, 헝가리가 독일과의 동맹을 파기하고 연합군 측에 항복하려는 것을 막기 위해 헝가리의 섭정이었던 호르티 미클로시(Horthy Miklós)의 아들을 유괴했던 것이 잘 알려져있다.

영국에서는 열세였던 전황을 타개하기 위해, 비교적 가벼운 장비를 갖추고 기습을 전문으로 하는 부대인 「코만도(Commando)」를 창설, 독일에 대항했다. 북아프리카에 파견된 코만도 출신인 데이비드 스털링은 그 경험을 살려 후방교란이나 파괴공작, 특히 독일군의 비행장을 습격하여 항공기들을 파괴하거나, 지상 루트를 이용한 정찰, 적의 보급선 차단 등을 임무로 하는 부대로 「SAS(특수공수부대)」를 만들어냈다. 영국 해병대의 한 부대로 창설된 「SBS(특수주정부대)」는 인력으로 움직이는 소형 보트(舟艇)를 이용하여 적의 함선이나 해안 시설(항만이나 보급기지)에 대한 파괴공작을 실시하는 부대이다.

미국에서도 참전 직후부터 다수의 부대가 창설되었다. 윌리엄 올랜도 다비(William Orlando Darby)가 창설한 「다비스 레인저스(Darby's Rangers)」는 미국판 코만도라 할 수 있는 부대로, 전쟁 말기에는 6개 대대 규모까지 확대되어, 노르망디 상륙작전 당시에는 절벽을 기어올라 해안을 조망할 수 있던 독일군의 포대를 무력화시키는 활약을 보였다. 한편, 일명 「악마의 여단(Devil's Brigade)」이라 불리던 「제1특전단(1st Special Service Force)」은 후방교란이나 동맹국의 게릴라전 부대의 육성을 담당하던 부대로, 후에 등장하게 되는 「그린베레」의 모체가 되기도 하였다. 정보조직이었던 OSS(Office of Strategic Service : 전략 사무국 이후 CIA의 모태가 된다)에서 조직했던 「메릴의 약탈자들(Merrill's Marauders)」은 프랭크 도우 메릴(Frank Dow Merrill)이 지휘했던 제5307혼성부대(5307th Composite Unit)를 가리키는 통칭으로, 동남아시아의 버마 전선에서 일본군을 상대로 교란공작을 펼쳤는데, 이 부대의 대원들은 특별사면을 조건으로 소집된 범죄자들이었으나, 생환율이 극히 낮은 임무도 과감하게 수행해냈다. 일명 「알라모 스카웃(Alamo Scouts)」이라 불리며, 월터 크루거(Walter Krueger)가 편성한 제6특수정찰대(6th Army Special Reconnaissance Unit)는 필리핀에 배속된 지원병들의 부대로, 80개가 넘는 임무를 수행하면서도 인적 손해는 전무한 것으로 유명하다. 이외에 해안의 장애물을 배제하고, 상륙지점의 정찰이나 확보를 수행했던 「수중파괴공작부대(UDT)」나 「특수기습부대」, 「특수파괴부대」 등은 전후에 재편·통합되어 「네이비 실」이 되기도 했다.

이 시기의 특수부대들은 후세의 부대들에 비해 아직 거칠고 세련되지 못한 부분이 있었으나, 고도의 훈련을 받은 소수정예 팀이 대군을 상대로 큰 피해를 줄 수 있다는 것을 실증했다는 점에서 의미를 갖는데, 이것은 전후의 군사작전에 있어 특수부대의 중요성이 더더욱 높아져 갔다고 하는 사실이 증명하고 있다고 할 수 있겠다.

제2장
특수부대의 임무

군계통 특수부대의 역할이란?

군계통 특수부대는 다양한 방면에 걸친 임무를 수행하고 있다. 군대라고 하는 조직이 갖는 가장 큰 의의라고도 할 수 있는 역할은 역시 「적의 군대와 싸우는 것」으로, 특수부대의 가치 또한 오직 "강력한 전투력"에 있다고 생각하기 쉽지만, 이들의 역할은 정면으로 부딪치는 단순한 전투에 한정된 것이 아니다.

● 전투 이외의 임무도 대단히 중요

군 내부에서 창설된 「군계통 특수부대」의 경우, 언제나 요란하게 총격전을 벌이는 부대라는 인상을 갖는 경우가 많다. 부대의 특성상 인질을 구출하거나, 테러조직의 간부를 제거하기 위해 적의 아지트를 급습하는 「강습작전」이나, 적지에 떨어져 고립되어있는 아군을 구해내기 위한 「전투구조임무」, 여기에 더하여 적진 훨씬 깊숙이 침투해 들어가 적을 혼란시키는 「후방교란」 등의 임무를 수행하는 일이 많기에 전체 임무에 있어 전투가 차지하는 비중이 큰 것은 사실이지만, 이들이 수행해야만 하는 역할에 있어 전투라고 하는 것은 여러 가지 '수단'들 가운데 하나에 불과하다.

예를 들어, 일반 부대가 도저히 도달할 수 없는 거리를 답파하여 중요 시설의 사진 등을 촬영하는 「장거리정찰」이나, 적의 세력권에 숨어들어가 정보를 수집하는 「잠입작전」, 군이나 통신·교통의 중요 시설을 사용 불능으로 만드는 「파괴공작」 등의 임무를 수행할 때는 가급적 전투를 피하기 위해 전력을 기울여야 한다. 전투로 인해 이쪽의 전력을 소모하거나 잠입 사실이 발각되었을 경우, 그만큼 임무 달성의 확률이 크게 저하되기 때문이다.

또한 적의 적에게 정보를 흘려주거나, 현지의 민간인들을 원조하여 자국의 동조세력을 키우고, 우호국에 대하여 군사훈련 등을 실시해주는 등을 주된 내용으로 하는 「민심획득공작(민사작전)」은 특수부대의 여러 역할 가운데 전투 계열 임무들 이상으로 중요시하는 임무이며, 특히 오늘날 '세계의 경찰'을 자처하며 전 세계에 전개 중인 미군은 다른 어느 국가보다도 이 분야에 주력하고 있다.

필요하다면 정규전(양 측의 군부대가 총기는 물론 대포와 같은 중화기로 서로를 살상하는, 흔히 말하는 '보통'의 전쟁)에도 특수부대를 동원할 수 있기는 하지만, 일반 병사와 한데 섞여 싸우게 하는 것은 수지가 맞지 않는다. 이들이 투입되는 것은 낙하산 강하나 산악전처럼 특수한 기능을 필요로 하는 국면으로 한정되며, 통상적으로는 불가능한 장소나 타이밍을 노려 적의 허를 찌른 기습을 가하는 등, 전황을 바꿀 필요가 있을 때이다. 또한 대게릴라전도 특수부대가 장기로 삼고 있는 분야 가운데 하나로, 밀림에서의 전투나 도심지에서의 시가전 등의 노하우를 활용하여 통상 부대를 지원하기도 한다.

군의 특수부대
→ 「국익」을 수호하기 위해, 「국제적 규칙」에 따라서 행동.

위험지역에서의 정보수집이나, 중요시설의 파괴, 민중의 선동, 요인의 암살 등 언뜻 보기에 눈에 띄지 않는 임무가 정말로 중요한 경우도 있다.

> 액션영화에서 보는 것과 같은 요란한 임무는 오히려 소수에 가깝다.

군계통 특수부대에 내려오는 지령의 예

강습작전 · 적의 거점 습격. 건물의 제압.

전투구난임무 · 위험지역에 고립된 아군의 구출.

이러한 임무들이 흔히 말하는 「전투계」에 속하는 임무들이라 할 수 있다.

후방교란 · 적진 깊숙한 곳에서 날뛰어 적을 혼란시킨다.

장거리정찰 · 통상 부대로는 도달할 수 없는 먼 거리를 이동해 들어가 정찰 임무를 수행.

잠입작전 · 적진 깊숙한 곳에 들어가 정보를 수집한다.

파괴공작 · 적의 중요 시설 등을 사용불능으로 만든다.

「첩보계」 또는 「비전투계」라 불리는 임무는 대략 이런 종류.

민심획득공작 · 작전지역이나 그 주변지역의 주민들이나 유력자를 회유한다.

필요하다고 하면 정규전에도 투입된다

공수작전　**산악전**　**수중전**

시가전　**정글전**

· 특수한 환경에 영향을 받지 않고 행동할 수 있기 때문에 기습 등을 통해 아군을 지원하거나, 경우에 따라서는 전황을 역전시키는 것도 가능하다.

대게릴라전 · 적의 게릴라전을 방해, 또는 제압하는 것.

원 포인트 잡학

군계통 특수부대는 국익을 우선으로 하여 행동하기 때문에, 인질구출작전 등에 투입되었을 경우 「범인의 사살은 확정」, 「인질 중에서도 일부 희생자가 발생하는 사태를 각오」한 상태라고 보는 것이 정확할 것이다.

경찰치안계통 특수부대의 역할이란?

미국의 SWAT나 일본의 SAT같은 경찰치안계통 특수부대는 인질·농성 사건이나 총기 난사 등 일반 경찰이 대처할 수 있는 범위를 넘어선 범죄 현장에 투입되곤 한다. 이들에게 요구되는 것은 교착상태에 빠진 상황을 특수부대의 높은 숙련도와 강력한 장비를 무기삼아 신속히 타개하는 것이다.

●법과 규정에 묶여있는 경찰치안계통 특수부대

경찰이나 내무부 등 국내의 치안유지를 담당하는 조직에서 창설한「경찰치안계통 특수부대」는 법을 집행하는 때에 한하여 폭력을 사용하는 것을 기본 전제로 하고 있다.

대다수의 국가에서 경찰관들은 총기로 무장하고 있다. 하지만 퇴역 군인 등의 무기 사용에 능숙한 자를 상대하기에는 역부족인 경우가 많다. 여기에 더하여 법 집행기관의 요원들은 군인들처럼 능동적이고 적극적으로 총기를 사용하는 훈련을 받지 않았기에, 그 동작이나 반응 자체도 한 박자 느릴 수밖에 없는 것이다.

그래서 인질 사건이나 농성, 마약 관련 사건에서 실시되는「강행돌입작전」이나 총기난사사건에서 펼쳐지는「무장범죄자의 구속」, 테러리스트나 문제가 있는 외국인들의 불법적인 입국을 저지하는「임검(해상선박검사)」같은 임무를 수행해야 할 때에는, 군대와 마찬가지 방식의 훈련을 쌓고, 강력한 무장을 갖추고 있는 특수부대가 출동하게 되는 것이다.

이들의 역할은 "통상의 부대로는 대처하기 어려운 상황을 극적으로 타개"한다고 하는 의미에서는 군 소속 특수부대와 다를 것이 없으나, 초 법규적 조치를 취하는 것은 허락받지 못 한다는 차이점이 있다. 경찰치안계통 특수부대가 물리력(폭력)을 행사하는 것은 일반 경찰관들과 마찬가지로, 어디까지나「법을 집행」하기 위함이기에, 모든 행동에 있어 법적 근거를 필요로 하게 된다.

이것은 인질극을 벌이고 있는 흉악범을 사살하는 경우에도 마찬가지로, 사전 경고를 실시하고, 정말 어쩔 도리가 없는 상황에서 부득이하게 범인을 사살할 수밖에 없었다는 사항을 사후에 보고서에 기록해야 하며, 필요한 경우에는 재판이나 조사위원회 등의 공공석상에서 이를 증명해야 한다. 이러한 의미에서도「범인과의 교섭」이라는 임무는 매우 중요하며, 아예 전문 팀을 편성하고 운용하는 부대까지 있을 정도이다.

군 소속 특수부대라면,「어려운 작전이었으며, 그렇기에 다소의 희생은 어쩔 수 없었다」라고 강변하거나, 애초에 그 사건 자체를 '기밀'이라는 이름하에 은폐할 수도 있다. 하지만 '법'과 '규정'이라는 이름의 굴레에 묶여있을 수밖에 없는 경찰치안계통의 부대에서는 그런 식으로 일을 처리할 수 없는 법이기에, 희생자 제로, 언제나 안전하고 안심할 수 있는 특수작전을 목표로 매일같이 고군분투할 수밖에 없는 것이다.

> 경찰의 특수부대
> → 「국내의 치안」을 지키기 위해, 「자국의 법률」에 따라 활동한다.

어디까지나 「시민의 보호」와 「용의자를 체포하여 법의 심판을 받게 하는 것」이 목표이기에, 무리한 행동은 허락되지 않는다.

> 모든 행동에 있어 법적 근거를 필요로 한다.

용의자가 총기로 무장하고 건물 안에서 농성하거나, 인질을 붙잡고 무리한 요구를 해오는 경우, 그리고 범인이 마약 중독자이거나 할 경우는 정말 골치아픈 일이 되기도……

경찰계통 특수부대에 내려지는 지령의 예

| 강행돌입작전 | ・건물 등에 돌입하여 인질을 구출하거나 범인을 배제. |

| 무장한 범죄자의 구속 | ・총기나 날붙이 등의 흉기를 들고 저항하는 자를 무력화. |

| 임검 · 선박의 수색 | ・테러리스트나 범죄자 등의 불법 입국, 수송을 저지. |

| 범인과의 교섭 | ・모든 종류의 임무에서 일어날 수 있는, 눈에 띄지 않지만 실은 가장 중요한 일. |

법치국가에서 용의자를 체포 · 구속할 경우, 법적 근거가 확실할 경우에는 영장을 제시하거나, 구두로 "체포하겠다"라고 밝히는 것만으로 일이 마무리된다.
하지만 용의자가 무력을 사용하여 저항하려는 태도를 보일 경우, 진압에 들어가기에 앞서 반드시 교섭을 시도하게 된다.

교섭의 실 기록을 남겨, 나중에 제기될 책임문제를 회피할 수 있다.

국외로까지 출동하게 되는 경우는 드물다

경찰치안계통 특수부대는 국내의 치안유지를 목적으로 하기에, 타국에서 일어난 테러사건을 해결하러 나가거나 하지는 않는다. 요청이 있을 경우 출동하는 경우도 있기는 하나, 이것은 우호관계의 국가나 세계를 상대로 한 일종의 '퍼포먼스'로, 국제적 공헌이라는 이름아래 '정의'를 강매하는 것과는 그 성질이 다르다.

원 포인트 잡학

일본의 경우 특수부대의 대명사 가운데 하나로 인식되어, 「팬텀 스와트(※역자 주: 애니메이션 「초음전사 보그맨」에 등장)나 「블루 스와트(※역자 주: 특촬물인 「블루 스와트」에 등장)」라는 식으로 서브컬처의 세계에서 등장하기도 하는 SWAT도 실은 경찰, 좀 더 정확히 말하면 미국 경찰의 내부에 편성된 부대의 약칭에 지나지 않는다.

작전지역까지는 어떻게 이동하는가?

군사작전에 있어 부대의 이동은 대단히 숨기기 어려운 일이다. 하지만 특수부대의 경우, 부대의 이동이 발각되는 사태는 작전 자체의 실패로 직결되는 위험이 있는 일이기에, 일반적으로는 사용하지 않는 다양한 방법으로 목적지까지 이동한다.

● 부대의 이동은 비밀리에

　군 특수부대를 작전지역까지 이동시키기 위한 이상적인 수단은 자체적으로 보유한 군용 수송기를 이용하는 것이다. 군용기는 민수용 기체와 외견상으로는 같은 모델이더라도 기체의 구조 자체가 강화되어있는 경우가 많으며, 조금 거칠고 무리한 운용에도 별다른 문제를 일으키지 않는다. 또한 군사작전이라는 명목으로 비행계획 자체도 탄력적으로 운용할 수 있기 때문이기도 하다.

　시간적인 여유가 있거나, 작전이 발각될 가능성을 줄이고자 할 경우에는, 작전지역에서 조금 떨어져있는 기지에 수송기를 착륙시킨 뒤, 거기에서 다시 헬기 또는 차량을 이용하거나, 도보로 대원들을 침투시키기도 한다. 이때 사용되는 헬기나 차량은 수송기에 적재해야 하기에, 특수부대에서는 콤팩트한 사이즈의 것을 선호하고 채용하는 경향이 있다.

　작전지역이 해안지역 주변이라면 바다를 통해 상륙하는 것도 하나의 방법이다. 잠수함에 타고 침투지역 앞바다까지 접근한 다음, 거기에서 소형 잠수정이나 수중 스쿠터를 이용하여 상륙지점으로 이동하는 것이다. 경계가 그리 삼엄하지 않은 경우에는 잠수함에서 직접 고무보트에 옮겨 타고 상륙할 수도 있으나, 지형이나 상황에 따라서는 잠수함에서 직접 헤엄쳐서 이동해야하는 경우도 있다.

　바다가 없는 내륙 국가의 경우에는 도보로 잠입하는 방법도 사용된다. 산악지대로 둘러싸인 국가의 경우, 국경을 넘는 일 자체는 상대적으로 수월하지만, 무거운 장비를 짊어진 채 행동하기 어려운데다가, 산악전이나 서바이벌 기술을 필요로 하는 관계로, 이러한 의미에서 본다면 도리어 그 장벽이 높다고도 할 수 있다.

　경찰치안계통 특수부대의 경우, 군 소속 부대와는 달리, 상대해야하는 적이 레이더를 사용하거나, 감시 초소를 운용하는 일은 없으며, 기껏해야 TV나 라디오를 정보수집의 수단으로 사용하는 것이 고작이기에, 부대의 접근이 발각될 위험은 상대적으로 적은 편이다.

　하지만 사건이 크게 부각되거나 대규모로 번지면서 매스컴의 보도진들이 현장에 몰려들었을 경우에는 부대의 도착이나 배치 자체가 실시간으로 중계되어버릴 가능성이 있다. 만약 일이 이렇게 되었을 경우, 교섭과 돌입 가운데 어느 쪽을 선택하더라도 대단히 골치 아픈 딜레마에 빠질 수도 있기에, 사전에 보도기관 쪽에 대하여 자숙할 것을 요청하는 등의 대응책을 강구할 필요가 있다.

하늘로, 바다로, 땅으로

> 군에서는 특수부대의 존재가 발각되지 않도록,
> 부대의 이동에 세심한 주의를 기울인다.

튼튼한데다 비행계획 등을 탄력적으로 운용할 수 있어 대단히 편리.

대부분의 경우, 전용(혹은 자체적으로 보유)한 군용기를 사용한다.

수송기로 부근의 거점까지 이동
• 장거리 이동이 가능한 데 더하여 차량이나 장비도 함께 나를 수 있기에 가장 일반적인 방법.
• 장소에 따라서는 고고도를 비행하는 수송기에서 직접 낙하산으로 강하하는 일도 있다.

헬기를 이용 단숨에 돌입
• 헬기는 비행시의 소음이 크기에, 적 거점에 돌입하는 등의 타이밍에 사용하는 일이 많다.

잠수함을 통해 바다에서 접근
• 대단히 눈에 띄지 않는 방법이지만, 수중상륙작전의 노하우를 보유하고 있는 국가는 매우 드물다.

육로를 통해 은밀하게 월경
• 대단히 눈에 띄기 어려운 방법이기는 하지만, 대원 개개인이 생존 기술을 습득하고 있어야할 필요가 있다.

경찰치안계통 특수부대의 경우……

적(테러리스트나 무장을 한 범죄자)에게는 특수부대의 이동을 감지할만한 수단이 없는 케이스가 대부분이기에, 이동 자체에는 그다지 신경쓸 필요가 없는 편이다.

하지만 방심은 금물!

「인질을 잡은 채 농성」을 벌이는 등의 케이스에서, 범인의 정신상태가 불안정한 상황에서 만에 하나 특수부대의 접근을 눈치 채기라도 했을 경우, 인질의 목숨이 위태롭게 되는 불상사가 일어날 우려가 있으며, 범인이 TV나 라디오 등으로 정보를 수집하고 있을 경우, 매스컴의 보도로 인해 범인이 부대의 출동이나 배치를 눈치 챌 위험성이 있다는 점을 고려해야 할 필요가 있다.

원 포인트 잡학
미군의 특수부대 등에서는 「C-5 갤럭시(Galaxy)」나 「C-141 스타리프터(Starlifter)」(※역자 주 : 2006년에 전량 퇴역하였으며 현재는 「C-17 글로브마스터 III(Globemaster III)」가 임무를 맡는다) 등의 대형 수송기를 보유하고 있으며, 작전수행에 필요한 각종 물자를 직접 현지까지 공수한다.

특수작전용 항공기에 필요한 능력은?

특수부대의 작전에 사용되는 항공기는, 어려운 임무를 달성시키기 위해 일반적으로는 있을 수 없는 거친 방식으로 운용되는 일이 많다. 때문에 일반적 임무를 수행하는 기체와는 달리, 별도 기준에 따른 사양이 요구된다.

●항공기 또한 특별 사양?!

특수부대에 있어 항공기의 존재는 극히 믿음직스러운 것이다. 엔진의 소음이 너무 커서 적에게 발각되기 쉽거나, 연료를 퍼먹는 등 연비가 좋지 않아 자주 급유를 받아야 하는 등의 문제도 많기에, 언제 어디서나 사용할 수 있는 것은 아니지만, 잠입이나 탈출을 실시할 경우에 단시간 내에 장거리를 한 번에 이동할 수 있다는 특성은 작전의 폭을 확대시켜 준다. 또한, 작전 도중에 장비나 탄약의 보급을 실시할 때에도 항공기의 탑재량은 차량이나 도보로 수송할 수 있는 양을 훨씬 상회한다.

특수작전에 사용되는 항공기에는, 그에 걸맞은 특수한 기능이 요구된다. 우선 첫 번째로, 「야간비행능력」이다. 특수부대의 이동은 야음을 틈타 이루어지는 일이 많기 때문에, 칠흑 같이 어두운 밤하늘에서도 비행할 수 있어야만 하며, 조종사는 얼마 되지 않는 빛이나 열기를 감지하여 시각으로 볼 수 있게 해주는 암시 고글을 착용하므로, 조종실이나 조종에 필요한 계기 류의 조명도 이에 대응한 것이어야 할 필요가 있다.

적의 눈에 쉽게 발각되지 않기 위해서는 저공으로 비행해야 할 필요가 있기 때문에, 「저공항법장치」를 사용하여 지면이나 장해물에 부딪치지 않도록 해야 하며, 악천후에서도 비행을 강행해야 하는 경우에 대비하여 「전천후항법장치」 또한 필요하다. 사령부나 부대와의 연락에 사용되는 통신장치도 원거리 통신 내지는 위성통신이 가능한 것이 탑재된다.

장거리를 비행하기 위한 장치로, 「보조연료탱크」나 「공중급유장치」 또한 빼놓을 수가 없다. 포탄이 어지러이 날아다니는 장소에 돌입해야 하는 케이스가 예상되는 경우, 방탄장비나 플레어(Flair)·체프(Cheff)와 같은 자기방어를 위한 기만장비, 통상보다 1랭크 위의 무장을 탑재하기 위해, 기체의 구조를 강화하는 경우도 있다.

이러한 사양 변경의 결과, 특수작전용 항공기는 통상의 기체보다 훨씬 무거워지고, 무거운 기체를 날리기 위해 엔진 등을 강화되는 케이스도 적지 않은 편이다. 많은 국가들의 특수부대들은 이러한 필요성을 인식하고 있으면서도 예산이나 일반 부대와의 조정 등의 문제로 완전한 전용기가 아닌 다소의 사양 변경 정도로 타협을 하고 있는 실정이다.

특수부대 사양 항공기에 요구되는 성능

겉보기는 똑같아보여도, 그 알맹이는 완전히 별개의 물건

항공기의 두뇌라 할 수 있는 「에비오닉스(Avionics, 항법장치)」는 특수작전을 수행하기에 알맞은 것으로 변경.

	일반 기체	특수부대 사양 기체
야간비행능력	조종석에는 조명이 필요.	조종석의 조명은 암시장치로 대체.
저공항법장치	고도가 낮아지면 수목에 걸리거나 언덕에 격돌하기도……	마치 지면을 기어가듯 지형에 맞춘 저공비행을 실시할 수 있다.
전천후항법장치	강풍이나 호우는 비행에 지장을 줄 수 있다.	딱히 날씨에 좌우되지 않고 비행할 수 있다.
위성통신장치	통신 가능한 거리에는 한계가 있다.	위성을 경유하여, 지구 반대편과도 통신할 수 있다.

하드웨어 적인 부분에 있어서도 필요에 따른
개수 및 개조가 이루어지기는 하지만……

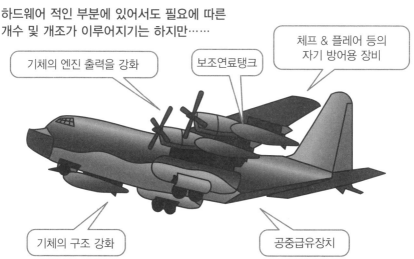

기체의 엔진 출력을 강화

보조연료탱크

체프 & 플레어 등의 자기 방어용 장비

기체의 구조 강화

공중급유장치

아무래도 이만한 사양을 전부 적용시킨 전용기를 개발할 수 있을 정도로 예산이 넉넉한 경우는 거의 없기에, 대다수의 조직에서는 부분적인 개수를 하는 정도의 선에서 현실과 타협하고 있다.

원 포인트 잡학

개수의 원형이 되는 항공기는 가급적 「탑재량(적재량)」이 큰 모델일수록 유리하다. 대원들 외에도 정찰차량, 경우에 따라서는 소형 보트까지 운반해야 할 필요가 있기 때문이다.

영공침범을 하지 않고 낙하산으로 강하하기 위해서는?

적에게 발견되지 않고 잠입할 경우에는, 항공기를 이용하여 목표 상공까지 접근한 뒤, 낙하산으로 강하하는 것이 일반적인 방법이다. 하지만 그곳이 자국의 영공이 아닐 경우, 영공침범으로 수송기가 격추당할 위험성이 발생한다.

● 고고도에서의 자유낙하(Free fall)

특수부대에서 낙하산 강하는 필수적인 기술이다. 비밀리에 적지에 잠입해야 할 때, 여객기나 철도 등의 민간 교통수단을 이용하게 되면 탑승권의 구입이나 보안용 카메라의 영상 등 '흔적'이 남을 수밖에 없으며, 군용기를 이용할 경우엔 기체를 착륙시킬 수 있는 지점이 극히 한정되어있기 때문이다.

하지만 낙하산을 이용해 「비행 중인 항공기에서 뛰어내리는 방법」이라면 적은 착지 지점을 예측하기가 어려워질 것이다. 영공 바깥쪽을 비행하고 있는 동안에는 뭐라 비난 받을 건덕지도 없는 데다, 설령 항의가 들어온다 하더라도 「그냥 좀 멀찍하게 떨어진 곳을 날고 있었을 뿐입니다. 딱히 누구를 내려주거나 한 것도 아니고 말이죠」라는 식으로 시치미를 뗄 수도 있다.

낙하산을 이용한 강하로 대원들을 잠입시키는 경우, 항공기는 고도 1만 미터가 넘는 고고도를 비행하게 된다. 이것은 적의 레이더나 대공방어로부터 기체를 보호하기 위한 것이다. 뛰어내리자마자 바로 낙하산을 펼치는 방법을 「HAHO(High Altitude High Opening, 고고도이탈 및 고고도개방 강하)」라 하며, 한동안 자유낙하를 한 뒤 지표 부근에서 낙하산을 펼치는 방식을 「HALO(High Altitude Low Opening, 고고도이탈 및 저고도개방 강하)」라고 하여 두 방식을 구분하고 있다.

고고도를 비행하는 또 한 가지의 이유는 강하시간, 즉 체공시간을 길게 잡을 수 있기 때문이다. 공중에 머물러있는 시간이 길어지면, 낙하산이 바람의 영향을 받아 그만큼 수평으로 더 멀리 이동할 수 있게 되며, 자유낙하를 할 때에도 자세를 바꾸거나 사지를 넓게 벌리는 등의 동작을 취해 공기의 저항을 조절, 활공하는 것을 통해 상당한 거리를 수평 이동할 수 있게 된다.

또한 헤일로(HALO)는 목표로 했던 강하지점을 벗어나는 일이 적고, 레이더에 쉽게 탐지되지 않는다는 이점이 있지만, 헤이호(HAHO)만큼 멀리까지 이동하여 강하할 수는 없다. 낙하산의 형태는 직사각형(스퀘어)인 램 에어(Ram air Canopy) 타입 낙하산이 적합한데, 강하속도가 초속 8 미터 정도이므로 착지 시의 충격이 비교적 적은 편이라는 특징이 있다.

HAHO와 HALO

항공기에서 실시하는 낙하산 강하는
특수부대를 잠입시키기 위한 수단으로 가장 알맞은 방법이지만……

자칫하여 타국의 영공을 침범할 경우 항공기와 함께 격추당할 위험이 있다.

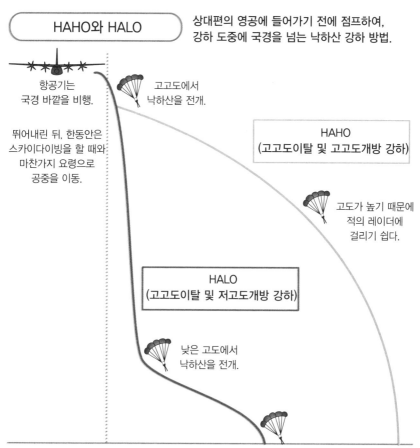

HAHO와 HALO

상대편의 영공에 들어가기 전에 점프하여,
강하 도중에 국경을 넘는 낙하산 강하 방법.

항공기는
국경 바깥을 비행.

고고도에서
낙하산을 전개.

뛰어내린 뒤, 한동안은
스카이다이빙을 할 때와
마찬가지 요령으로
공중을 이동.

HAHO
(고고도이탈 및 고고도개방 강하)

고도가 높기 때문에
적의 레이더에
걸리기 쉽다.

HALO
(고고도이탈 및 저고도개방 강하)

낮은 고도에서
낙하산을 전개.

고도가 낮기 때문에 적의 레이더에는
거의 걸리지 않지만, 이동 할 수 있는 거리는
얼마 되지 않는다.

비교적 멀리 떨어진 지점까지
이동하여 착지할 수 있다.

원 포인트 잡학

HALO를 실시할 때, 낮은 고도까지 자유낙하를 하는 것은 낙하시의 공기저항을 이용해 항공기에서 점프했을 때의 가속도를 감소시켜, 낙하산을 전개했을 때의 충격을 완화시키기 위한 의미도 있다.

잠입작전은 어떤 식으로 수행되는가?

특수부대의 임무 가운데 하나가 바로 「정찰」인데, 적의 전력 규모나 그 내용, 또는 붙잡혀있는 중요인물이나 포로의 위치 등, 작전의 실시에 있어 꼭 필요한 중요 정보를 대원들이 직접 확인하여 입수하는 중요한 임무이다.

●은밀 행동으로 비밀리에 적지에 잠입

　정보의 유무는 곧 작전의 성공률을 좌우한다. 해당 정보가 없으면 아예 작전 자체를 세울 수 없을 정도의 것부터, 알고 있으면 아군이 보다 유리해지는 것까지, 정보의 양에 따라서 행동 선택의 폭이 넓어지기 때문이다. 사전에 실시하는 정찰행동, 그 중에서도 적진 깊숙이 숨어들어가 생생한 정보를 수집하는 「잠입작전」이 중요시되는 것은 이러한 이유에서라고 할 수 있다.

　정찰하고 있다는 사실은 주위에 발각당하지 않는 편이 유리하다. 이쪽에서 해당 정보를 입수했다는 사실을 적에게 숨길 수 있고, 기습공격에도 훨씬 유리하게 작용하기 때문이다. 이러한 정찰을 특수부대에 맡기는 이유는, 이들이 적의 눈에 발각되지 않고 행동할 수 있는 기술을 지니고 있다는 점에서 비롯된 것이다.

　적에게 발견되지 않기 위한 여러 가지 방법 가운데 우선 물리적인 것이 있다. 위장복을 착용하고 밀림을 가로지르거나, 잠수복을 입고 밤바다를 헤엄쳐서 갈 경우 적들은 육안으로 이쪽을 포착하기가 매우 어렵다. 여기에 정찰 팀을 가능한 한 소수로 구성하는 것도 유효한 수단이다.

　다음으로는 심리적 맹점을 이용하는 방법이 있는데, 여행객 차림으로 당당히 공항의 출입국 게이트를 통과하거나, 수시로 드나드는 업자로 위장해서 표적이 되는 건물을 조사하거나 하는 것이 그 예이다. 이런 식으로, 「단독으로 적진을 정찰」하는 것은 영화나 기타 서브컬처 창작물의 주인공들이 즐겨 쓰는 방식이지만, "다수의 집단으로 행동하는 것은 눈에 띈다"거나 "적의 입장에서도 설마 단독으로 침투했을 것이라고는 생각지 못했을 것"이라는 물리적·심리적 요소 모두를 만족시키는 것이기에, 관객이나 독자가 비교적 쉽게 납득할 수 있다는 이점이 있기도 하다.

　정보원(情報源)에 무사히 접근하는데 성공하여 본격적인 정보 입수에 착수하려는 단계에서 문제가 되는 것은 경비나 보초 등의 존재일 것이다. 몰래 숨어서 이들이 지나가기를 기다리거나, 다른 쪽에 주의가 팔린 틈을 타서 슬그머니 지나가는 식으로 일이 잘 풀려준다면 만사 OK 셌시만, 그것이 무리라면 아무 반응도 없는 '그냥 시체'로 만들어주는 수밖에 없다. 일이 시끄러워지는 것을 방지하기 위해 그 흔적을 말끔히 제거할 필요가 있다는 것은 말할 나위도 없는 일일 것이다. 죽이지 않고 그저 기절만 시킨다고 하는 온건한 수단을 선택한다고 하더라도, 꽁꽁 묶어 결박을 한 뒤, 입에 재갈을 물려 쉽게 발견되지 않을 장소에 숨기는 등의 번거로움을 감수해야만 하기에, 상황에 따라 적절하게 구분해서 사용할 필요가 있다.

스니킹 미션 (Sneaking Mission)

보다 고급 정보를 손에 넣기 위해서는……

적진 깊숙한 곳에 잠입하여 「살아있는 정보」를 Get!

잠입 및 정찰을 하고 있다는 사실은
적에게 알려지지 않는 것이 좋다.

물리적으로 적의 눈을
피하는 방법

심리적인 요소를 이용하여
파고드는 방법

• 위장복을 입고 밀림 등을 이동.
• 잠수복을 입고 수중으로 은밀히 침투.
• 가급적 적은 수의 인원으로 팀을 구성.

• 여행객을 가장한다.
• 출입 업자 등으로 위장.
• 아예 정보원 쪽과 친분
  관계를 맺는다.

「단독으로 행하는 잠입임무」는 위에서 든 양쪽의 이유 모두를
만족하기에, 픽션 등의 창작물에서도 스토리의 개연성을 설명하는
핑계로 자주 사용하고 있는 편이다.

감시나 경비가 붙어있을 경우의 대처

이상적인 전개라면……

1 : 들키지 않고 '잘' 숨어들어간다.

하지만 이렇게 일이 잘 풀리는 경우는 드물다.

2 : 등 뒤로 몰래 다가가서 나이프로 찌른다.
3 : 목을 비틀어 꺾는다.
4 : 소음기가 붙은 총으로 저격한다.

여기서 발각될 경우, 여태까지 들키지 않고
은밀하게 잠입했던 모든 노력이 물거품이 되
고 만다.

 그리고
시체(흔적)을 확실하게 처리할 것!

원 포인트 잡학

여행객으로 위장하는 것만으로 그치지 않고, 대규모 스포츠 대회의 관객들 틈에 섞여, 출입국을 관리·감독하는 당국의
체크가 느슨해진 틈을 노리는 등, 심리적인 수단과 물리적인 수단을 적절히 혼합하는 방법도 있다.

강습작전이란 어떤 것인가?

특수부대의 임무 중에는, 적이 거점으로 삼고 있는 건물이나 시설, 또는 테러리스트들이 납치한 여객기나 대형 버스 등에 돌입하여 내부를 제압해야 하는 것도 있다. 「강습작전」이라 불리는 것이 바로 이러한 임무로, 이를 수행하기 위해서는 고도로 숙련된 전투기술이 필요하다.

● 적의 거점을 습격

강습작전의 가장 대표적인 케이스라면, 인질로 잡히거나 포로가 된 민간인 또는 아군을 구출하거나, 적 조직의 간부를 암살하는 것을 들 수 있는데, 적이 지리적 이점을 업고 있는 지역에 돌입해야만 하기에, 다른 무엇보다도 특수부대의 전투능력에 기대를 걸 수밖에 없는 중요 임무이다.

인질 구출 임무야 그 특성상 어쩔 수 없더라도, 「요인암살」이라면, 차라리 속 시원하게 대포건 미사일이건 발사해서 완전히 산산조각으로 박살내면 귀찮을 일도 없을 테지만, 이 방법을 사용했을 경우, 암살 대상이 정말로 죽은 것인지 확실히 알 수 없다는 문제가 발생한다. 물론 현재는 기술의 발달로 DNA 감정 등을 통해 본인 여부를 확인할 수도 있지만, 시간이 많이 걸리는데다가 만약 그 데이터가 불완전하다면 확실성도 떨어질 수밖에 없다. 따라서 2011년에 미 해군의 특수부대인 네이비 실이 실시했던 오사마 빈 라덴 암살 작전 「넵튠 스피어 작전(Operation Neptune Spear)」과 같이 표적의 생사를 확실하게 확인하지 못하면 그 의미가 없는 작전의 경우, 역시 특수부대를 직접 건물 내부에 돌입시키는 것이 최선의 방법이라 할 수 있다.

건물 등에 대한 돌입은 스피드와 타이밍이 중요하기 때문에, 헬기를 이용한 전격 작전으로 실시된다. 헬기는 로터가 돌아가는 소리가 시끄럽다는 단점이 있기는 하지만, 먼 거리에서 목표 지점까지 단숨에 접근하여, 대원들을 돌입시킬 수 있다는 것은 이러한 단점을 상쇄시키고도 남을 정도의 장점이며, 건물 옥상 부근에서 호버링(Hovering)하면서 대원들을 내려 보낼 경우, 1층에서 돌입한 아군 부대와 연계하여 건물 내부의 적을 협공할 수도 있다.

대원들은 내부를 수색하며 돌입, 적으로 인식한 대상은 기본적으로 전부 사살하는데, 이는 군 소속 특수부대에 적용되는 원칙이기는 하나, 경찰치안조직 특수부대의 경우에도, 적인지 아군인지 제대로 구별할 수 없는 대상은 적으로 간주하며, 조금이라도 수상한 동작을 취할 경우 사살하도록 되어있다.

인질이 된 민간인이나 저항이 불가능할 정도로 무력화된 적은 신속히 건물 바깥으로 끌어내는 것이 기본이지만, 적이 아니라는 사실, 또는 더 이상 저항할 수 없다는 사실이 명확해지기 전까지 방심은 금물인 법이다. 이러한 실내에서의 총격전은 「근접전투(CQB)」라고 불리며, 특수부대의 중요 훈련 커리큘럼에도 포함되어있다.

강습작전

강습작전(강습임무)이란
= 적이 숨어있는 장소에 쳐들어가서 무력으로 제압하는 임무.

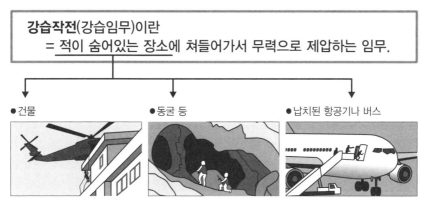

- 건물
- 동굴 등
- 납치된 항공기나 버스

멀리 떨어진 곳에서 이러한 장소에 미사일을 날려 전부 날려버린다면
귀찮을 일도 없고 속편한 일이 되겠지만……

적이 가지고 있는
정보가 필요!

적 수괴의 생사
확인도 중요!

이러한 경우에는 직접 부대를 파견할 필요가 있다.

강습작전의 철칙

1 : 사전 정보 수집을 게을리 하지 않는다.
2 : 가능한 한 세심한 예행연습을 해둔다.
3 : 적의 허를 찌르는 타이밍에 작전을 개시한다.
4 : 복수의 방향에서 동시에 돌입한다.
5 : 적인지 아군인지 불명확한 자는 일단 적으로 간주할 것!!
6 : 움직일 수 없는 적이나 이미 항복한 적에게서 저항의 수단을 제거해둔다.
7 : 목적을 달성했다면 신속히 그 자리에서 철수한다.

> 위 사항들을 제대로 엄수할수록
> 작전의 성공률도 높아진다!

원 포인트 잡학

강습작전의 경우, 정찰 및 잠입 임무와 달리, 서바이벌 장비를 필요로 하지 않기 때문에, 몸에 걸칠 장비의 종류를 필요한 것만으로 한정지을 수 있으며, 여기서 생긴 여유만큼 방탄복 등의 장비를 더욱 충실하게 갖출 수 있다.

특수부대의 저격수에게 필요한 자질은?

멀리 떨어진 표적을 노리는 「저격수」에게는 높은 수준의 기술과 체력, 정신력이 요구되는데, 특히 적지 깊숙한 곳까지 잠입해 들어가 표적을 저격해야 하는 특수부대의 저격수가 되기 위해서는 일반적인 저격수보다도 훨씬 높은 수준에 도달해야 할 필요가 있다.

● 단순히 사격실력이 좋은 것만으로는 무리

만약 어떤 사람이 저격수라고 하는 역할을 부여받았다고 한다면, 소속된 조직이나 부대의 다른 멤버들과 비교했을 때 그 인물의 능력이 적어도 조직 내에서도 평균 이상의 수준에 도달했다고 단언할 수 있다. 그리고 그 조직이 특수부대라고 한다면 한 단계 위의 자질을 갖추고 있다는 얘기가 된다.

특히 군계통 특수부대의 저격수는 적지 한 가운데에서 저격 임무를 수행해야만 하는 경우가 많다. 따라서 안전한 환경인 사격장에서 표적을 노릴 때처럼 "오직 스코프 너머의 목표 하나에만 신경을 집중하여" 사격한다는 것은 당연하게도 불가능하다.

무사히 표적을 해치웠다고 하더라도, 실은 그 다음부터가 정말 큰일이다. 탄환이 명중하는 것과 동시에, 저격수는 수색 및 보복의 대상이 되기 때문이다. 「제길! 절대 살려서 돌려보내지 마라!!」라며 이쪽을 찾아내는 데 혈안이 된 적의 추적을 뿌리치고, 무사히 아군의 세력권으로 귀환하지 못한다면 임무 성공이라고는 할 수 없다.

이를 위해서는 처음부터 미리 빠져나오기 위한 준비를 갖춰놓을 필요가 있다. 가장 이상적인 상황은 저격 직후의 혼란을 틈타 현장에서 빠져나오는 것이겠지만, 적의 대응이 너무 빠르거나, 예상외의 사고가 발생하여 타이밍을 놓칠 가능성도 있기 때문에 예비 도주 루트나 도주 수단을 준비해두는 것이 중요하다. 군계통 특수부대의 저격수에게는, 사격 실력은 물론이고, 기상 관측과 일기 예측, 위장 및 은폐 능력과 이러한 것들을 실행하면서 이동하는 등의 기술이 요구된다.

이들에 비해 비교적 안전한 후방에서 침착하게 표적을 노릴 수 있는 경찰치안계 특수부대 저격수의 임무가 편안한 것인가 하면, (당연하게도) 결코 그렇지가 않다. 일발필중이 원칙인 경찰에서는, 만에 하나 빗나가거나 오사(誤射)가 일어나기라도 하면 매스컴의 질타를 받는 것은 물론, 평생 씻을 수 없는 오점으로 남게 되기도 한다.

난사 사건의 범인을 조준경으로 포착해보면 "아직 머리에 피도 안 마른 아이"였다는 케이스도 얼마든지 있을 수 있는 이상, 심리적 갈등을 이겨낼 만한 강인한 정신력을 지니고 있지 않다면 해나갈 수 없는 것이 바로 경찰의 저격수이다.

저격수에게 요구되는 것

저격수라고 하는 시점에서 「**기술**」, 「**체력**」, 「**정신력**」 등의 자질은
일반 대원에 비해 훨씬 우수한 것이 당연하겠지만……

「특수부대의 저격수」쯤 되면 이보다도
한 단계 위의 능력이 필요하다.

● 군계통 특수부대의 경우

임무를 성공시키는 것에
그치지 않고 자신의 몸을 지킬 수
있으려면 다종다양한 기능을
구사할 수 있어야만 한다.

발포한 후의 안전을
확보하기 어려운 경
우가 많다.
애초에 적지 한가운
데에서의 저격이란
것이 임무의 전제임.

・저격 장소의 선정
・저격 지점까지 은밀하게 이동
・주위의 경계
・도주 루트의 확보

● 경찰치안계통 특수부대의 경우

적으로부터의 반격은 그리 걱정하지 않아도 좋다.
여러 명의 저격수가 동시에 작전에 임하기 때문에, 일단은
훨씬 편해 보이는 면도 없지는 않으나……

・오사라도 발생했다가는 큰일!
・표적이 테러리스트만이라고는 할 수 없다.

여러 가지 면에서 세심한 판단을 내릴 필요가 있다.

저격수 중에는 정신적으로 병든 사람이 많다?

군이나 경찰 등을 막론하고, '저격수'라는 캐릭터에 있어 가장 흔한 설정으로 「뭔가
의 징크스를 고집한다」, 「신경질적이다」라는 것이 있다. 언제나 어려운 임무에 투입
되는 특수부대 저격수의 경우, 병적일 정도의 조심성이 필요하기 때문이다. (물론
TV 애니메이션이나 라이트노블에 등장하는 인물들의 경우는 이러한 클리셰가 꼭
들어맞지는 않는 편이지만……)

원 포인트 잡학

저격수의 경우 사용하는 총기 또한 정밀도가 높은 것을 필요로 한다. 100m 이내의 저격에서 500원 짜리 동전 크기의 면
적에 탄착군이 형성되지 않으면 의미가 없다고 할 정도이다.

특수부대에 의한 레스큐(구조)활동이란?

조난자를 수색하여 구조하는 활동을 「Search and rescue(수색구조)」라고 한다. 행방불명된 등산객을 찾기 위해 헬기를 띄우거나, 침몰한 배의 승객 및 승무원을 구조하기 위해 배를 띄우는 것 또한 수색구조라 할 수 있다.

●수색구조는 전투 중에도 계속된다

「조난」이라고 하는 상황은 군대라고 예외가 아니다. 일반적인 상황이라면 구출 부대를 파견하여 구조 대상을 확보하면 그만이겠지만, 조난을 당한 장소가 적진 한가운데라거나, 전투 중에 아군과 떨어져 고립되어버린 경우라면 그 난이도가 급격히 올라가게 된다.

구출하러 가야하는 곳이 적지일 경우, 구출 부대가 들고 갈 수 있는 장비에도 제약이 있을 수밖에 없으며, 특정의 이유로 그 자리를 떠날 수 없는 상황에서는 아군을 포로로 잡기 위해 접근해온 적 세력과의 교전 또한 각오해야 한다.

구출 부대가 "적과의 전투를 전제로 한" 활동을 강요받게 될 경우는, 「Combat Search And Rescue(전투수색구조)」라는 명칭으로 구별한다. 일반적인 수색구조의 경우, 지형의 영향을 받지 않으며, 호이스트(hoist : 전동기, 감속 장치, 와인딩 드럼 등을 일체로 통합, 로프를 감아올리는 소형 크레인)를 장비하여 구출 대상을 직접 매달아 올릴 수 있는 헬기를 많이 이용하지만, 적 세력과의 전투도 염두에 둬야하는 전투수색구조의 경우는 미리 헬기에 도어건 등의 기관총을 장비하여 적 세력의 방해를 배제한다.

또한 구출 지점 주변을 제압하여 안전을 확보하기 위한 별도의 부대와 함께 출동하거나, 전투기나 전투 헬기를 동원하여 양동 공격을 실시하는 등 대규모 작전으로 발전하는 케이스도 있는데, 이것은 구출 대상이 유명인이거나, 중요한 정보를 지닌 경우가 대부분이다.

이러한 구조 임무에는 「아군이 적진에 남겨져 고립되었을 때, 우리 군은 결코 그들을 저버리지 않고 반드시 구해낼 것이다」라고 하는 것을 내대외적으로 어필하는 측면이 있으며, 이는 장병들의 사기 진작과도 깊은 관련이 있다. 따라서 이러한 의미에서 봤을 때 수색구조는 대단히 중요한 작전 가운데 하나이며, 특수부대가 이 임무에 투입되는 것은 당연하다면 당연하다고 할 수 있을 것이다. 구조의 대상이 되는 것은 전투나 사고 등으로 적지에 불시착한 항공기의 승무원인 경우가 많은데, 영화나 만화 등 서브컬처 창작물에서는 주인공들 또한 단골 구조대상이 되기도 한다. 극의 클라이맥스 부분에서 파괴되는 적의 아지트에서 주인공과 그 일행을 회수하러 오는 것은 다른 누구도 아닌 아군의 수색구조팀이기 때문이다.

전투구조임무 (Combat Rescue)

조난자를 수색하고 구출하는 것을
=Search & Rescue(수색구조활동) ……이라고 한다.

이런 임무를 전투 중에 수행할 경우

Combat Search And Rescue (전투수색구조활동)

그냥 뚝 잘라서 「Combat Rescue」
라고 부르기도 한다.

「무슨 일이 있어도 아군이 구해주러 올
것」이라는 믿음이 있기에, 위험한 임무에
도 임할 수 있는 것이다.

구조임무는 장병들의 사기를 유지하기 위한 측면에서도 대단히 중요!

정예 중의 정예라 할 수 있는 「특수부대」가 이러한 임무를 맡게 된다.

이런 종류의 임무는 적과의 교전 또한 예상되므로……

· 구출용 헬기 등에는 기관총 등의 자
위용 무장을 탑재.

· 구출 지역 주변의 제압을 위해, 별
도의 부대가 동행.

……등의 수단이 동원된다.

전투기나 공격헬기	적의 방해를 받지 않도록 기총이나 로켓탄, 미사일 등으로 화력지원을 실시.
공중급유기	구출용 헬기의 비행거리를 연장시켜준다.

구출작전의 규모에 따라
서는 상당히 큰 규모의 편
제가 이루어지기도 한다.

원 포인트 잡학

수색구조는 영어의 머리글자를 따서 「SAR(Search And Rescue)」, 전투수색구조의 경우는 Combat의 머리글자인 「C」를
추가하여 「CSAR(Combat Search And Rescue)」이라는 약어로 기술되는 경우도 많다.

파괴공작은 특수부대의 전매특허?

적의 영토 내에 잠입하여 중요 시설을 공격하는 「파괴공작」은 오랜 옛날부터 특수부대에 있어 가장 고전적이고 전형적인 임무로 존재했다. 시설이나 설비 그 자체는 다시 복구하여 원래대로 돌릴 수 있는 것이라 하더라도, 거기에 들어가는 시간이나 비용 등의 손실은 결코 만만하지 않기 때문이다.

●'Low Risk, High Return'을 노려라

정면의 전투부대와 직접 교전하는 것을 피하면서, 그 후방의 중요시설, 이를테면 그들이 돌아가야 할 기지나, 무기 및 탄약, 식료품 등이 집적되어있는 보급지 등을 기습하여 전체적 전황을 유리하게 이끄는 전투 방식은 오래전부터 있어왔던 전법이다.

적은 재차 이루어질 지도 모르는 습격에 대비하여 경계를 강화해야만 하고, 시설의 복구에도 비용과 시간이 소요된다. 하지만 여기에 그치지 않고, 후방의 국민들까지 「정체도 모를 적들이 전선으로부터 떨어진 후방에까지 침입해 들어왔다」라는 사실에 두려워 떨거나 불안해하는 등, 정말이지 손해가 이만저만이 아니라 할 수 있다.

물론 적에게 발각되지 않고 후방지역에 잠입하여, 목표물에 어느 정도 이상의 피해를 입히기 위해서는 특수부대가 지니고 있는 특유의 지식과 능력이 반드시 필요하다. 군계통 특수부대가 실시하는 파괴공작은 국가 간의 전면전부터 지역분쟁에 이르기까지, 전황의 향방에 큰 영향을 줄 수 있는 중요한 전술이다.

목표가 되는 것은 군 기지 및 물자집적소, 통신 시설이나 발전 시설 등이 일반적이지만, 정부 관계의 건물 또한 적의 사기를 꺾는다는 의미에서 대단히 유효한 표적 가운데 하나이다. 원자력 발전소 같은 대단히 델리케이트한 시설을 공격하게 되면 적국 내부에서 대단히 큰 혼란을 일으킬 수 있으며, 철도 노선이나 교량 등을 폭파하여 교통망을 차단하는 것 또한 매우 큰 효과를 기대할 수 있다. 현대에 들어와서는 굳이 폭발물을 사용해 대대적으로 날려버리는 방법 말고도, 컴퓨터 바이러스 등을 유입시켜 기능마비를 일으키는 방법도 사용되고 있다.

항만이나 기지 등에 정박해있는 적군의 함선 또한 중요한 파괴 목표이다. 미국의 네이비 실이나 영국의 SBS 등은 이러한 임무 수행을 목적으로 창설된 부대로, 수중으로 침투하여 배의 밑바닥에 폭탄을 설치하거나, 항만 시설 등을 폭파하곤 한다.

이러한 수중 파괴공작은 그 자체로도 대단히 난이도가 높을 뿐 아니라, 이에 대비하여 경계중인 적 부대 또한 특수부대나 그에 준하는 능력을 지닌 경우가 많다. 따라서 가능한 한 적에게 발견되지 않고 임무를 달성할 것이 요구된다.

후방의 적 거점을 파괴하는 것은 전략의 정석!

적의 전투부대가 아닌 후방의 시설이나 설비를 공격
= 반격을 거의 받지 않으면서도 큰 피해를 입힐 수 있다.

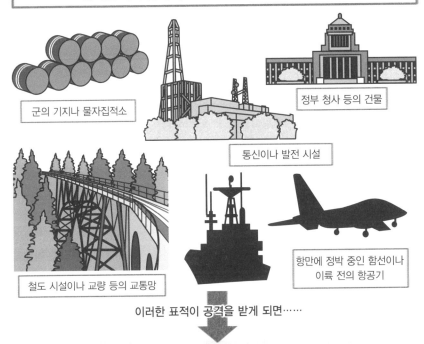

군의 기지나 물자집적소

정부 청사 등의 건물

통신이나 발전 시설

철도 시설이나 교량 등의 교통망

항만에 정박 중인 함선이나
이륙 전의 항공기

이러한 표적이 공격을 받게 되면……

- 최전선에서 싸우고 있는 부대에 대한 보급이나 사기에 영향을 준다.
- 복구나 경비에 인원을 할애해야만 한다.
- 국민들 사이에 반전 및 염전 여론이 조성된다.

그리고……

적 또한 마냥 손 놓고 당하고만 있는 것은 아니다

원자력 발전소처럼 공격을 당했을 경우, 국내적으로 엄청난 혼란이 예상되는 시설이나, 신형 무기를 개발 중인 연구소를 비롯한 중요도가 높은 시설에 대해서는, 대단히 높은 수준의 경비와 숙련도를 갖춘 수비부대를 배치하여 대응하는 것이 보통이다.

원 포인트 잡학
일본의 경우, 원자력 발전소의 대부분이 침입하기 쉬운 해안 지역에 집중되어있으며, '여러 가지' 이유로 국민들 사이에, 「핵알레르기」라 부를 정도로 부정적인 여론이 형성되어있기에, 적성국가의 특수부대 입장에서는 이보다 더 좋은 표적은 없다고 해도 과언이 아닐 것이다.

「미사일의 종말유도」란 어떤 임무인가?

적의 중요시설이라면 미사일로 파괴하는 것이 가장 손쉬운 방법이겠지만, 적의 대공망에 걸리지 않는 장소에서 발사할 경우 명중률이라는 측면에서 불안감이 남을 수밖에 없다. 안전한 지역에서 발사한 미사일을 목표로 유도하는 임무가 바로 특수부대에 의한 「종말유도(Terminal Guidance)」이다.

●레이저 조사로 미사일을 목표로 유도!

적 세력의 연구소나 공장 등의 시설은, 가능하다면 파괴할 필요가 있는 중요 목표이다. 이것이 적지 깊숙한 장소에 입지해 있을 경우, 특수부대를 잠입시켜 정확한 위치를 파악한 뒤, 폭파시켜 버리는 것이 유효한 방법일 것이다.

하지만 특수부대가 운반할 수 있는 폭약의 양에는 한계가 있으며, 목표의 종류(픽션의 세계에서는 이것이 「극비리에 개발 중인 생물병기」이거나 「세계정복을 획책하는 조직의 사령부」일 때도 있다)에 따라서는 단숨에 산산조각을 내야만 하는 경우도 존재한다.

이러한 경우, 아예 미사일로 날려버린다는 수단이 검토되기도 하는데, 적이라고 해서 그것을 가만히 눈뜨고 바라만 보고 있을 리는 없으므로, 미사일을 탑재하고 출격한 아군의 항공기를 격추시키기 위해, 대공포나 대공 미사일 등의 대공화기를 배치, 공습에 대비하고 있는 것이다. 미사일을 표적에 정확히 명중시키기 위해서는 레이저를 조사(照射)하여 조준을 고정(Lock on)해야만 하지만, 빗발치는 대공 포화를 헤치고 나아가면서 이를 수행하는 것은 무리가 있고, 격추되거나 오폭하는 등의 실패를 할 가능성이 매우 높다.

바로 여기서 특수부대의 활약이 필요하게 된다. 폭격을 위해 출격한 아군기가 적의 대공화기나 미사일이 닿지 않는 안전권에서 미사일을 발사하거나 폭탄을 투하한 즉시 그 자리를 이탈할 경우, 발사한 미사일이나 폭탄은 목표 방향을 향해 날아가기는 하지만, 제대로 조준이 되지 않아 명중되지 않을 확률이 높다. 하지만 목표 부근에 잠복해 있던 특수부대원이 조준용 레이저를 표적에 비추면, 미사일이나 폭탄의 유도장치가 여기에 반응하여, 표적을 향해 날아가게 되는 것이다.

레이저 조사에 사용되는 장치(Laser Designator : 레이저 지시기, 이 가운데에서도 특수부대에서 사용하는 지시기를 SOFLAM(Special Operation Forces Acquisition Marker)라고 부르기도 한다) 중에는 적외선 영상 장치나 TV모니터 등이 일체화되어있는 모델도 있으며, GPS 수신기나 PC에 연결하여 조작하는 것도 가능하다.

멀리서 발사된 미사일을……

「종말유도」의 유무는
정밀한 폭격에 있어 대단히 중요하다.

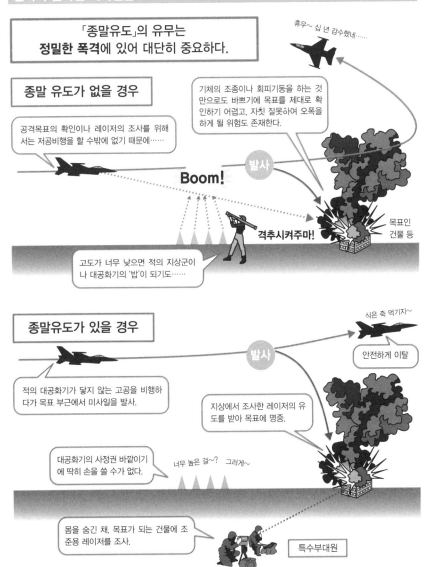

종말 유도가 없을 경우

공격목표의 확인이나 레이저의 조사를 위해
서는 저공비행을 할 수밖에 없기 때문에……

기체의 조종이나 회피기동을 하는 것
만으로도 바쁘기에 목표를 제대로 확
인하기 어렵고, 자칫 잘못하여 오폭을
하게 될 위험도 존재한다.

휴우~ 십 년 감수했네……

발사

Boom!

격추시켜주마!

고도가 너무 낮으면 적의 지상군이
나 대공화기의 '밥'이 되기도……

목표인
건물 등

종말유도가 있을 경우

식은 죽 먹기지~

발사

안전하게 이탈

적의 대공화기가 닿지 않는 고공을 비행하
다가 목표 부근에서 미사일을 발사.

지상에서 조사한 레이저의 유
도를 받아 목표에 명중.

대공화기의 사정권 바깥이기
에 딱히 손을 쓸 수가 없다.

너무 높은 걸~? 그러게~

몸을 숨긴 채, 목표가 되는 건물에 조
준용 레이저를 조사.

특수부대원

특수부대의 대원은 세세한 정보를 수집하거나, 공격의 타이밍 등을 지시하며 폭격의 정밀도를 한층
더 높임과 동시에, 폭격이 끝난 뒤 목표가 제대로 달성되었는지 여부를 확인·평가를 실시한다.

원 포인트 잡학

종말유도 방식에는 레이저 조사를 필요로 하지 않는 「GPS유도」라는 방식도 존재하지만, 위치 좌표 입력 상의 미스로 인
한 오폭의 가능성이 있으며, 레이저 유도보다는 그 정밀도가 떨어지는 등, 각기 일장일단이 있다.

「특수부대의 정찰」을 중요시하는 이유는 무엇인가?

특수부대를 통한 적진 내부의 정찰은 오랜 옛날부터 오늘날에 이르기까지 특수부대의 중요한 임무 가운데 하나이다. 인공위성을 보유한 국가가 늘고, 아득할 정도로 높은 상공에서 선명한 화상을 실시간으로 촬영할 수 있게 된 현재도 그 중요성에는 변함이 없다.

● 사람의 눈을 통한 정찰의 가치

특수부대의 정찰 활동은, 이른바 「장거리 정찰」이라 불리는데, 일반적인 정찰부대로는 도달하기 어려운 먼 거리를 누구에게도 발각되지 않은 채 답파, 적 세력권 깊숙한 곳까지 침투하여 중요한 정보를 수집하는 것이다.

1980년대 까지는, 특수한 훈련을 쌓은 요원을 보내는 것 외에는 달리 적진의 정보를 얻을 방법이 없었다. 현재는 인공위성 사진의 해상도가 향상되어, 쉽게 선명한 사진을 얻을 수 있게 되었으나, 숲속 깊은 곳이나 건물의 내부, 위장이 되어있는 목표 아래에 무엇이 숨겨져 있는지 상공에서 촬영한 사진만으로는 알 수 없다는 점은 여전하며, 이러한 정보는 실제로 가까이 까지 접근하여 눈으로 확인해야만 한다.

특수부대가 수집 목표로 하는 것은 전략적인 정보가 대부분이다. 모습을 드러내지 않는 적 간부를 추적하거나, 비밀리에 건조 중인 신병기의 상세한 정보를 밝혀내는 등의 임무가 대표적인 예이다. 작전 행동은 장기간에 걸쳐 이루어지며, 물자의 보급이나 아군의 지원도 기대하기 어렵다. 특수부대라고 해서 만능은 아니지만, 일반적인 부대보다는 소부대 및 단독 행동에 훨씬 익숙한 편이다.

비교적 최근의 사례를 살펴본다면, 이라크에 투입되었던 미국과 영국 특수부대의 경우를 들 수 있는데, 이들은 헬기나 버기 차량을 이용하여 이라크 국내에 잠입해 들어가 중요 시설의 사진을 촬영하거나 지형 정보(지면의 단단함을 체크하여 전차가 진입 가능한지 확인)를 수집했으며, 아군의 지상 부대보다 먼저 진입하여 적의 무기 및 탄약고의 위치를 확인하여 알리고, 여력이 있을 경우에는 직접 공격하여 적의 전력을 약화시키는 등의 활약을 했다.

하지만 다른 무엇보다도 특히 중요했던 것은 이라크 군의 장거리 지대공 미사일이었던 알 후세인(Al Hussein)의 위치를 찾아내는 임무였다. 알 후세인은 발사대 자체가 트레일러 차량화되어 이동식 발사대 형식으로 운용되었기에, 미군이 폭격으로 이를 분쇄하고자 해도 그 위치를 찾아내는 것 자체가 쉽지 않았다. 온통 적군으로 가득한 이라크 영내에서 발사 차량을 찾아내어 아군에 그 위치를 알리는 임무는 특수부대가 아니고서는 해낼 수 없었을 것이다.

정찰 임무

「적진의 정찰」은 특수부대의 여명기로부터 이어져 온 전통적 임무이다.

예전 (1980년대 이전까지)

하이테크 장비가 없었기 때문에, 오로지 「요원을 파견」하는 원시적인 수단 외에 정보를 모을 수 있는 방법이 없었다.

현재

인공위성의 등장으로 원격 정찰을 수행할 수 있게 되었으나, 상공에서 보이지 않는 부분의 정보는 추측할 수 밖에 없다.

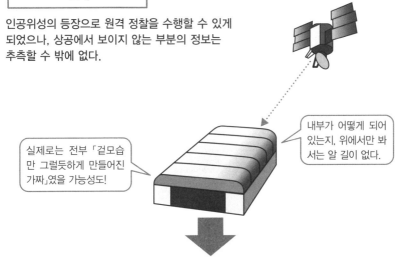

내부가 어떻게 되어 있는지, 위에서만 봐 서는 알 길이 없다.

실제로는 전부 「겉모습 만 그럴듯하게 만들어진 가짜」였을 가능성도!

역시 현지에 사람을 보내
「직접 눈으로 확인」할 필요가 있다.

하지만 현장에 도착해서도(특히 적지 한가운데에서 정찰을 할 경우……)

• 보급은 기대할 수 없다.
• 적에게 발각되어서는 안된다.
• 장거리 행동을 할 필요가 있다.
• 명령의 변경이나 불의의 사태로 인해, 불리한 상황하에서의 전투를 강요받을 수 있다.

역시
특수부대에게
맡길 수밖에 없다.

원 포인트 잡학

전쟁 상황 직전이거나 분쟁 상태에 있는 지역의 경우, 해당 지역과 모종의 이해관계가 있는 국가의 특수부대가 파견되어 암약하고 있다고 봐도 틀림이 없을 것이다.

특수부대가 전투용 버기 차량을 사용하는 이유는?

버기 타입의 소형 차량은, 특수부대가 장거리 이동이나 정찰을 실시할 경우에 중요한 장비이다. 소위 「전투버기」라고도 불리지만 전면전에는 적합하지 않으며, 전투도 가능한 고속 차량 수준이다.

● 특수부대의 믿음직한 '다리'

　　버기 타입의 차량은 외장이 파이프 골조만으로 구성된 것이 특징이다. 지붕은 물론 문도 달려있지 않으며, 탑승할 수 있는 인원은 2~3명 정도, 바퀴와 이어져있는 서스펜션(현가장치)도 전부 외부에 노출되어있다. 이러한 차량은 사막이나 바위산과 같은 지형에서의 장거리 이동에 특화되어 있으며, 1980년대 중반 무렵부터 미국이나 영국의 특수부대에서 사용되기 시작했다.

　　파이프 프레임 차량의 이점은 여러 가지가 있겠지만, 그 중에서도 가장 먼저 들 수 있는 장점이라면 바로 「가볍다」는 것이다. 차제가 가벼울수록 엔진이 내는 힘에도 여유가 생기기 때문에, 그만큼 속도를 더 낼 수도 있으며, 연료의 소모도 줄어들게 된다. 또한 차체가 가벼우면 중무장을 하는데 유리하고, 짐을 잔뜩 싣기도 비교적 수월하며, 작전지역까지 공수를 실시할 경우, 수송기에 한 대라도 더 실을 수 있다는 이점이 있기도 하다.

　　그 다음으로 들 수 있는 것은 「확장성」이다. 기관총이나 유탄발사기 등의 무장은 파이프에 전용 마운트(거치대)를 끼우기만 하면, 굳이 용접할 필요도 없이 간단히 차체에 부착 가능하다. 대원들의 장비를 싣는 바스켓 부분도 마찬가지이다. 또한 전투 중에 적의 레이더나 적외선 탐지기에 쉽게 탐지되지 않는다는 「은밀성」이나, 수리나 부품 교환이 매우 수월하다는, 우수한 「정비성」도 버기 차량이 지닌 큰 이점이라 할 수 있다.

　　하지만 이같은 장점들 뒤에는 결점 또한 존재한다. 대표적인 것으로 「낮은 방탄능력」과 「열악한 거주성」을 들 수 있는데, 일반적인 차량과는 달리, 버기 차량의 경우 외판(外板)이라는 것이 존재하지 않기 때문에, 총탄은커녕 포탄이 폭발하면서 발생하는 파편이나 폭풍으로부터의 방호조차 제대로 제공받을 수 없다. 지붕이 없기 때문에 비가 내리면 빗물에 고스란히 젖을 수밖에 없으며, 고속으로 주행할 경우, 오토바이와 마찬가지로 맞바람에 그대로 노출될 수밖에 없다.(지붕이 없는 것은 지프도 마찬가지이지만, 이쪽은 운전석 앞에 윈드실드가 있다는 점에서, 그나마 약간은 나은 편이다.)

　　하지만 이러한 결점도 잘 훈련된 특수부대원들에게 있어서는 극히 사소한 문제에 지나지 않는다. 실제로도 이라크나 아프가니스탄의 전선에서 이러한 종류의 차량들은 특수부대의 기동력을 책임지는 중요 장비로 큰 활약을 펼쳤다.

이것이 특수부대의 전투 버기 차량이다

DPV(Desert Patrol Vehicle)

1991년에 발발한 걸프전쟁 당시, 미군의 특수부대에서 사용.
사막이나 해안 정찰용으로 개조된 차량이다.

장거리 이동을 할 경우, 탑승자가 심한 피로를 느낄 수밖에 없다.

파이프 골조로 되어있어 밈에 드는 위치에 무장을 부착할 수 있다.

✕ 거주성은 최악

✕ 방탄성능이 전무

◯ 레이더에 쉽게 탐지되지 않는다

◯ 경량이기에 연비가 좋다

◯ 확장성이 있다

◯ 정비하기가 수월하다

서스펜션을 강화하여, 험한 지형에서도 고속으로 주행할 수 있다.

물론 버기형 차량도 만능은 아니기 때문에, 작전 수행 중에는
이 외에도 여러 가지 타입의 차량을 사용하게 된다.

ATV	험비	픽업

• 4륜 오토바이 차량으로, 좁은 장소나 오프로드 에서도 무리없이 다닐 수 있다. ATV라는 것은 「All-Terrain Vehicle(전지형 대응 차량)」의 약어이다.

• 현대판 「지프」라고 할 수 있는 차량. 버기 차량에 비해 방탄성이나 거주성이 훨씬 우수하지만, 기동성이나 은밀성이란 측면에서는 떨어진다.

• 민수용 등으로 시판된 픽업트럭을 전용한 것으로, 흔히 「테크니컬」이라 불린다. 현지 주민으로 위장하여 이동하는데 쓰이기도 한다.

원 포인트 잡학

전투 버기의 경우, 기본적으로는 장갑이 없으나, 바닥 부분만은 예외로, 지뢰에 대한 대비책으로 강화 패널 등이 사용되고 있다.

「Hearts and Minds」란 어떤 임무인가?

「Hearts and Minds」는, 특정 지역의 민중들이나 조직과 "우호 관계"를 맺는 활동을 말한다. 특히, 현지의 주민 등을 비롯한 비전투원을 대상으로 할 경우는 「민심획득공작」 또는 「민사작전」이라고 불린다.

●우리 편을 늘려라!

특수부대의 임무는 뭔가를 폭파하거나, 누군가를 살해하는 등의 험악한 일들만 있는 것은 아니다. 이러한 임무를 성공시키기 위한 사전 준비의 일환으로, 현지 주민들과의 우호를 쌓아야 할 필요가 있기 때문이다.

현지 주민들을 대상으로 한 이러한 활동은, 게릴라전이 빈발하는 지역에서 특히 중요시되는 것으로, 주민들을 우리 편으로 끌어들였을 경우, 적대적인 게릴라 세력에 대한 견제로 이용할 수가 있다. 일반 주민들의 민심과 게릴라의 사이가 이반된다고 하는 것은 그간 주민들로부터 얻을 수 있었던 은신처나 식량의 공급이 끊기게 된다는 의미로, 이는 이들이 더 이상 지하에 잠복하여 활동하기가 어려워지게 되는 것을 의미하기 때문이다. '신출귀몰'한 활동이 불가능한 게릴라는 위협적인 존재라고 할 수 없으며, 통상 전력으로도 얼마든지 격퇴할 수 있는 존재로 전락하게 되는 것이다.

또한 제3세계의 경우, 일본의 전국시대처럼 "여러 군소세력들이 저마다의 이익을 위해 이합집산을 거듭하는"상황에 빠져있는 국가들도 드물지 않게 볼 수 있는데, 이러한 경우, 이해가 일치하는 게릴라 조직을 회유하여 '아군'으로 삼는 것은 일상다반사라 할 수 있는 일이다. 그들과 우호관계를 맺기 위해서는 그들이 원하는 것을 안겨줘야만 할 필요가 있다. 구체적으로 보면, 학교나 병원(의약품) 등을 '인도적 지원'이라는 이름아래 전달하는 경우가 많은데, 때에 따라서는 아예 현금을 뿌리는 방법이 동원되기도 한다.

현지 주민을 우리 편으로 만들었을 경우에 발생하는 또 한 가지 커다란 이점이라면, 현지의 정보 수집이 훨씬 수월해진다는 점이다.

작전을 세우고, 그것을 실행하기 위해서는 반드시 정보가 필요하다. 특수부대의 대원들은 남의 눈에 띄지 않고 행동하는 전문가라고 할 수 있으나, 여러 가지 정보들 가운데에서도 가장 유용한 것이 「사람들과 접촉하여 얻어내는 정보」인 이상, 현지에서 누군가와는 반드시 접촉을 해야만 한다.

이러한 점에서 봤을 때 해당 지역의 현지 주민들 이상으로 효율적으로 정보를 모을 수 있는 존재는 없다. 이들은 사람들의 대화에 자연스레 녹아들어갈 수 있으며, 토박이답게 어디에 가면 어떤 정보를 얻을 수 있는 지 훤히 꿰뚫고 있기 때문이다.

'인텔리전스(Intelligence)'를 필요로 하는 중요 임무

적을 고립시키기 위해선 어떻게 해야 하는가?
= 적의 협력자를 줄이는 것이 정답!

예를 들면 이러한 방법으로

- 식료품이나 의약품을 무상으로 제공.
- 학교나 병원, 도로 등을 건설해준다.
- 촌장이나 마을의 유력자 등을 우리 편으로 끌어들인다.

이렇게 우호 관계를 구축한 상태에서 적에게 협력하지 않도록
'친구'로서 온건하게 부탁한다.

현지 주민을 아군으로 끌어들였을 경우의 이점 1

- 적의 행동에 제약을 가할 수 있다.

특히 「게릴라」처럼 정규적인 보급 루트를 갖지 못한 적 조직의 경우, 현지 주민들의 도움을 받아 활동하고 있는 경우가 많다. 따라서 이 둘 사이의 관계를 단절시키는 것이 갖는 의미는 매우 크다 할 수 있다.

현지 주민을 아군으로 끌어들였을 경우의 이점 2

- 정보 수집이 한층 수월해진다.

이라크나 아프가니스탄 같은 중동 지역, 또는 베트남이나 태국 같은 동남아시아 지역의 경우, 서구권의 백인으로 이뤄진 특수부대는 그 자체로 대단히 이질적인 존재로, 경계의 대상이 되기 때문에 자연스런 정보 수집이 어렵다.

하지만

국제 정세의 변화에 따라, 일찍이 「민사작전 등을 통해 우호관계에 있었어야 할 상대」가 갑자기 적으로 돌변하여 싸우게 되는 케이스도 있다. 아프가니스탄 전쟁 당시 미국의 지원을 받았던 탈레반이 그 대표적인 예로, 이들은 「9.11 테러」에서 그간 자신들을 지원해줬던 미국에 '이빨'을 드러냈다.

원 포인트 잡학
사람과 사람의 커뮤니케이션 등을 통해 정보를 얻는 일을 「휴민트(HUMINT, 인간정보)」라 한다.

특수부대의 은신처 「세이프 하우스」란?

중요 시설을 습격하거나, 중요 인물을 유괴, 또는 보호해야 하는 임무의 경우, 사전에 목표 주변에 '진지'를 구축한 상태에서 최신 정보를 수집하는 편이 훨씬 높은 작전 성공률을 보이는 경우가 많은데, 이러한 목적으로 활용되는 것을 「세이프 하우스」라 부른다.

● 거점, 경우에 따라서는 피난처로도…

비단 특수부대에 국한된 것이 아니라 하더라도, "어느 일정한 지역에 머무르면서" 중·장기의 기간에 걸쳐 활동해야만 하는 경우, 휴식이나 보급을 위한 거점이 필요하게 된다. 특히 도심지에서의 작전같은 경우, 구멍을 파서 그 안에 숨거나, 트럭 안에서 침식을 해결할 수는 없는 노릇이므로, 기존의 건물이나 방, 이른바 세이프 하우스(Safe house, 안전가옥)이라 불리는 시설을 필요로 하게 되는 것이다.

아파트 등을 이용하는 것은 인근 주민들에게 「요즘 갑자기 처음 보는 사람들이 어슬렁거리는 일이 많아진 것 같지 않아?」…라는 등의 인상을 주는 사태를 피하기 위한 방책으로, 사람들의 출입이 빈번한 도심지에서는 이러한 수법을 사용하기가 비교적 용이하다. 하지만 상대적으로 이웃 간의 친밀도가 높은 지방이나 인구가 적은 지역의 경우, 갑작스레 나타난 "새 이웃"의 경우 여러 가지로 주목을 받을 수밖에 없는 존재이기에, 이런 지역에서는 기존부터 현지에 거주하던 협력자가 반드시 있어야만 한다.

위기에 몰렸을 때 도망쳐 숨기위한 피난처나, (작전 중에) 상실한 장비 등을 다시 갖추기 위한 보급기지로서 세이프 하우스를 준비하는 케이스도 있는데, 이러한 경우, 출입이 빈번하게 이루어지는 곳은 아니기에, 이웃과의 친교라는 부분은 그다지 고려하지 않아도 좋다. 어느 쪽의 경우건 세이프 하우스로 쓰이는 장소는 감시 대상의 부근이나, 실제 행동 지역 가까이에 있을수록 바람직하다. 대부분의 경우, 현지의 에이전트나 부근의 협력자가 이를 준비하게 되는데, 가장 고전적이며 정통파적인 수법으로 사용되는 것이, 맨션이나 아파트의 방 하나를 합법적으로 임대하여, 여기에 필요한 기자재를 설치하는 패턴이다.

단순히 정보수집 자체를 목적으로 세이프 하우스를 활용하는 경우도 많은데, 군이나 정보기관에 소속된 특수부대의 경우, 가상적국이나 정치적으로 중요한 지역에, 언제 부대가 출동하더라도 대응할 수 있도록 이쪽의 에이전트를 현지에서 생활하게 하여, 아군의 임무를 지원하도록 하는 경우가 있다. 이러한 에이전트를 「슬리퍼(Sleeper Agent)」라고 하며, 현지의 커뮤니티에 녹아들 수 있도록 일정한 직업에 취직하거나, 결혼을 하는 일도 있다. 이들의 배우자들은 아무것도 모르는 일반인인 경우가 많지만, "부부가 한 몸으로 에이전트였다"는 등의 경우도 존재하기 때문에 확언할 수는 없다.

> 세이프 하우스란……
> 임무를 지원하거나, 대원들이 고립되는 일이 없도록, 조직에서 준비한 은신처.

행동 거점으로서의 세이프 하우스

- 감시나 정찰, 정부 수집 등을 실시한다.
- 본부로부터의 지령이나 지시를 받는다.
- 여러 가지 기자재를 반입하여, 일종의 사령 기지로서의 역할을 수행하기도.

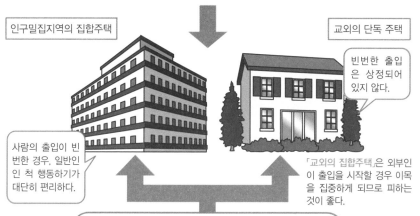

인구밀집지역의 집합주택

교외의 단독 주택

빈번한 출입은 상정되어 있지 않다.

사람의 출입이 빈번한 경우, 일반인인 척 행동하기가 대단히 편리하다.

「교외의 집합주택」은 외부인이 출입을 시작할 경우 이목을 집중하게 되므로 피하는 것이 좋다.

피난처 / 보급 기지로서의 세이프 하우스

- 위급한 상황에 몰렸을 때 여기에 숨어, 잠시 위기를 모면.
- 아군에게 구출되기 전까지 잠복하는 장소로 사용.
- 도중에 상실한 장비를 보충할 수 있도록, 필요한 양의 장비를 보관.

시설을 유지 및 관리할 때의 주의사항

- 건물의 취득은 눈에 띄지 않게, 그리고 합법적인 수단으로.
  ⇒불법 점거상태일 경우 도리어 눈에 띄게 되며, 혹시라도 경찰이 진입해 들어왔을 경우는 정말 최악이다.
- 현지 사회에 녹아들기 쉬운 인물을 「슬리퍼 에이전트」로 상주하도록 한다.
  ⇒단순한 위장 뿐 아니라 지속적인 정보 수집에도 많은 도움이 된다.

원 포인트 잡학

장기간에 걸친 잠입임무의 경우, 일부러 세이프 하우스 인근 주민들과 친근한 이웃이 되어, 해당 지역에 보다 밀착한 상태로 정보 수집을 실시한다는 방법도 있다.

냉전기의 특수부대

제2차 세계대전 이후의 「냉전」 시대에는, 동서 양 진영이 전면 대결을 벌이는 것이 아니라, 일부 지역으로 규모와 범위를 한정시킨 전쟁이나 무력 분쟁 등의 충돌이 주류를 이루게 되었다. 특히 기존 유럽의 식민지였던 지역에서 빈발했던 독립운동도 잘 살펴보면 공산주의나 민족주의의 자극을 받아 일어난 것이 대부분으로, 이념의 대립으로부터 촉발된 일종의 대리전쟁으로서의 의미가 강했다. (무력을 통한 국가체제 전복을 노린 「혁명투쟁」도 결국은 대립 진영의 정부가 어떤 식으로든 그 후원자로서 지원을 해주고 있는 경우가 많았는데, 아프가니스탄 전쟁 당시, 소련군과 싸우던 무렵의 오사마 빈 라덴은 미국 측의 지원을 받고 있었다.)

한국전쟁이나 베트남 전쟁, 수차례에 걸쳐 발발했던 중동전쟁, 쿠바의 혁명이나, 소련군의 아프가니스탄 침공 등이 이러한 전쟁의 전형적인 예였다. 하지만, 국제 사회에서는 「두 차례에 걸쳐 세계대전이 일어났던 것은, 이러한 지역분쟁에 관련 국가들이 차례차례 참전하는 것을 막지 못했기 때문이다.」라고 하는 인식이 주류를 차지했기 때문에, 동서 양 진영 모두, (적어도 국제적 여론을 생각한다면) 노골적인 군사개입을 하기는 곤란한 상태였다. 따라서 정규군을 원군으로 보내기 곤란하다면 소수의 정예부대를 은밀하게 파견하여 전쟁에 관여하는 수밖에 없다고 생각하게 되었고, 이렇게 각국에서는 다시금 특수부대를 조직하게 되었다.

비밀리에 이루어지는 특수 작전을 통해 전황을 바꾸는 것 이외에, 이 시기의 특수부대에는 또 한 가지 중요한 역할이 있었다. 현지의 군이나 경찰조직, 경우에 따라서는 적국의 반정부세력을 훈련시키는 것이었다. 일종의 군사고문관으로 전투에 필요로 하는 노하우를 전수해주고, 이를 통해 아군을 늘려, 적대 세력에 대한 압박을 주는 카드로 활용하는 것이었다. 영국의 「SAS」나 미국의 「그린베레」가 특히 이런 분야에 정통한 부대로 유명했는데, 소련의 「스페츠나츠」 또한 이 분야에 일가견이 있었다고 전해진다. 세계대전으로 발전하지 않도록 분쟁의 강도를 컨트롤하면서도 가급적 자기 측 진영에 유리한 결과가 나올 수 있도록 유도하기 위한 경쟁에 있어, 특수부대라는 존재는 대단히 큰 의미를 갖고 있었다.

수차례에 걸친 소규모 전쟁 덕분에 「테러의 광풍」이 세계적으로 휘몰아쳤던 것도 냉전 시대의 특징이었는데, SAS는 「IRA(Irish Republican Army : 아일랜드 공화국 군, 아일랜드의 통일을 목적으로 활동하던 테러 조직)」와의 보복전 속에서 대테러전술의 노하우를 축적했으며, 1972년 뮌헨 올림픽 참사와 1977년의 루프트한자 여객기 납치 사건(모가디슈 사건) 등으로 대표되는 테러사건들은 「GSG-9」이나 「델타포스」와 같은 부대 편성의 계기가 되기도 했다. 이후 테러리스트들은 정부 조직의 의표를 찌르기 위해, 일종의 네트워크를 구성하기 시작했으며, 여기에 대응하기 위해, 각국의 특수부대는 서로 간에 교환 요원을 파견하거나, 합동 훈련을 하는 등의 방법으로 상호연계를 강화해나갔다.

이렇게 하여 세계는 특수부대에 대하여 「대테러임무」라고 하는 새로운 역할을 기대하게 되었고, 각각의 임무에 특화된 부대들이 세계 각국에서 창설되었다. 동시에 1980년에 실시되었던 이글 크로우 작전(Operation Eagle's Claw. ※역자 주 : 델타포스가 실시한 이란 미 대사관 인질 구출 작전)의 실패 등의 교훈에서 "특수부대를 통합 운용하는 조직의 필요성"이 대두되었고, 부대의 통합 및 정리를 진행하게 되었다.

제3장
특수부대의 장비

특수부대는 어떠한 모습으로 임무를 수행하는가?

특수부대의 외견은 각 시대의 유행이나 소속되어있는 국가(조직), 파견된 지역 등의 조건에 따라 변화하는 것으로, 딱 부러지게 이것이라 할 만한 스타일은 존재하지 않는다. 하지만 「특수부대다워 보이는 기호」라고 할 만한 것이라면 몇 가지 특징적 포인트가 존재하긴 한다.

● 위장복인가 CQB장비인가?

특수부대라고 했을 때 많은 사람들이 쉽게 떠올리는 이미지라면, 위장복이나 정글화같은 야전 장비로 온 몸을 감싼 모습일 것이다. 피복 자체는 일반적인 위장복과 큰 차이가 없으나, 위장무늬의 패턴은 작전 지역의 기후나 식생에 맞춘 것을 선택하게 되며, 총기의 경우에도 특유의 실루엣이 드러나지 않도록 위장을 하고, 배낭 속에는 필요 최소한의 물품만을 넣고 다니는 것이 그것이다. 또한 「보디아머(Body Armor, 방탄조끼)」와 같은 보호 장구의 경우, 적의 탄환 뿐 아니라 폭발이나 폭탄의 파편 등으로부터 대원들의 몸을 보호해주는 역할을 하지만, 그 효과가 우수하면 우수할수록 중량이 나가며, 입고 있는 것만으로 피로가 축적될 수밖에 없기에, 장거리를 이동하는 임무의 경우, 착용하지 않는 일도 많다.

강습작전이나 건물 내부에서의 전투를 상정한 임무의 경우에는, 야전에서와는 다른 스타일의 장비를 착용하게 된다. 실내전투의 경우, 불과 수 미터 정도의 거리에서 총격전이 발생하는 일이 많은데, 이러한 전투를 특별히 「CQB(Close Quarter Battle, 근접 전투 또는 근접 전투 기술)」이라고 구분하여 부르고 있다. 실내의 그림자에 쉽게 녹아들 수 있도록 검정이나 어두운 청색 기조의 복장을 입으며, 여기에 상반신에는 「방탄조끼」, 그리고 그 위에 예비 탄창이나, 수류탄 등을 수납할 수 있는 「텍티컬 베스트(Tactical Vest)」를 착용하고, 전투에 별 필요가 없는 배낭이나 수통은 몸에 걸치지 않는다.

얼굴에는 페이스가드나 발라클라바(Balaclava/Balaklava : 얼굴 전체를 가릴 수 있는 모자, 우리말로는 목출모(目出帽), 또는 안면모라고도 한다)를 착용하여 누구인지 알 수 없도록 안면을 가리게 되는데, 이는 요인경호나 암살 등, 극히 델리케이트 하고 민감한 임무에 종사해야 하는 특수부대원들의 신원을 은폐하기 위한 것으로, 본인이나 주변인물들이 유괴 또는 살해되는 등의 일을 막기 위한 일종의 보호 조치이기도 한 것이다. 픽션의 세계에서는 암시장치 등으로 얼굴이 가려지는 장면도 자주 나오며, 뭔가 비인간적이거나 위험한 존재라는 인상을 주는 연출 요소의 하나로 사용되곤 한다.

야전이건, CQB이건, 특수작전에 있어 "정보의 교환 및 소통"이라고 하는 것은 대단히 중요한 요소라 할 수 있다. 상급자로부터 지시를 받거나, 부대 내에서의 연계를 원활이 하기 위해, 마이크와 이어폰이 하나의 세트로 결합된 「인컴식 무전기」는 아예 처음부터 표준 장비인 경우가 많다.

「특수부대로 보이는」 스타일

특수부대라고 해서 일반 부대와 비교해, '결정적으로 뭔가 다른' 모습을 하고 다니는 것은 아니지만……

세세한 부분에서 살펴보면 몇 가지인가의 특징적 포인트가 존재한다.

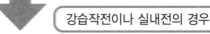

장거리 정찰이나 야전의 경우

강습작전이나 실내전의 경우

인컴식 무전기

총기는 특유의 실루엣을 알기 어렵도록 위장

페이스가드나 방탄조끼 등의 보호장구

얼굴은 철저히 가림

팔꿈치나 무릎도 확실히 보호

택티컬 베스트

보호장구는 꼭 필요할 경우에만 착용

배낭 속에는 서바이벌 장비

위장복(단색인 경우는 녹색이나 사막색 등)

시가전용으로 만들어진 부츠

야전에 맞는 부츠

단축 모델이나 작은 사이즈의 총기

복장은 검정이나 어두운 청색 계열

특히 영화나 만화 등에 등장하는 특수부대의 경우, 영상이나 그림 속에 존재하는 것만으로 뭔가 「특수한 분위기」를 발산하고 있어야 하기에, 이러한 '기호'를 집대성한 이미지로 그려지는 일이 많다.

■ 원 포인트 잡학

전투원의 스타일의 경우 파견지역이나 시대마다 많은 변화를 보이기 때문에 일괄적으로 묶어 얘기하기는 좀 곤란하다. 예를 들어 2000년대 이후 중동지역에 파견된 미군 보병의 장비를 보면 그 바로 직전 시대의 특수부대의 장비와 비교해서 아무런 손색이 없을 정도의 수준이기 때문이다.

특수부대는 장비 또한 특수하다?

특수부대는 일반 부대와 비교했을 때, 대단히 다양한 장비를 보유하고 있는데, 이는 특수부대를 필요로 하는 각종 특수 임무에 대응하기 위한 것이지만, 이러한 특수성 때문에 「이러한 장비도 전용으로 개발된 특수한 물건인가…?」라는 이미지가 강하다.

● 신뢰할 수 있는 장비라면 뭐든지 사용!

특수부대에 요구되는 임무는, 통상적인 부대가 수행하는 그것과는 비교도 안 될 정도로 가혹한 것이 대부분이다. 통상보다 강력한 탄환, 통상보다 튼튼한 항공기, 통상보다 훨씬 먼 거리와 교신 가능한 통신기 등……. 이러한 장비의 도움을 통해 비로소 목표를 달성할 스 있는 임무도 적지 않다. 창작물의 세계를 살펴보면 작전 브리핑을 하던 도중, 괴상한 분위기의 개발 주임이 튀어나와 「이번 임무를 성공시키기 위해서는 이 신장비의 도움이 필요하다」라는 식으로 얘기를 꺼내는 장면은 일종의 '클리셰'로서 자리 잡은 지 오래이며, 현실의 세계에서도 (군사 및 과학 관련) 전문지에서 「이미 특수부대에 실험 배치되었으며, 수년 후에는 일반 부대에도~」라는 식의 표현이 실리는 일은 그리 드문 일이 아니게 되었다.

확실히 그 임무의 특성상 다종다양한 장비를 다루는 훈련을 받고, 돌발적인 상황에 대비하기 위한 지식이나 경험 또한 풍부한 특수부대의 대원들은, 개발자 측에서 '규격 외'의 장비를 맡기기에 이상적인 상대라 할 수 있다. 하지만 그렇다고 해서, 「막 개발이 끝난 신장비」처럼, 그 신뢰성에 의문을 가질 수밖에 없는 물건을 그들이 기꺼이 받아서 쓸지 어떨 지는 별개의 문제이다.

특수부대가 필요로 하는 것은 「임무를 확실하게 수행하기 위한 장비」이기에, 딱히 신규 개발에 목을 매거나 할 필요는 없으며, 아예 그 반대쪽의 발상으로 구형 장비의 경우 그 장단점을 너무도 훤히 알기 때문에 예상외의 사고가 일어나기 어렵다는 사고방식도 있다. 따라서 신뢰성에 대하여 보장을 할 수 없는 장비의 사용을 강요하는 것은 대원들의 사기라는 측면에서 생각하더라도 그리 바람직한 일은 아니라 할 수 있다.

결국 소속되어있는 국가나 군의 표준 장비에 얽매이지 않고, 과거의 전쟁이나 분쟁 등에서 사용되었던 실적이 있는 장비 중에서 부대의 특성(기습이나 정찰, 인질 구출등의 주요 임무)을 고려하여 선택하는 패턴이 대다수이다. 육군 소속 부대가 해군의 장비를 사용하거나, 경찰치안계통의 부대가 군용 장비를 사용하는 일은 딱히 신기할 것도 없는 일이다. 필요하다면 타국의 장비, 심지어 적성국가의 방비를 사용하는 경우도 있지만, 상층부에서 결코 달가워할 일이 아니기에, 비밀리에 사용하거나, 특정한 '핑계'를 댈 필요가 있다.

특수부대에서 필요로 하는 장비

> 특수부대의 임무는 역시 '특수'하므로, 장비 또한 특수한 것이 필요하다……?

흐흐흐……

> 만일의 사태에 대비해서 장비의 개발 및 개량을 게을리해서는 아니 되는 법이지~.
> · 기존 장비의 버전 업
> · 새로운 아이디어를 적극적으로 활용
> · 미지의 테크놀로지를 활용한 신 장비

장비의 성능이 좋으면 좋을수록 바람직한 일이라는 건 사실이지만……

종류를 막론하고, 가장 중요한 것은 해당 장비가 「신뢰할 수 있는 것인가」하는 점!

> 특수부대가 진짜 필요로 하는 것은 「**임무를 확실히 수행할 수 있는**」 장비이다.

• 아무리 편리하고 성능이 좋은 장비라도……
= 고장이나 작동불량이 빈발해서는 NG!!

> 중요할 때 작동이 되질 않으면, 목숨이 위태롭다고!

• 고장이나 작동 불량을 일으킨다고 하더라도……
= 원인이나 대처법이 판명된다면 OK!

> 원인만 알고 있다면, 발생을 자체를 컨트롤 할 수도 있지!

• 소속이 다르거나 아예 타국(혹은 적성국)의 장비라고 하더라도……
= No Problem! 문제없다.

> 성능이란 면에서 요구조건을 만족시키기만 한다면, 장비가 어디서 만들어진 것인가 하는 것에 매달릴 필요는 전무하다.

대원들이 개인적으로 장비품을 개조하더라도,
상기의 이유로 「묵인」되는 경우가 많다.

원 포인트 잡학

일반 부대 이상으로 장비를 능숙하게, 마치 자신의 수족처럼 다룰 수 있어야만 하기에, 훈련 단계에서 철저하게 숙련도를 올리거나, 개조 부품 등을 이용하여 감각적으로 사용할 수 있도록 만드는 경우도 자주 볼 수 있다.

특수부대에서 사용되는 총기의 종류는?

특수부대는 다양한 장소나 상황에서 전투에 돌입할 가능성이 있기에, 총기 또한 다종다양한 것들을 다루게 된다. 임무를 달성하고, 자신과 동료들의 목숨을 지키기 위해서도, 대원들은 이러한 총기들에 대해서 숙지하고 있어야 한다.

● 임무에 맞춰 다양한 총기를 사용

군의 특수부대는 기본적으론 보병부대이기 때문에, 가장 중점적으로 사용하는 총기는 역시 어설트 라이플(Assault Rifle, 돌격소총)일 경우가 많다. 잠입이나 정찰 임무를 수행함에 있어 총기는 가급적 콤팩트한 편이 편리하기 때문에, 서방 진영의 경우, M16 계열의 카빈(Carbine) 타입(『XM177』, 『M4』), 구 소련을 비롯한 동구권에서는 『AKS-74U』와 같은 모델을 선호했는데, 현재도 『SCAR』나 『HK416』 등으로 대표되는, 특수부대를 겨냥한 단축형 돌격소총들이 계속해서 개발되고 있는 중이다.

부대의 화력을 강화하기 위한 기관총이나 유탄발사기도 중요하다. 기관총은 풀 오토 연사를 통해 적을 압도하는 데 사용할 수 있으며, 유탄발사기는 유탄(Grenade : 수류탄처럼 폭발하는 탄체)을 사용하여 넓은 범위의 적에게 피해를 줄 수 있다.

경찰치안계통 특수부대의 경우, 국내에서 발생한 중범죄나 테러리스트 등이 얽힌 사건에 대처해야 하는 일이 잦은 편이다. 이를 진압하기 위해서는 범인이 농성 중인 건물에 강행 돌입해야 할 경우가 많기 때문에, 좁은 실내에서도 다루기 쉬운 기관단총을 많이 사용해왔다. 하지만 최근 들어서는 범죄자들도 방탄조끼 등의 보호장구를 착용하는 사례가 적지 않은 관계로, 관통력이 우수한 PDW나 카빈 타입의 단축형 돌격소총을 사용하는 부대도 많은 편이다.

또한 주무장으로 사용하던 총기가 문제를 일으키는 경우를 대비하여, 전원이 권총을 휴대한다. 권총은 장탄수가 많은 9mm 구경의 자동권총이 일반적이다. 산탄총의 경우는 문이나 문고리 등을 파괴하거나, 범인을 죽이지 않고 무력화 시킬 수 있는 특수 탄종을 사용할 수 있기에, 각 팀마다 최소 1정 씩은 필요로 하게 된다.

범인이 외부로부터 훤히 잘 보이는 장소에 있을 경우에는, 원거리에서의 저격이 가능하기에, 저격 소총(Sniper Rifle) 또한 중요한 총기 가운데 하나이다. 항공기의 조종석 안쪽이나 벽 너머에 있는 범인을 노릴 경우에는, 대구경(12.7mm 급)의 탄을 사용하는 대물저격총(anti-material rifle)이 사용된다.

특수부대에서 사용되는 총기

특수부대는 다양한 임무를 수행하고 달성해야 하므로,
다양한 종류의 총기를 능숙하게 다룰 필요가 있다.

어설트 라이플 (돌격소총)

• 전장이 짧은 「카빈 타입」 등. 가볍고 콤팩트한 모델이 이상적이다.

기관단총

• 실내전투를 벌일 때 다루기가 편리하다. 정확도가 높은 독일의 「H&K」의 모델이 인기.

권총 (오토 피스톨)

• 주무장에 문제가 생겼을 경우에 대비하여 반드시 휴대.

산탄총

• 무장으로서는 물론, '도구(Tool)'로도 사용되는 귀중한 존재.

기관총 • 여러 가지 사이즈의 기관총을 작전 내용에 맞춰 사용.

GPMG
(범용기관총)

중기관총
(주로 차량이나 헬기 등에 거치시켜놓고 사용)

택티컬 머신건

유탄발사기 • 유탄이나 가스탄 등을 발사할 수 있다.

PDW
(Personal Defense Weapon)

어설트 라이플
(단축 총신 모델)

• 방탄조끼 등의 보호장구에 대한 관통력이 우수하다.

저격 소총

• 원거리 저격에 사용.

대물저격총

• 차폐물 뒤의 목표를 저격.

군계통 및 경찰치안계통 특수부대 모두가 「모델의 선택」이나 「커스터마이즈의 유무」라는 점에서 일반 부대에서 사용하는 총기와는 명확한 구분을 두고 있다.

원 포인트 잡학

특수부대에서 사용되는 총은 가능한 한 소형·경량인 것이 바람직하기 때문에, 총신이 짧고, 개머리판을 접을 수 있는 타입이 대단히 요긴하게 쓰이고 있다.

특수부대원이 권총을 고르는 기준은?

권총이라는 무장은 사거리도 짧고 위력도 약한데다, 제대로 훈련을 쌓지 않으면 표적을 맞추는 것조차 어려운 무기이다. 군대 같은 곳에서는 「호신용」 내지는 「사이드 암(Side arm, 예비 무장)」 정도의 취급을 하는 정도가 일반적이지만, 특수부대의 장비로서 고려했을 경우에는 조금 사정이 달라진다.

● 특수부대의 권총

특수부대의 대원들에게 있어, 권총이란 단순한 예비 무장 정도로 치부할 수 있는 물건이 아니다. 적진으로의 잠입임무나, 신분을 감추고 수행하는 호위임무 등, 사실상 '스파이'에 준하는 활동을 해야만 하는 케이스에서는, 유일한 무장으로 권총 한 자루 만이 주어져 있는 경우도 적지 않기 때문이다.

특수부대원들이 선택하는 권총을 살펴보면 일정한 경향이 있다는 것을 알 수 있다. 「다루기 편한 디자인」이나, 「고장이나 작동불량 등의 트러블이 적은(즉, 신뢰성이 우수한)」것은 극히 당연한 요소이며, 여기에 「총신의 정밀도가 우수할 것」이라는 조건이 붙는다. 총격전이 벌어졌을 때, 권총의 교전거리는 약 7미터 전후일 경우가 일반적이지만, 특수부대의 대원들은 그 5배 이상의 거리에서도 전투가 가능하도록 훈련을 받는다. 하지만 아무리 멀리 떨어진 표적도 노릴 수 있는 기량을 보유하고 있어도, 총신의 정밀도가 엉망이어서는 의미가 없다.

장탄수가 많거나, 탄의 재장전이 용이한 모델도 인기가 있다. 장탄수는 적어도 10발 이상, 가능하면 13발 이상을 장전할 수 있는 쪽이 바람직하며, 탄창을 붙잡아주는 탄창 멈치의 경우, 총의 좌우 어디에서든 조작할 수 있는 것은 기본 중의 기본이다. 하지만, 이것이 손잡이 바닥 부분에 붙어있는 경우는 한손으로 조작하기가 어렵기 때문에 오히려 꺼리는 경우가 많다.

「소음기(Silencer/Suppressor)를 개조 없이 장착 가능한가」의 여부도 주요 체크 사항 가운데 하나이다. 총신에 소음기를 고정하기 위한 나사산이 처음부터 새겨져 있는 것이 가장 이상적이겠지만, 나사산이 새겨진 총열이 옵션으로 준비되어있다면 딱히 문제가 되지 않는다.

근접 전투(CQB)에서, 레이저사이트나 도트사이트 같은 광학 조준기나, 어둠 속을 밝히는 플래시 라이트 같은 옵션 장비의 유효성 또한 무시하기 어렵다. 이외에 이런 옵션들을 부착하기 위한 레일 시스템이 탑재되어있는가의 여부나, 홀스터나 커스터마이즈 부품 등의 관련 상품 라인업이 충실하게 갖춰져 있는가 하는 점도 중요한 요소로, 특히 여러 가지 다른 구경의 탄약을 사용하기 위한 컨버전 키트가 존재할 경우, 임무에 맞춰 탄약을 구분하여 사용할 수도 있기 때문에 대단히 유용하다.

여러 가지로 고려해야 하는 부분이 많다

특수부대의 대원들은 이런 총기(권총)를 선호한다.

- 취급하기 편한 디자인
- 고장 등의 트러블이 적다.

이건 기본 중의 기본!

소음기가 부착 가능

정밀도가 높은 총신

장탄수는 10발 이상!

레일 시스템을 탑재

총탄의 재장전이 수월하다

이러한 요소까지 충실하다면 정말로 Good!

……여기에 더하여
- 옵션 부품의 종류가 풍부한가?
- 구경을 변경할 수 있는 컨버전 키트가 존재하는가?

이러한 조건들을 만족 시킬 정도의 권총이라면,
필연적으로 「자동권총」일 수밖에 없게 된다.

권총은 세컨더리 웨폰(주무장으로 쓰이는 총인 프라이머리 웨폰을 사용할 수 없게 되었을 때의 보험)으로서도 중요한 위치를 차지하기 때문에 대원들 각자의 재량에 따라 모델을 선택하거나 개조가 허용되는 케이스도 많다.

원 포인트 잡학

일본이나 한국에서는 미군의 특수부대용 권총으로 「SOCOM 피스톨(Mk23)」이 유명한데, 이것은 어디까지나 수많은 선택지 가운데 하나일 뿐으로, 모든 부대에서 널리 쓰이는 모델은 아니다.

『AR15(M16)』계열은 특수부대에서 인기?

『M16』은 베트남전이 한창이던 시대(1960 ~ 1975년)에 개발된 어설트 라이플로, 여러 차례의 개량을 거치며 오늘날에 이르기까지 미군의 제식 소총으로 사용되고 있으며, 미국 이외 국가의 특수부대에서 사용되는 케이스도 흔히 볼 수 있다.

●가장 큰 장점은 가벼움과 확장성

어설트 라이플 『M16』 및 그 개량형이나 파생 모델들은 흔히 부르는 말로 「M16 시리즈」 혹은 「M16 패밀리」라 불리며 오늘날에도 끊임없이 생산되고 있다. 개발 당시에는 플라스틱 소재를 사용한 총기 자체가 드물었기에, 「이런 장난감 같은 총을 가지고 무슨 전쟁을 하라는 거야?!」 라는 등, 불만의 목소리도 상당히 컸지만, 가벼운 플라스틱 소재는 행군 시의 피로가 적다는 점에서 상당한 호평을 얻기도 했다.

M16의 이러한 장점에 먼저 주목했던 것이 바로 그린베레를 위시로 한 특수부대들이었는데, 장거리정찰이나 적의 후방교란과 같은 임무의 경우, 아무래도 짐이 늘어날 수밖에 없었고, 이런 상황에서 휴대화기가 가볍다는 것은 그만큼 장비의 중량에 더 여유를 둘 수 있다는 것을 의미했기 때문이었다. 또한 M16은 이전까지 사용하던 M14 소총보다 탄약의 사이즈가 작았기 때문에 같은 중량으로도 훨씬 많은 예비탄약을 들고 갈 수 있었기 때문에, 이들의 임무에 있어서 더더욱 안성맞춤이었다.

이러한 특수부대용으로 개발된 파생 모델이 『M733』이나 『XM177』과 같은 카빈 타입인데, 카빈(Carbine)이란, 원래 근세 이후의 기병들이 사용했던 기병총을 의미하는 것으로, (말 위에서도 다룰 수 있도록) 전장을 짧게 줄여 다루기 쉽도록 한 것이 그 특징이다. 냉전의 종식과 함께 테러리스트나 게릴라 등과의 전투(비대칭전)가 증가하면서, 일반 부대의 장병들에게도 특수부대의 전투 노하우를 요구하게 되었고, 단축형 카빈 모델의 사양이 오리지널인 M16에 역으로 피드백(Feed-back)되기 시작했다.

새로이 『M4』라는 제식명이 부여된 신세대 M16은 레일 시스템을 탑재하고 운반손잡이를 떼어낼 수 있도록 만들어지면서, 그저 단순한 「M16의 단축 버전」이라는 범주를 뛰어넘게 되었다. 부품의 교환이나 옵션의 추가 장착을 염두에 두고 이뤄진 이러한 개량은 M4 카빈이 놀라운 확장성을 갖추는데 기여했으며, 대원들이 각자의 판단에 따라 다종다양한 임무에 대응하기 위한 커스터마이즈를 할 수 있게 해주었다. 교환부품이나 액세서리의 경우, 시판된 것만으로도 매우 다양한 종류의 상품들이 존재하며, 입수하기도 매우 수월하다. 이러한 사용자 친화적인 요소 또한 M16 시리즈가 누리는 인기의 한 요인이라 할 수 있을 것이다.

M16 시리즈

M16시리즈가 특수부대에서도 인기를 얻고 있는 이유는……

| 가볍다 | 총기 이외에도 여러 장비를 휴대해야만 하는 특수부대에 있어 정말 안성맞춤이라 할 만한 장점이다. |
| 확장성이 높다 | 「커스터마이즈」나 「자신만의 방식」을 고집하는 특수부대의 대원들의 입맛에도 안성맞춤이었다. |

『M16 어설트 라이플』

플라스틱 소재를 다수 사용

총기가 가벼워지면서 장병들의 피로가 줄어들었다.

탄약의 소구경화

탄약의 사이즈가 줄어들면서 휴대할 수 있는 탄약의 양도 늘어났다.

탄의 직경이 가늘어지면서 관통력이 상승했다.

『M4 카빈』

운반손잡이를 탈착식으로

소재 강도의 개선

총기의 내구성이 향상되었다.

레일 시스템의 탑재

특별한 개조 없이도 다양한 옵션을 장착할 수 있게 되었다.

확장용 옵션은 민간 시장의 상품을 포함, 다양한 제품이 출시되어 있으므로, 임무나 취향에 맞춘 사양으로 개조하기가 편리하다.

원 포인트 잡학

M16 및 그 계열 총기는 매우 오랜 세월에 걸쳐 군의 제식 소총으로 사용되었기에, 민간에서도(퇴역 군인들을 중심으로한) 사용자가 대단히 많으며, 현재는 특허권 자체도 소멸된 상태이기에 여러 총기 메이커에서 총의 본체는 물론 주변 부품을 개발하여 판매하는 등 이른바 '애프터 마켓'이라 불리는 시장 또한 큰 규모로 형성되어있는 상태이다.

특수부대용 소총인 『SCAR』란?

SCAR란 「특수부대용 어설트 라이플」의 약칭으로, 흔히 「스카」라고 발음한다. 벨기에의 총기 메이커인 FN이 미군의 특수부대를 겨냥하여 개발한 제품으로, 이라크나 아프가니스탄에 투입되었던 특수부대에 배치되었다.

●「적군의 탄약」조차 사용할 수가 있다?!

동서 양 진영의 냉전이 종식된 후, 미군 특수부대의 새로운 전장으로 등장한 것은 중동 및 중앙아시아의 사막과 산악지대였다. 이러한 장소에서는 대구경 고위력의 소총이 훨씬 유리했기 때문에, 구형 자동 소총인 『M14』에 근대화 개수를 적용하여 사용하기도 했지만, 아무래도 오래된 총기인 만큼 이러한 개수에도 불구하고 결국엔 한계가 있었다. 이러한 상황에서 벨기에의 총기 메이커인 FN사가 USSOCOM(US Special Operations Command, 미 특수전사령부)에 제안한 제품이 바로 『SCAR』였다.

SCAR의 가장 큰 특징이라면, 총신이나 탄창 등의 부품을 교환하는 것을 통해, 다른 구경의 탄약에 대응할 수 있다고 하는 점인데, SCAR에는 M14의 7.62×51mm(7.62mm NATO)버전 외에도 『M16』이나 『M4』에 사용되는 5.56×45mm(5.56mm NATO)버전, 그리고 심지어는 구 소련에서 개발된 『AK-47』의 7.62×39mm를 사용하는 버전 또한 존재한다. AK 시리즈가 전 세계적으로 널리 사용된다고 하는 점을 생각해본다면, 보급이 편리하다는 점은, 무엇보다 가장 먼저 떠올릴 수 있는 이점이겠지만, 실은 그 이상으로 중요한, 숨겨진 장점이 존재한다. 그것은 바로 미군이 개입했다는 증거를 남기지 않는다는 것으로, 나중에 현장을 조사하더라도 교전이 이뤄졌던 곳에 굴러다니는 것은 오직 7.62×39mm탄의 탄피뿐이기 때문이다.

각 버전사이에는 다수의 부품이 공통적으로 사용되고 있는 덕분에, 전장에서 총기에 문제가 생기더라도 동료가 가진 총의 부품을 융통하여 문제를 해결할 수 있으며, 보급 부품인 개머리판도 굳이 여러 가지를 준비할 필요가 줄어든다. 또한 조작 방법이나 분해 정비 방식도 거의 똑같기 때문에, 훈련 기간도 대폭적으로 단축시킬 수 있다.

물론 레일 시스템을 채용한 덕분에, 각종 옵션 장비를 아무런 개조 없이 부착할 수 있다는 점이나, 많은 부위에 합성수지(플라스틱)제 부품을 사용하고 있다는 점 등, 현대 돌격소총으로서 갖춰야 할 필수요소 또한 빠짐없이 갖추고 있다. 플라스틱 소재의 경우, 기존의 금속 재질과 비교해, 복잡한 형상으로 성형하기가 훨씬 수월하다는 특징이 있다. 총의 형상은 취급의 편의성과도 이어지며, 이는 명중의 정밀도를 좌우하기도 한다. 사용자의 몸에 딱 맞는 물건을 효율적으로 양산할 수 있다는 점은 대단히 커다란 이점이라 할 수 있는 것이다.

부품 교환으로 다른 구경의 탄약에 대응

특수　　　작전　　　부대용　　　전투　　　돌격　　　소총

Special operations forces　Combat　Assault　Rifle

= SCAR

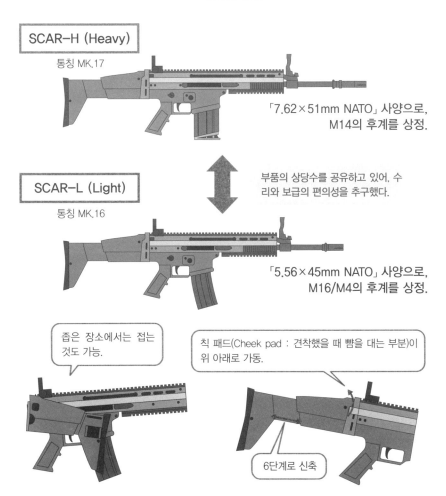

SCAR-H (Heavy)

통칭 MK.17

「7.62×51mm NATO」 사양으로,
M14의 후계를 상정.

부품의 상당수를 공유하고 있어, 수
리와 보급의 편의성을 추구했다.

SCAR-L (Light)

통칭 MK.16

「5.56×45mm NATO」 사양으로,
M16/M4의 후계를 상정.

좁은 장소에서는 접는
것도 가능.

칙 패드(Cheek pad : 견착했을 때 뺨을 대는 부분)이
위 아래로 가동.

6단계로 신축

개머리판의 사이즈도 미세 조정이 가능하기 때문에, 개개인의 체격
차이나, 보디 아머의 유무에 맞춘 자세로 총을 겨눌 수 있다.

원 포인트 잡학

「SCAR」는 장래에 도입이 예상되는 「6.8×43mm SPC(Special Purpose Cartridge)」 또한, 해당 부품을 교환하는 것만으
로 바로 대응 가능하도록 설계되어있다.

『칼라시니코프』의 근대화 개조란?

칼라시니코프라고 하는 것은, 구 소련을 중심으로 하는 동구 진영을 대표하는 어설트 라이플로, 제식명칭으로는 「AK(Автомат Калашникова = 칼라시니코프 돌격소총)」라고 하는데, 최초의 제식 모델인 「AK-47」의 설계자의 이름에서 유래한 "칼라시니코프"라는 이름으로 많이 불리고 있다.

●동구 공산진영의 제식 소총

칼라시니코프는, 일찍이 미국과 냉전 관계에 있었던 구 소련의 제식 소총이었던 점도 있어, 영화 등에서 악역들이 사용하는 무기로 그려지는 일이 많았다. 냉전 중에는 베트남의 공산 게릴라(VC)나 이슬람 과격분자 등, 「미국이 주도하는 서방 진영을 적대시 하는 세력」들이 사용했고, 냉전 이후 빈발하고 있는 민족분쟁 등에서 테러리스트 들이 애용한 무기라는 점 때문에 북한과 대치중인 대한민국이나 일본 등의 국가에서는 이미지가 대단히 좋지 못한 편이다.

하지만 AK가 세계적으로 널리 쓰이는 데는 그만한 이유가 있는 것 또한 사실이다. 수시로 꼼꼼히 정비를 해주지 않으면 작동에 문제가 발생하는 『AR15(M16)』 시리즈와는 달리, 칼라시니코프의 경우, 탄만 제대로 들어간다면 진흙으로 범벅이 되건, 내부에 모래가 잔뜩 들어가건 상관없이 작동해주는 "터프함"을 자랑하기 때문이다. 필요하다고 하면 적의 무기라도 아무 거리낌 없이 사용하는 특수부대의 대원들 입장에서도, 이러한 터프함은 신뢰할 만한 무기라는 인식으로 이어지곤 했는데, 이러한 인식이 계속되다보면, 아예 그 물건 자체를 갖고 싶어 하는 것 또한 인간의 본성이기에, 「AK 시리즈 특유의 신뢰성을 그대로 유지하면서, M16 시리즈처럼 편리한 조작성과 확장성을 부여하고 싶어」라고 생각하는 사람들도 나타났다.

소련이 붕괴하면서, 아예 서방 국가의 시장을 노리고 AK 타입의 소총을 판매하는 메이커가 나타났다. 덕분에 (기존의) 조악한 싸구려 카피가 아닌 칼라시니코프를 입수할 수 있게 되었다. 총기 전문의 애프터 마켓에는 M16이나 M4용으로 만들어진 액세서리 또한 다양한 상품들이 넘칠 만큼 많이 유통되고 있었는데, 이 두 가지 요소의 융합으로 태어난 것이, 바로 「모더나이즈드(Modernized) AK」, 즉 근대화 버전 AK라 불리는 부류의 소총들이다.

근대화가 이루어진 AK 시리즈의 외견상 가장 커다란 특징은 「레일 시스템」이 채용되어 있다는 점인데, 규격화 되어있는 레일(총의 보조 옵션 액세서리 등을 부착할 수 있게 만든 돌기 부분. 일반적으로는 흔히 '피카티니 레일'이라 불린다. 나토 제식명은 STANAG 2324)에는 조준장치나 보조 그립 등의 옵션을 부착할 수 있으며, 사용자 개개인의 취향에 맞춘 커스터마이즈를 간단하게 실시할 수 있다.

저렴하면서도 고장 없이 견고하다는 섬을 세일스 포인트로 하는 칼라시니코프 시리즈에 굳이 정밀하면서도 고가의 레일 시스템을 탑재시킬 필요가 있는가에 대해서는 찬반양론이 엇갈리고 있지만, 다양한 옵션을 부착할 수 있다고 하는 것은, 전투상황 하에서 보다 다양한 선택지를 고를 수 있게 되는 것으로 이어진다는 점을 감안한다면, 딱 한 마디로 옳고 그름을 판단할 수는 없다고 할 수 있을 것이다.

오늘날의 칼라시니코프

이라크나 아프가니스탄처럼 사막전 및 산악전이 주류가 되는 전장에서는 대구경 탄약(7.62mm 급)을 사용하는 총기가 훨씬 안성맞춤이기는 한데……

M14 (7.62mm×51)

구식 총기인 탓에 수량이 그리 많지 않은데다, 부품도 구하기가 어렵다.

SCAR-H (7.62mm×51)

신형 총기라서 아직 충분한 수량이 생산되지 않았고, 부품을 입수하기도 어렵다.

AK47 (7.62mm×39)

대량으로 만들어져, 입수하기 쉬운 것이 장점이지만, 특수작전용으로 사용하기에는 만듦새가 너무 조잡하다.

압수하기 쉬운 AK 시리즈를 현대의 전장에 대응할 수 있도록 커스터마이즈 해보자.

『근대화(Modernized)가 이뤄진 칼라시니코프』

비스듬하게 기울어져있던 목제 개머리판을 반동 억제에 유리한 「직선형」으로 교체

리어사이트(Rear sight, 가늠자)의 위치를 뒤쪽으로 이동시켜 오리지널보다 조준하기가 편리

상하좌우로 부착된 레일에 여러 가지 액세서리를 장착

오리지널보다 훨씬 굵어, 잡기 편하게 만들어진 손잡이

독자적인 추가부품의 사용으로 「탄창교환이 불편하다」라는 단점을 해결

현대전에 사용되는 총기에 있어 표준 장비라 할 수 있는 레일시스템을 탑재함으로써, 이전과는 비교할 수 없는 확장성을 칼라시니코프 시리즈에 부여했다!!

원 포인트 잡학

근대화 개수가 이루어진 칼라시니코프는 특수부대의 대원들뿐만 아니라, 민간군사기업(PMC)의 오퍼레이터들 사이에서도 인기를 끌고 있다.

현대의 암시장치에는 「섬광」이 먹히지 않는다?

암시장치란 「어둠 속에서 조명을 밝히지 않고도 사물을 볼 수 있게 해주는 장치」를 말하는데, 상대에게 발견되지 않고 움직이거나, 발견되기 전에 선제공격을 실시할 필요가 있는 특수부대라는 조직에 있어, 암시장치는 필수불가결한 장비라 할 수 있다.

● 강한 빛에 노출되더라도 안전장치가 작동하므로 안심

조금 예전의 픽션에서는 야간투시경을 착용한 적에 대항하기 위한 필살무기로 「카메라의 플래시」나 「회중전등 같은 것의 빛」 등이 등장하곤 했다. (순간적으로) 강한 빛을 비추어, 암시장치의 퓨즈가 끊어지거나, 눈이 부시게 만들고, 그 틈을 노려 전세를 역전 시킨다고 하는 발상이었다.

이러한 전법은 암시장치의 기본 원리가 「광증폭식」이기에 가능한 것으로, 원래 달빛이나 별빛처럼 극히 희미한 빛을 수천~수만 배로 증폭해주는 암시장치의 회로는 플래시 등의 강렬한 빛을 견디지 못하고 망가진다는 점을 이용한 것이다. 하지만 현재의 암시장치에는 자동차단(Autogated)과 같은 안전장치가 붙어있기 때문에 이러한 방법으로는 무력화시킬 수 없다.

또 하나의 방식으로는, 「열감지식」이라는 것이 있는데, 이는 물체가 발산하는 열작용을 지닌 전자기파, 즉 (원)적외선을 통해 온도(열분포)를 시각적으로 볼 수 있게 하는 것으로, 온도가 높은 부분은 선명하게, 온도가 낮은 부분은 흐리멍덩하게 표시된다. 다시 말해, 수풀 속이나 골판지 상자 안에 몸을 숨겨, 눈으로는 볼 수 없어도 체온 때문에 어디에 숨었는지 훤히 알 수 있다는 얘기이다.

하지만 여기에 그치지 않고, 「지면에 남아있는 열」 또한 감지하여 표시할 수 있기 때문에, 지면의 색상, 다시 말해 지면에 남아있는 열기와 이것이 식어가는 모습을 살펴보면, 이미 그 자리를 지나간 사람이나 차량이 「몇 분 전에 그 자리를 지나갔는가」하는 것도 알 수 있다. 따라서 당연한 얘기겠지만, 이러한 열감지식 암시장치는 「빛」을 보는 방식이 아니기 때문에, 라이트나 플래시를 이용하여 시각을 마비시키려는 시도 따위는 일절 통하지 않는다.

이러한 암시장치(야간투시경)에는 단안식과 쌍안식 모델이 일반적인데, 단안식은 총기의 조준경(스코프)과 비슷한 모양을 하고 있어, 총기에 결합하는 것도 가능하다. 시야가 좁다고 하는 문제가 있지만, 맨눈을 병용하여 이를 커버할 수 있다. 쌍안식의 경우는 고글과 같은 형상으로 만들어져있으며, 원근감을 느낄 수 있다는 특징이 있는데, 주로 차량의 조종수 또는 항공기의 파일럿 등이 많이 사용하지만, 착용 시 얼굴 표정이 가려진다는 점 때문에 픽션의 세계에서는 이쪽을 더 선호하는 경향이 있다.

암시장치

섬광을 이용한 고전적인 시각 마비 전법이 통하는 것은
「광증폭식(……그것도 구형)」암시장치뿐이다.

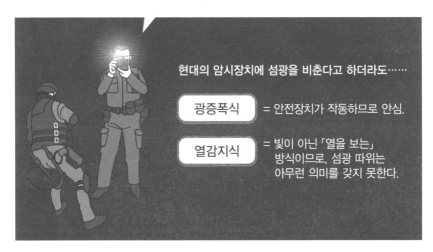

현대의 암시장치에 섬광을 비춘다고 하더라도……

광증폭식 = 안전장치가 작동하므로 안심.

열감지식 = 빛이 아닌 「열을 보는」 방식이므로, 섬광 따위는 아무런 의미를 갖지 못한다.

암시장치는 눈의 개수에 따라서도 운용방법의 차이가 나타난다.

단안식

• 총기에도 장착할 수 있는 등, 범용성이 우수하다.

AN PVS-14

쌍안식

• 단안식보다 훨씬 넓은 시야를 제공하며, 원근감도 알 수 있다.

AN PVS-15

보다 넓은 시야를 얻을 수 있는 「4안식」 암시장치도 개발되어있다.

GPNVG-18

원 포인트 잡학

항공기로 야간 비행을 실시할 때, 조종사가 직접 암시장치를 착용한 채 조종하는 경우가 있는데, 이때 조종석의 계기류는 암시장치에 맞춰 「저광도」의 것을 사용하게 된다.

홀로사이트란 어떤 것인가?

홀로사이트란, 「홀로그래픽 사이트(Holographic Sight)」를 줄인 말로, 조준점의 표시를 3차원 상으로 표현해주는 조준용 옵션의 일종이다. 형상과 기능 면에서 비슷한 물건으로 「도트사이트(Dot sight)」라는 것이 있는데, 홀로사이트란 이것의 '상위호환' 버전이라 생각해도 큰 무리는 없다.

●홀로그래프식 조준장치

조준한 목표에 확실하게 탄을 명중시키기 위해서는, 신속 정확한 조준이 절대조건이라 할 수 있다. 물론 이를 위한 기본이 되는 것은 엄격한 훈련을 통한 반복 숙달이며, 실전을 통해 얻을 수 있는 감과 경험을 통해 명중률을 향상시키는 것이 보통이지만, 옵션 아이템을 통해 그 수준을 훨씬 끌어올릴 수 있다고 하면, 굳이 그것을 사용하지 않을 이유는 없다.

홀로사이트와 도트사이트 모두 「옵티컬 사이트(Optical Sight, 광학조준기)」라고 불리는, 총기의 조준을 편리하게 해주는 옵션의 일종이지만, 「저격용 스코프」처럼 멀리 있는 표적이 크게 보이게 해주는 물건은 아니다. 이들은 기본적으로 근~중거리용 장비이며, 만약 망원 기능이 필요하다고 하면, 「부스터」라고 불리는 확대경을 부착하여 이에 대응할 수 있도록 되어있다.

홀로사이트는 유리면에 도트(광점)나 레티클(Reticle, 조준 마크)를 비추고, 표적을 여기에 겹치는 것으로 신속한 조준이 이루어질 수 있도록 해주는데, 아이언 사이트(Iron sight, 기계식 조준기)와 달리 어두운 곳에서도 사용하기 편리하며, "감각적으로 표적을 조준할 수 있다"라고 하는 점 때문에, 어두운 건물 등에 돌입해야하는 임무가 많은 경찰치안계통 특수부대에서 절대적 인기를 끌고 있다.

빛으로 조준점을 표시하여, 좀 더 편리하게 총기를 조준할 수 있게 해준다는 점은 도트사이트 또한 마찬가지이지만, 근본적인 원리는 다르다. 도트사이트는 LED 등의 빛을 렌즈에 반사시킨 2차원적인 방식이지만, 홀로사이트는 홀로그래프 방식을 채용한 3D 표시인 것이다.

3D(입체)라고는 하지만, 3D TV나 닌○도에서 발매된 휴대용 3D 게임기 등에서 사용하는 것과 같이 양 눈의 시차(Parallax barrier, 시차 방벽)를 이용한 모의 3D가 아니고, 전투기 등의 조준 장치에 사용되는 HUD(Head Up Display : 조종간 앞에 배치된 계기판이 아니라, 영상을 비추기 위한 전용 유리판이나 정면의 방풍창에 필요한 정보를 투영해주는 장치)와 마찬가지로 레이저 홀로그램 기술이 적용되어있다.

이 덕분에 정면이 아닌 비스듬한 각도에서 보더라도 조준점이 흐트러지는 법이 없으며, 렌즈에 진흙 등의 이물질이 묻거나, 파손된 경우에도 아직 남아있는 부분만 가지고 계속해서 조준하는데 사용할 수 있는데, 이러한 점은 야전에서의 사용에 있어 커다란 이점으로 작용하며, 군계통의 특수부대나 PMC 오퍼레이터들 사이에서도 높은 평가를 얻고 있다.

홀로사이트

홀로그래픽 사이트(홀로사이트)
= 3차원으로 상을 표시하여 신속한 조준을 도와주는 옵션 액세서리.

	홀로사이트나 도트사이트 (나중에 추가로 부착하는 조준기)	아이언 사이트 (처음부터 달려있는 기본적 조준기)
아이언 사이트와 비교했을 때……		
조준의 편의성	빠르고 정확한 조준이 가능하다.	훈련을 쌓아 익숙해질 필요가 있다.
신뢰성	고장이나 전지가 완전히 방전될 가능성이 있다.	고장이 발생할 걱정은 거의 없다.

홀로사이트의 특징
EOTech 553

레티클의 형상은 도트사이트
와 비교했을 때 훨씬 다양한
베리에이션이 존재한다.

배터리(전지) 수납
케이스.

렌즈의 오염이나 손상은
치명상이 되지 못한다.

간단한 레버 조작으로 표준 레
일에 탈 · 부착 가능.

레티클 위치 조정
용 나사

NV모드로 광량을 조절할 수 있다.
· ↑↓버튼으로 밝기를 조절
· ↑로 레티클 점등
· ↑↓을 동시에 눌러 소등

(NV) OFF ON

원 포인트 잡학

홀로사이트는 민간용이나 모형 총기용으로 다양한 복제품이 출시되어 있으나, 암시장치(NV: Nocto(라틴어로 밤이라는
의미) Vision) 모드가 탑재된 제품은 판매 및 수출입이 제한되어 있는 경우가 많다.

특수부대에서는 어떤 탄을 사용하는가?

총기에서 발사되는 탄환의 종류는 한 가지가 아니며, 그 용도에 따라 다양한 베리에이션이 존재한다. 「철 갑탄」이나 「HP(Hollow Point)」 등, 다양한 종류가 존재하며, 특수부대에서의 사용을 전제로 한 탄약도 개 발되고 있다.

● 다양한 종류의 탄이 존재하지만……

총기, 그 중에서도 특히 군에서의 사용을 전제로 한 모델은, 여기에 맞는 복수의 탄종이 개발 되어있는 경우가 많다. 차폐물을 관통하여 그 뒤에 숨어있는 적을 공격하는데 사용되는 「철갑탄」이나 스스로 빛을 내며 날아가 탄도를 눈으로 확인할 수 있는 「예광탄」 등이 그 대표적인 예로, 특수부대에서도 일상적으로 쓰이는 탄종이다. 경찰치안계통 특수부대의 경우에는 건물 내부에서의 총격전에 알맞은 「HP(Hollow Ponit)탄」이나 「파쇄탄(frangible bullet)」이 인기이다. 양자 모두 관통이나 도탄(跳彈, Ricochet) 등의 문제로 인해 표적 이외의 대상을 살상하지 않기 위한 탄종이다.

여러 가지 탄종들 중에서 특수부대용 탄약으로 특히 주목을 받고 있는 것이, 탄환이 가진 살상능력을 극대화한 「APLP탄」이라고 하는 것이다. 이것은 단단한 물체에 착탄했을 경우에는 철갑탄처럼 관통하며, 부드러운 물체에 맞았을 경우엔 HP탄처럼 내부에서 확장·변형 및 비산하는 성질을 지는 특수탄으로, 일반적인 부대에서는 사용되지 않는다.

또한 탄의 "구경(口徑, Caliber)"에 대해서도 재검토가 이뤄지고 있는데, 미군 특수부대의 어썰트 라이플로 개발된 『SCAR』에도 채용된 「6.8×43mm SPC탄」은 5.56mm 탄보다 훨씬 위력이 강하며, 자동 연사 시에 7.62mm탄보다 훨씬 반동을 제어하기가 용이하다는 특징을 지니고 있다. 또한 탄약의 사이즈가 거의 비슷하기에, 기존에 사용하던 『M16』의 탄창(NATO표준 STANAG 4179) 및 이 탄창과 같은 규격을 만족시키는 탄창에 그대로 탄을 삽입할 수 있으므로, 6.8mm 규격에 맞는 약실과 총신을 사용하기만 한다면 M16 시리즈 총기에서도 발사가 가능하다.

APLP탄과 같은 탄약을 일반 부대에서 사용하지 않는, 아니 정확히는 사용할 수 없는 데에는 이유가 있는데, 우선 특수부대원 수준의 기량을 지니고 있지 않으면, 탄의 위력을 제대로 활용할 수 없다는 점이 그 첫 번째로, 강력한 위력으로 인해 아군이나 민간인 등, 총격을 가해서는 안 될 상대를 쏘는 사고가 발생했을 경우, 돌이킬 수 없는 사태가 발생하기 때문이다.

그리고 두 번째는 특수부대는 임무 특성상, 이러한 탄약을 필요로 하기 때문이다. 만약 인질을 잡고 있는 흉악범이나, 암살대상이 되는 인물을 "한 방으로 무력화"시키지 못한다면 도리어 인질이 희생당하거나 암살대상이 도망치는 등, 작전 실패로 이어질 우려가 있다.

특수부대에서 사용하는 탄

특수부대는 임무에 맞춰 다양한 종류의 탄약을 사용하는데……

철갑탄 = 관통력이 높은 탄. 벽이나 유리창 너머의 표적에 사용.

예광탄 = 탄자(의 탄저 부분)에 들어있는 인화물질을 연소시키며 날아가는 탄. 차량 등의 연료탱크를 노리고 화재를 일으킬 수도 있다.

HP탄 = 인체에 명중했을 때, 버섯 모양으로 탄자가 변형·확장되면서 체내에 머무르는 탄. 탄환이 지닌 운동에너지를 효율적으로 인체의 파괴에 사용하며, 관통에 따른 2차 피해의 우려가 없다.

파쇄탄 = 금속 분말을 압착·소결시켜 만든 탄으로, 단단한 물체에 명중했을 경우, 분쇄되어 버리는 것이 특징. 도탄에 따른 2차 피해를 막을 수 있다.

특수부대에서의 사용을 전제로 한 탄환도 존재한다.

APLP탄 = 단단한 물체에 맞았을 경우에는 관통하지만, 부드러운 물체에 맞았을 경우엔 내부에서 변형을 일으키며 분쇄되어 큰 피해를 입히는 탄환.

통상 탄약이라도 특수부대용으로는
탄두가 좀 더 무거운 탄이 사용된다.

M855   Mk262

탄자의 구경 그 자체도
재검토의 대상이 되기도 한다.

탄두 중량이 1g이나 차이가 난다.

6.8×43mm SPC탄

5.56mm탄
(종래 사용탄)

New!

7.62mm탄
(종래 사용탄)

5.56mm보다 고위력이며,
7.62mm보다 총기의 반동을 제어하기 편리하다

원 포인트 잡학

이러한 종류의 탄환은 성능적으로는 대단히 우수하나, 이를 전군에 보급하기에는 너무도 막대한 예산이 소요되므로(여기에 더하여 기존까지 사용하던 탄약과 부품 등의 처리 문제도 있다), 이것이 표준으로 자리 잡는 것은 훨씬 뒤의 일이 될 것으로 전망된다.

PDW란 어떤 것인가?

PDW(개인용 방어 화기)는 기관단총 사이즈이면서도 방탄조끼를 관통할 수 있는 위력을 지닌 총기라는 세일즈 포인트를 내세우며 등장했다. 벨기에의 FNA사에서 내놓은 「P90」을 시작으로 몇 종류인가의 PDW가 개발되었지만, 주류의 자리에까지 오르지는 못한 상태이다.

●방탄조끼도 관통할 수 있지만……

1990년대 이후, 방탄조끼의 보급 속도는 정말 놀라울 정도이다. 이전 시대까지는 극히 일부만이 착용하던 특수 장비 취급을 받던 것이, 이제는 대량으로 생산되어 일반 부대에서도 사용하는 제식장비로 자리 잡았다. 이러한 현상은 적군의 일반 병사는 물론, "테러리스트조차도 방탄조끼를 착용하고 있을" 확률이 높아졌다는 것을 보여주고 있으며, 여태까지 특수부대에서 즐겨 사용했던 『MP5』기관단총의 9×19mm 파라벨럼(Parabellum)탄으로는 치명타를 가하기 어려워졌다는 것을 의미하기도 한다.

「방탄조끼를 관통할 수 있는 기관단총 사이즈의 총기」라고 하는 요구에 맞춰 등장한 것이, 벨기에의 FN(Fabrique Nationale de Herstal)사에서 개발한 PDW 『P90』이다. P90은 소총탄 급의 성능을 권총탄 사이즈에 부여한 「5.7×28mm FN」이라는 새로운 탄약을 사용하기 때문에, MP5의 개발 메이커인 독일의 H&K(Heckler & Koch)에서 내놓은 『MP5K PDW』보다도 훨씬 높은 평가를 획득했다.

H&K사는 시장의 탈환을 위해 10년을 투자하여, 후에 『MP7』이라 불리게 되는, 독자모델의 PDW를 개발했다. 소구경의 경량 고속탄을 사용한다는 점은 P90과 동일하지만, 지나치게 참신한 시도를 한 장탄기구나 미래적인 디자인을 채용하지 않고, 이미 검증되어있는 견실한 메커니즘과 오소독스한 디자인을 채용하여 (군경의 상층부와 같은) 보수적인 고객층에 크게 어필했다. 또한 P90이 등장했을 당시에는 그리 일반적이지 않았던 레일시스템을 탑재하여 다양한 옵션을 장착할 수 있다는 점 또한 돋보이는 요소 가운데 하나였다.

PDW라 불리는 총기들의 가장 큰 특징은 「고속이며 구경이 작은 탄약」을 채용하고 있다는 점인데, 이러한 탄약이 PDW의 보급에 있어 발목을 잡고 있다는 점 또한 사실이다. 일반적으로 흔하게 시판되어있는 탄약이 아니기 때문에, 작전을 나간 현장에서 탄을 소모했을 때, 새로이 탄을 입수하기 어렵기 때문이다. 또한, 같은 탄약을 사용하는 권총의 종류도 대단히 한정되어있기 때문에, 기존의 기관단총처럼 「권총의 예비 탄약을 이용해 급한 고비를 넘긴다」는 것이 불가능하다. 이러한 이유에서 봤을 때, PDW가 기관단총을 대체하게 되는 것은 좀 더 나중의 일이 될 것으로 전망된다.

기관단총의 새로운 진화형

PDW = Personal Defence Weapon
# 개인용 방어 화기를 의미

『FN P90』

• 관통력이 높은 신개발 「5.7×28mm FN탄」을 사용.
• 기관단총 사이즈이므로 휴대하기도 편리.
• 인체공학적인 디자인.

『MP5K PDW』

H&K사 측에서는 MP5의 개량형을 발매했으나, P90과 경쟁하기에는 역부족이었다. 이후 H&K사는 독자 개발한 PDW로 P90에 대항했다.

일단 "방어 화기"라는 명칭이 붙기는 했지만, 특수부대의 강습작전에 있어서도 최적의 화기였다.

『MP7』
사용탄은 「4.6×30mm H&K」

레일시스템을 탑재

신축식 개머리판

접이식 포어그립

롱 매거진(40연발)도 사용가능

숏 매거진을 사용한데 더하여 각 부위를 접어 넣어, 콤팩트한 사이즈로도.

PDW의 콘셉트 자체는 획기적이었지만, 어설트 라이플(돌격소총)이 기존의 (자동) 소총을 밀어냈던 것처럼 "기관단총의 지위를 위협하는" 수준까지는 이르지 못한 상태이다.

원 포인트 잡학

「MP7」은 「4.6×30mm탄」을 발사하기 위해 개발된 총이지만, 이 탄은 MP7과 동시에 개발된 탄약은 아니며, 훨씬 이전에 개발된 탄을 '재발굴'한 것에 가깝다.

택티컬 머신건이란 무엇인가?

비단 특수부대에만 국한된 것이 아니라, 군사작전에 있어 「기관총」의 존재는 승패를 가르는 열쇠가 되곤 한다. 1초에 10발 전후의 탄을 쏟아낼 수 있는 기관총의 화력은, 공격은 물론 방어에 있어서도 극히 중요한 요소가 되기 때문이다.

● 소형 · 경량인 미니 기관총

  택티컬 머신건이란 소형 · 경량인 기관총에 레일시스템을 탑재하여 높은 확장성을 부여, 여러 종류의 임무에 맞춘 각종 옵션을 장착할 수 있도록 만든 것을 말한다. 기본 바탕이 되는 총은 분대지원화기가 일반적으로, 경량화 및 수직 포어 그립을 장착하는 등의 개조를 통해 보병용 소총처럼 다룰 수 있도록 만들어진다.

  특수부대처럼 소규모의 인원으로 움직이는 부대가 다수의 적을 압도하기 위해서는, 자동 사격을 통해 탄막을 펼치는 방법이 가장 효과적인데, 현대보병의 주무장이라 할 수 있는 어설트 라이플로 이러한 공격을 시도할 경우, 눈 깜짝할 새에 탄창이 바닥을 드러낸다. 어설트 라이플의 탄창은 20~30발 정도의 탄을 수납하는 정도가 고작이기 때문이다. 충분한 탄막을 펼치는 데에는 100발 단위의 탄약을 벨트식으로 급탄할 수 있는 기관총이 가장 알맞은 화기이지만, 중기관총은 너무 무거워 신속한 부대 이동이 어렵고, GPMG(General Purose Machine Gun, 일반목적기관총)의 경우는 어설트 라이플과 다른 구경의 탄약을 사용하기 때문에 동료들끼리 서로 탄약을 융통해주기 어렵다는 문제점이 있다. 이러한 문제점의 해결안으로 제시되는 것이 바로 분대지원화기인데, 2~3명의 인원으로 운용하는 것이 이상적인 중기관총이나 혼자서 운용할 수 없는 것은 아니나 역시 무게가 있는 일반목적기관총과는 달리, 혼자서도 무리 없이 다룰 수 있도록 설계된 '미니' 기관총이라 할 수 있다. SAW(Squad Automatic Weapon)이라고 줄여서 부르기도 하는 이 무기는, 어설트 라이플과 같은 구경의 탄약을 사용한다는 것이 특징으로, 이것을 커스터마이즈한 택티컬 머신건이라면 기동성을 중시하는 특수부대의 작전행동에도 큰 무리 없이 따라갈 수 있다.

  물론 이러한 택티컬 머신건이라 해서 결코 만능의 장비인 것은 아니다. 기존 타입의 기관총에서 얻을 수 있는 「장사정 · 고위력의 화력제압」을 필요로 하는 상황도 얼마든지 있으며, 각각의 범주에 속하는 기관총들은 작전에 참가하는 부대의 규모나 맡은 역할에 맞춰 그 용도가 나뉘는 것이 보통이기 때문이다.

「장시간의 연사를 통한 탄막의 전개」는 총격전을 유리하게 이끌어나가기 위한 열쇠.

벨트 급탄이 가능한 (즉, 빨리 탄약이 떨어지는 일이 없는) 「기관총」이 이상적.

중기관총
『M2 (12.7mm)』

이것이……

일반목적기관총(GPMG)
『M60 (7.62mm)』

이렇게 해서……

• 삼각대(Tripod)로 고정.
• 도수운반은 그다지 고려되지 않았음.

• 양각대(bipod)로 총을지지.
• 두 사람이 제대로 파지한다 면, 굳이 들고 쏘지 못할 정 도까지는 아님.

이렇게 변신!

『M249 SPW (5.56mm)』
FN사에서 만들어진 분대지원화기
『미니미』의 공수부대 사양인 M249 PARA를
특수작전에 사용하기 편리하도록 재차 개량한 모델.

레일시스템을 탑재

수직 포어 그립으로 사격시
안정성 향상

신축식 개머리판

원 포인트 잡학

원래의 『FN 미니미』(M249) 기본모델의 경우, 기본적인 벨트식 급탄 외에, 『M16』 시리즈의 탄창인 STANAG 4179 규격의
탄창을 통한 급탄도 가능하도록 되어있으나, 『M249 SPW』의 경우는 총기 자체의 경량화를 위해 이 기능이 생략(Omit)되
어있다.

특수부대의 총에 「레일시스템」은 필수?

1990년대를 경계로 총기의 외장에 「같은 간격으로 돌기물이 연이어 붙어있는 판 모양의 부품」이 달려있는 모델이 눈에 많이 띄게 되었다. 그리고 현재는 특수부대의 총기에 있어 절대 빠지지 않는 요소가 되어버린 이 부품은 과연 어떤 역할을 하는 것일까?

● 마운트(고정부위)의 규격을 공통화

이 돌기가 달려있는 판모양 부품의 정체는, 총기에 옵션 부품을 장착하기 위한 거치대, 마운트(Mount)이다. 그 특유의 형상 때문에 「마운트 레일」이라 불리는데, 미국의 피카티니 조병창(Picatinny Arsenal)에서 정한 규격이 미군의 제식 규격으로 채택되었고 NATO 표준 규격(STANAG 2324)으로 굳어지면서, 사실상 업계의 표준이 되었다.

레일 모양의 마운트 자체는 상당히 예전부터 조준경 등의 장착을 위해 사용되어 왔으나, 이것을 라이트나 사격 안정용 포어 그립 등, 모든 종류의 주변부품의 부착 방식을 하나의 규격으로 공통화한 것이 이 시스템의 가장 중요한 의의라고 할 수 있을 것이다. 플레이트의 폭과 돌기의 간격을 규격화하여 다른 총기용으로 만들어진 옵션조차도 공용으로 사용할 수 있게 되었기 때문이다. 지금까지는 『M16』시리즈용으로 만들어진 조준경을 『AK-47(칼라시니코프)』에 부착하거나, 『MP5』용으로 만들어진 라이트를 『글록(Glock)』권총에 부착한다는 것은 불가능한 일이었으나, 피카티니 레일이 표준 규격으로 자리잡으면서, 레일 규격에 맞기만 한다면 어떤 옵션이건 별도의 가공 없이도 장착할 수 있게 되었다.

레일시스템의 보급으로 나타난 변화로는, 옵션의 장착 위치나 그 내용 구성을 사용자가 자신의 취향에 맞출 수 있게 되었다는 점을 첫 번째로 들 수 있을 것이다. 레일 위에 부착하기만 한다면 어느 위치에든 고정시킬 수 있게 되었기 때문에, 센티미터 단위로 자신에 맞게 조정하는 것쯤은 일도 아니게 된 것이다. 또한 옵션의 숫자 자체도 이전과는 비교할 수 없을 만큼 극적으로 증가했다는 점 또한 중요한 변화 가운데 하나로 꼽을 수 있을 것이다. 사용자가 어떤 액세서리든 자유로이 부착할 수 있게 되면서 그 선택의 폭 또한 크게 늘어난 것으로, 메이커의 입장에서 본다면 여태까지 순정부품들이 독점하고 있던 시장의 문이 일제히 열린 것이기에, 신규 메이커나 제품의 수가 크게 늘었고, 현장의 수요에 맞춰 새로운 제품들도 계속해서 등장하게 된 것이다.

현재 레일시스템은 여러 가지 임무에 대응하기 위한 필수장비의 위치에까지 올라서게 되었다. 군의 장병들이 옛날처럼 총을 겨눈 채, 적진에 돌격하기만 하는 전장 환경이었다면, 별 쓸모없는 '판때기'에 불과했을 것이다. 하지만 전쟁의 양상이 바뀐 오늘날, 장병들에게 전장에서 여러 가지 활동을 할 것을 요구하는 상황 아래에서는, 한 자루의 총에 다양한 옵션을 장착할 수 있는 레일시스템의 유용성이 그 빛을 발하고 있는 것이다.

옵션 장착용 「레일」

레일시스템이란……

마운트 레일 = 각종 액세서리를 장착할 수 있도록, 총기에 설치된 레일 모양의 고정대.

피카티니 레일 = 미국의 피카티니 조병창에서 정한 규격에 준거한 마운트 레일.

RIS = Rail Interface System의 약자로, 피카티니 레일을 이용하여 총기의 상하좌우에 액세서리를 부착할 수 있도록 만든 것.

RAS = Rail Adaptor System의 약자. RIS의 단점을 보완한 강화 버전.

이러한 「규격」, 「사양」 및 「상품명」의 총칭 같은 것이라 이해하면 무방할 것이다.

소총 / 권총

총열덮개의 상하좌우 4면과 리시버(총몸)의 윗부분.

공간상의 문제로, 프레임의 전방 아래부분에만 장착.(슬라이드는 움직이는 부분이므로 장착 불가)

접이식 가늠자

홀로사이트

조준경

암시장치

수직 포어 그립

라이트

적외선 레이저 조준기

피카티니 규격에 맞기만 한다면 이러한 액세서리 모두를,
어떤 총기에도 자유로이 장착할 수가 있다.

원 포인트 잡학

총기와 관련해 특수부대에서 중시하는 요소라면, 「레일시스템의 탑재」, 「신축 가능한 개머리판의 장착」, 「구경을 변경할 수 있는 옵션 키트의 존재여부」라는 3가지 점을 들 수 있다.

특수부대에서는 리볼버를 사용하지 않는다?

리볼버는 흔히 사용되는 자동권총보다도 「신뢰성이 높다」라는 평가가 일반적이다. 이렇듯 문제가 발생할 소지가 적은 리볼버는, 실패가 용납되지 않는 중요 임무에 있어 대단히 믿음직한 존재이다. 따라서 특수부대의 대원들도 이를 선호할 것이라 보이지만……

● 신뢰성 하나는 발군이지만……

지나가던 특수부대원을 붙잡고, 「고성능이지만 신뢰할 수 없는 무기」와 「성능은 그저 그렇지만 신뢰성이 높은 무기」 가운데 어느 쪽을 택할 것인지 물어본다면, 백이면 백, 아무런 망설임 없이 후자를 선택할 것이다. 하지만 실제 모습을 살펴본다면, 부대의 장비로 리볼버를 사용하고 있는 특수부대는 거의 없다고 해도 과언이 아니다.

리볼버를 사용할 때의 장점이라면, "고장의 우려가 없다"는 점이 가장 크겠지만, 1990년대 이후, 극적으로 신뢰성이 향상된 자동권총들이 많이 등장하면서 그 빛을 잃었으며, 매그넘탄으로 대표되는 고위력 탄약을 사용할 수 있다고 하는 점 또한, 「FN Five-seveN」처럼 고속에 관통력이 우수한 탄을 사용하는 자동권총이 늘면서, 장점으로서의 의미가 사라지고 있다.

반면 자동권총이 비해 리볼버가 가진 단점으로는 "장탄수가 적다"라는 점을 들 수 있다. 리볼버의 경우, 장탄수가 6발 전후 정도밖에 되지 않기 때문에, 10~18발까지도 장전 가능한 자동권총에 비해, 훨씬 자주 재장전을 해줘야 할 필요가 있는데, 이렇게 재장전을 하는 도중에는 공격을 당하더라도 반격할 방법이 없다. 자동권총이라면 「약실」 안에 1발을 남겨둔 상태에서 탄창의 교환을 실시할 수도 있지만(즉, 교환 도중이라도 1발만은 반격할 수 있다.), 리볼버의 경우, 구조상 이러한 일은 불가능하다.

여기에 더하여 「탄약의 재장전」이라는 작업의 경우에도, 리볼버는 시간이 걸리는 편이다. 만약 1~2초 안에 끝나는 자동권총의 탄창교환과 맞먹는 속도로 리볼버에 탄을 장전하려고 한다면, 많은 훈련을 통해 숙련도를 높이거나, 스피드 로더(Speed loader) 또는 문 클립(Moon clip) 등의 보조기구의 도움을 받아야한다.

특수부대가 총격전에 돌입할 때는 페어나 팀을 이루는 것이 전제 조건이므로, 자동권총에 문제가 생기거나, 리볼버의 탄을 전부 소모한 경우라도, 동료의 백업(Back up)을 기대할 수 있다. 하지만 이러한 지원은 어디까지나 "보험"에 해당하는 것으로, 재장전이라는 무방비한 순간이 발생하는 빈도가 높을 수밖에 없는 리볼버는 아무래도 사용을 꺼릴 수밖에 없는 것이다.

리볼버라고 하면……
- 고장의 우려가 적다.
- 고위력의 탄환을 발사할 수 있다.

이러한 장점들은 특수부대에 있어서도 훌륭한 메리트 아닐까?

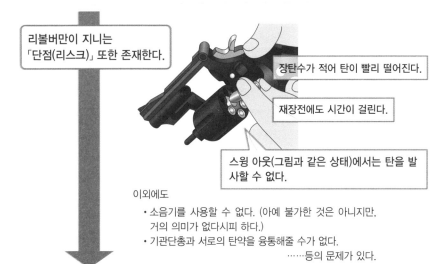

리볼버만이 지니는
「단점(리스크)」 또한 존재한다.

장탄수가 적어 탄이 빨리 떨어진다.

재장전에도 시간이 걸린다.

스윙 아웃(그림과 같은 상태)에서는 탄을 발사할 수 없다.

이외에도
- 소음기를 사용할 수 없다. (아예 불가한 것은 아니지만, 거의 의미가 없다시피 하다.)
- 기관단총과 서로의 탄약을 융통해줄 수가 없다.

……등의 문제가 있다.

특수부대에서 쓰기를 꺼려하게 됨.

다만……

이러한 리스크를 감안하더라도, 훨씬 큰 이점이 있다고 하면 OK!

특수부대에서 리볼버를 사용하지 않는 것은, 이러한 장점과 단점을 놓고 저울질해본 결과에 따른 것으로, 임무의 내용이나 부대의 성격에 따라 단점보다 이점이 더 크다고 판단된다고 하면, 리볼버를 사용하는 것도 그리 부자연스러운 일은 아니다.

원 포인트 잡학

프랑스의 국가헌병대 소속 대테러부대인 「GIGN」의 경우, 부대의 장비 가운데 하나로 마뉘랭(Manurhin) MR73 리볼버를 사용하고 있다.

폭음과 섬광만이 나오는 수류탄이란?

수류탄에 대한 일반적인 이미지라고 한다면, 강력한 폭발력으로 적을 한꺼번에 날려버리는 무기라는 점일 것이다. 이렇듯 「필살무기」라 할 수 있는 수류탄이지만, 사상자를 발생시키지 않고도 대상을 무력화시킬 수 있는 「비치사성」 수류탄도 존재한다.

● 특수음향탄(섬광탄)

　인질구출작전의 경우, 교섭이 결렬되거나 인질의 목숨이 위태로워지는 등 상황이 악화되면서, 부득이하게 강행돌입을 실시해야 하는 일도 제법 잦은 편이다. 이러한 경우, 아무 대책도 없이 무턱대고 돌입해 들어갔다가는, 범인들의 반격을 받아 돌입해 들어간 대원들 쪽에서도 적지 않은 피해를 입을 수밖에 없을 것이다.

　그래서 범인이 농성 중인 건물이나 방 안에 돌입하기 직전, 내부에 수류탄을 던져 넣어 범인들을 무력화시키는 방법을 사용하게 되는데, 여기서 말하는 무력화란 죽지 않을 정도의 데미지를 주어, 판단력이나 행동력을 일시적으로 상실시키는 것을 의미한다.

　위에서 수류탄이라고는 했지만, 살상력을 지닌 '진짜' 수류탄을 던졌다가는 범인을 무력화 시키는 것이 아니라, 아예 범인은 물론 인질까지 죽게 만들 우려가 있으며, 이래서는 무엇을 위한 작전이었는지, 그 의미 자체가 없어져 버리기 때문에, 이러한 작전에서 사용되는 것은 일시적으로 시각과 청각 등을 마비시키는 효과를 지닌 「스턴 그레네이드(Stun Grenade)」 또는 「플래시 뱅(Flashbang)」이라 불리는 특수한 수류탄이다.

　일반적으로 「특수음향탄」 또는 「섬광탄」이라고 번역되는 이 특수 수류탄은, 그 이름 그대로 "눈이 부시게 만드는 섬광" 과 "귀를 먹게 만드는 폭음"을 통해 목표를 무력화시킨다. 갑작스레 눈에 들어오는 섬광과 공기를 뒤흔드는 큰 폭음은 인간의 신체에 생각 외의 영향을 주는데, 폭발 범위 내에 있던 사람은 쇼크로 의식을 잃거나, 현기증을 일으켜 제대로 서 있을 수 없게 된다.

　이렇게 안에서 농성 중이던 범인을 무력화 시킨 다음에는, 법에 따라 구속하거나 아니면 그대로 사살해버리거나, 그것은 직후에 돌입해 들어온 특수부대의 의향에 달려있는 문제가 된다. 물론 범인과 가까운 위치에 있던 인질들 또한 범인과 마찬가지로 폭음과 섬광의 영향을 받았겠지만, 이 부분은 「그래도 죽거나 할 일은 없고, 후유증도 (…아마도) 남지 않을 테니 적당히 넘어 갑시다」라는 식으로 중요시되지는 않는다. 다만, 어린 아이들이나 심장 질환이 있는 사람, 그리고 노인들의 경우에는 자칫 치명적인 결과로 이어질 가능성이 있기 때문에, 사전에 이러한 경우가 예상될 때에는 특수음향탄(섬광탄)의 사용을 자제하는 케이스도 종종 있다.

죽이는 것이 아니라, 무력화 하는 것을 목적으로 하는 수류탄

「대상을 죽이지 않으면서, 한 방에 여럿을 동시에」
무력화시킬 수 있는 장비를 만들 수는 없는 것일까……?

➤ **특수음향탄(스턴 그레네이드/플래시 뱅)의 등장!**

벤트(Vent)

폭음과 섬광이 나오는 구멍.
여기서 나온 폭음과 섬광은
주위 약 15m 정도의 공간에
영향을 주게 된다.

점화 퓨즈(신관)

안전핀

「안전핀」과 「레버」의 사용법은
일반적인 수류탄과 마찬가지이
다. (핀을 뽑고 레버에서 손을 떼
면 점화가 이루어지고, 수 초 내
에 폭발한다)

금속제 본체

본체 부분은 폭발 후에도 그
대로 남기 때문에, 회수하여
다시 사용할 수 있다.

안전 레버

화약 (살상력을 억제할 수 있도록 조정)

카트리지 식으로 되어있으므로,
본체에 새로운 화약과 신관을 결
합하여 다시 사용할 수 있다.

안전핀이 2개 있거나, 「벤트」가 본체 측면에 뚫
려있는 모델도 존재한다.

「스턴 그레네이드」와 「플래시 뱅」이라는 것은 같은 물건을 지칭하는 동의어라 할 수
있지만, '그레네이드'라는 전투적인 군사용어를 꺼릴 수밖에 없는 경찰치안계통 특
수부대의 경우에는 애큐러시 시스템즈사의 상표인 "플래시 뱅"이라는 명칭으로 바
꾸어 부르는 케이스가 많다.

원 포인트 잡학

우라사와 나오키의 만화 『파인애플 아미』에서는 우연히 공중납치를 당한 항공기에 타고 있던 주인공이, 특수부대가 돌입
해 들어올 때 심장 질환을 갖고 있던 승객을 몸으로 덮치듯 감싸, 섬광과 폭음으로부터 보호하려고 하는 묘사가 등장하기
도 했다.

특수부대에서는 어떤 나이프를 선호하는가?

특수부대하면 「나이프」 또한 빼놓고 얘기할 수 없는 아이템 가운데 하나이다. 등 뒤로 조용히 다가가, 소리 없이 적의 경계병을 해치우거나, 탄약이 다 떨어졌을 때 최후의 무기로 사용하는 등, '전투의 프로'라는 이미지를 강하게 심어주는 데도 한 몫을 하고 있다.

● 특수부대원의 나이프

특수부대 + 나이프라고 하는 조합은, 픽션의 세계에서는 당연한 듯 등장하는 클리셰로, 10년 쯤 전의 창작물이라면, 극 중에 등장하는 특수부대 팀에 꼭 한 명씩 「나이프의 명인」을 집어넣었을 정도이다. 하지만 군계통 특수부대의 대원들에게 있어 나이프라는 장비는 전투용이라기보다는, 구멍을 파거나, 나무를 깎고, 포획한 동물을 해체하여 식재료로 가공하는 데 사용하는 「서바이벌 툴」이라는 성격이 더 강하다.

도신의 재질로는 「탄소강」과 「스테인리스강」이라는 선택지가 존재하는데, 오래 전부터 사용해왔던 탄소강 재질의 경우, 예리하게 베는 맛이 있지만, 손질하기가 좀 귀찮은 편이다. 또한 탄소의 함유량도 중요해서, 함유량이 지나치게 높으면 날이 깨지기 쉬우며, 반대로 부족한 경우, 베는 맛이 둔해지는 문제가 있다. 스테인리스강의 경우는 녹이 잘 슬지 않고 오래간다는 장점이 있지만, 예리함에서는 탄소강 재질보다 한 수 아래라는 특징이 있다.

양자의 성질은 각기 일장일단이 있기에, 단순한 우열을 가리기 힘들며, 선택에 있어 최종적인 영향을 주는 것은 대원들 개개인의 취향과 임무의 성질이라 할 수 있다. 다만, 어느 쪽이 되었건 칼날의 손질을 게을리 하는 일은 없다. 날이 무딘 나이프는 그저 아무짝에도 쓸모가 없다는 정도를 뛰어넘어 위험하기까지 하기 때문이다. 따라서 대원들은 시간이 날 때마다 작은 숫돌로 정성들여 날을 갈아, 항상 날카로운 상태를 유지하곤 한다. 특수부대원들의 나이프는 각자가 개인적으로 구입한 것일 경우가 많으며, 손에 익은 자신만의 것을 사용하기 때문에, 팀의 전원이 같은 나이프를 휴대하는 광경은 극히 드문 것이라 할 수 있겠다.

또한 대다수의 대원들은 통상의 나이프 외에 소형의 나이프 툴을 별도로 휴대하고 있다. 이것은 손잡이 내부에 가위나 캔 따개, 드라이버 등이 수납되어있는 접이식 나이프로, 민간에서는 흔히 「스위스 아미 나이프」라고 부르기도 한다.

보통 스위스 아미 나이프라고 하면 이런저런 잡다한 것들이 거추장스러울 정도로 잔뜩 붙어있어 도리어 쓰기 불편한 것이란 인상이 강하지만, 스위스의 빅토리녹스(Victorinox)나 벵어(Wenger) 같은 메이커의 제품은 꼭 필요한 기능만을 살린 모델을 군용으로 납품한 실적을 보유하고 있고 인기도 많다.

특수부대의 대원들에게 있어 나이프는 무기라기보다는 도구에 더 가까운 존재.

탱(Tang, 슴베 : 칼날을 칼자루 부분에 고정시키는 심)부분이 굵고 두툼하다.

칼등 부분에는 톱날(serration)이 달려있어, 톱처럼 사용할 수 있다.

자루 부분은 장갑을 낀 상태에서도 다룰 수 있도록 두툼하며, 미끄럼 방지를 위한 처리가 되어있다.

실수로 손을 베지 않도록 힐트(hilt, 날 받침)이 달려있다.

날은 양날.

도신의 재질

탄소강
장점 : 베는 맛이 예리하다.
단점 : 쉽게 녹이 슬기 때문에 관리가 까다롭다.
철에 탄소가 함유되어있는 합금. 흔히 말하는 「강철」은 이것을 지칭하는 것이다.

스테인리스강
장점 : 강도가 높고, 녹이 잘 슬지 않는다.
단점 : 베는 맛은 탄소강에 비해 한 수 아래.
철을 주성분으로 하여, 크롬을 10.5%이상 첨가한 합금.

세컨드 나이프로 「툴 나이프」를 분비하는 대원들도 많지만……

시중에서 흔히 볼 수 있는 소위 「스위스 아미 나이프」보다는 꼭 필요한 기능만을 간소하게 갖추고 있는 모델을 선택한다.

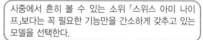

어떠한 형태나 재질의 나이프이건, 그것은 「임무의 성질」,
「대원 각자의 사용상 편의」 등을 고려하여 선택된 것이다.

원 포인트 잡학
스테인리스 도신은 날을 갈기가 대단히 까다로우나, 메이커에 따라서는 바나듐이나 몰리브덴과 같은 금속을 혼합하여, 특성에 변화를 준 것을 생산하는 경우도 있다.

No.048

작전 중에는 어떤 전투화를 신을까?

특수부대의 대원들은 작전지역의 환경에 맞춰 다양한 타입의 전투화를 선택하여 착용하곤 하는데, 어떤 타입의 전투화를 막론하고 공통적으로 요구되는 기능은 가볍고 튼튼하며, 착용자의 발을 잘 보호하여 전투에 집중할 수 있도록 해주는 것이다.

● 임무에 맞게 구분하여 착용

우수한 기능성을 특징으로 하는 전투화의 첫 개척자로 등장한 것으로 「정글 부츠(정글화)」가 있는데, 이것은 고온다습한 열대지방에서 착용할 것을 전제로, 가죽 재질에 캔버스 천 또는 나일론을 조합하여 주요 부분을 만든 신발이다. 정글에서의 전투가 주류가 되었던 1970년대에는 첨단 소재가 존재하지 않았기 때문에, 통기성과 배수성을 확보하기 위해 일부에 망사원단을 사용하거나 부비트랩을 밟았을 때에 대비하여 신발 밑창에 금속판을 집어넣기도 했다.

1990년대 이후, 특수부대의 주요 전장이 낮과 밤의 일교차가 격심한 중동 지역으로 이동하게 되면서부터는 사막지대에서의 사용을 염두에 둔 「데저트 부츠(사막화)」가 개발되었다. 신발 안에서 흘린 땀을 외부로 방출시키기 때문에, 기화열에 의한 냉각 효과가 우수하며, 항상 외부의 공기가 드나들 수 있도록 되어있어, 언제나 건조한 상태를 유지할 수 있도록 도와준다.

또한 도심지에서의 사용을 고려한 전투화도 만들어졌는데, 일명 '전술화'라 불리는 「택티컬 부츠」가 그것이다. 신발 밑창은 고무로 되어있는데, 평탄한 콘크리트나 건물 내부의 미끄러지기 쉬운 바닥에서도 확실하게 지면을 디디고 설 수 있도록, 그립(Grip) 능력을 고려한 디자인이 적용되어있다. 사이드 지퍼의 채용으로 쉽게 신고 벗을 수 있다는 것도 특징이다.

경찰치안계통 특수부대 등, 활동지역이 도심지 등으로 한정되어있는 경우라면 택티컬 부츠만으로 충분하겠지만, 여러 지역을 오가며 활동해야만 하는 부대의 경우는 그렇게 할 수 없는 법이다. 야전에서는 물론 도심지에서도 사용 가능하며, 튼튼하고 발수성이 우수하여 장시간 신고 있어도 쉽게 피로해지지 않는, 한 마디로 그 스펙이 총합적으로 두루 우수한 부츠는 그냥 일반적으로 「컴뱃 부츠」, 우리의 귀에는 '전투화'라는 익숙한 이름으로 불리며, 대부분의 일반 부대 장병들은 이것을 착용하고 있다.

최근의 전투화들은 인체공학에 기반, 컴퓨터 설계가 이뤄지고 있으며, 고어텍스(Gore-tex)와 같은 첨단 신소재를 채용하는 등, 빠른 속도로 진화가 이뤄지고 있다. 70년대까지의 군용 전투화는 무겁고 단단한데다 쉽게 땀이 찬다고 하는 3박자로 악명이 높았던데 더해 손질하기도 상당히 귀찮은 물건이었지만, 신소재의 채용이 이뤄지면서 이러한 문제도 개선이 이뤄지고 있는 중이다.

특수부대의 전투화

우수한 전투화의 조건이라면······
= 착용한 자가 오직 전투나 행군에만 집중할 수 있을 것!

- 가볍다.
- 튼튼하다
- 땀이 차지 않는다. (착용자의 발을 보호)

이러한 기능이 중요!!

정글 부츠

열대 정글에서의 사용을 상정.

데저트 부츠

사막 지대에서의 사용을 상정.

- 배수성이 우수한 망사모양의 원단.
- 밑창에 금속판(함정 대비용)

- 기화열에 의한 냉각효과.
- 통풍성이 우수.

택티컬 부츠

도심지에서의 사용을 상정.

- 그립력이 우수.
- 신고 벗기가 편리하다.

이러한 요소들을 총합적으로 골고루 갖추고 있는 신발을 가리켜 「컴뱃 부츠」라고 부르기도 한다.

원 포인트 잡학

전투화들 중에는 신고 벗기 편하도록 측면에 지퍼가 달린 것이나, 신발 끈을 꿰는 구멍에 결속할 수 있는 「지퍼레이스 (Zipper Lace)」라는 아이템도 존재한다.

「PMC스타일」이란 어떤 것인가?

PMC(민간군사회사)의 직원들은 병사도 군인도 아니므로, 전투복이나 위장복 등 「군복」이라는 범주에 속하는 옷을 착용할 수 없게 되어있다. 이들은 복장이나 장비에 딱히 규정 같은 것이 정해져있지 않기에, 각자가 필요하다고 판단한 장비를 착용한다.

●「군복」은 정규 군인 외에는 착용할 수 없다.

PMC의 직원들은 기본적으로 '민간인'이라는 입장이므로, 군 장병으로 오인을 받을 만한 복장을 해서는 안 된다. 이들은 셔츠나 카고팬츠 같은 복장에 「택티컬 베스트(Tactical vest : 전투용 장비를 넣을 수 있는 포켓이 잔뜩 달린 조끼. 우리말로는 전술 조끼라고 한다)나 「체스트 리그(Chest rig : 소총의 예비 탄창을 넣는 파우치가 여러 개 달려있는 장비. 조끼보다는 앞치마에 좀 더 가까운 형상을 하고 있다.)」를 겹쳐 입으며, 필요에 따라서 방탄 장비를 추가하는 정도이다.

특수부대 경험자가 PMC에 입사하는 것은 그리 드문 일이 아니기 때문에, 이들 대다수는 어설픈 현역 군인 정도는 비교도 안 될 정도의 전투 능력을 지니고 있는 경우가 많다. 하지만 (적어도 표면적으로는) PMC라고 하는 조직이 경비나 경호를 기본 업무로 하고 있는 이상, 적지 깊숙한 곳으로의 잠입 임무나, 적이 매복하고 있는 건물 등에 강행 돌입하는 임무와는 그다지 인연이 없다. 하지만 그렇다고 해도, 만에 하나 군 장병으로 오인을 받아서 골치 아픈 일에 말려들 가능성을 생각해본다면, 일반 군복과는 색상이나 형태가 다른 복장을 착용하는 편이 귀찮은 일을 피할 수 있기에 훨씬 편리하다고 할 수 있을 것이다.

이런 사정에서 비롯한 이들의 독특한 스타일은, 군사 또는 서바이벌 게임 전문지 등에서 「PMC 스타일」 또는 「511 스타일(※역자 주 : 미국의 대표적인 택티컬 의류 제조업체인 「511tactical」에서 유래)」이라고 많이 불리는데, 물론 이러한 복장에 통일된 기준이라는 것은 존재하지 않으며, 개개인이 각자의 역할에 맞게 제각기 다름 복장을 착용하기 때문에 「A' 라는 민간군사회사의 장비는 이런 식이더라」라는 식으로 딱 부러지게 정해진 것은 없다. 민수품을 많이 사용하는 등의 "대략적인 경향"이라는 정도가 있을 뿐, PMC 스타일이라고 하는 것도 결국은, 패션지 등에서 얘기하는 「고딕롤리타(고스로리) 룩」이니 「그런지(Grunge) 룩」이니 하는 것들과 크게 다를 것이 없는 패턴일 뿐이다.

개인들의 취향에 따라 정해진다고 하는 것은 총기의 선택에 있어서도 예외가 아닌데, 일반적으로는 근무 지역의 환경에서 고장이나 자동 불량을 잘 일으키지 않으며, 탄약이나 예비 부품의 조달이 원활한 모델을 선택하는 경우가 많다. 따라서 미국 자본으로 설립된 PMC라고 해서 반드시 「서방제 총기나 무기」를 표준으로 삼고 있으리라는 법은 없다. 실제 사례를 보더라도 이라크나 아프가니스탄에서의 실전경험을 기반으로, 이러한 총기의 업그레이드 키트를 개발·판매하는 기업이 설립되기도 했을 정도이다.

PMC 스타일

PMC(민간군사회사)의 직원은 군인이 아니다.

따라서 신분에 맞는 복장 스타일이 있다.

군 소속 장병처럼 보이는 복장은 민간인 신분이라는 입장상 NG! (특히, 위장복은 명확하게 금지되어 있다.)

연락 및 지시를 받기 위한 인컴식 무선 장치.

PMC의 교전 상대는 타국의 정규군이 아니기 때문에, 이를 위한 장비를 필요로 하지는 않는다. 기본적으로 이들의 포지션은 가벼운 장비를 착용한 병사라기보다는, 중장비를 갖춘 경비원에 해당한다.

총기는 탄약과 부품의 원활한 수급과 가격대 성능비를 중시.

신분증명(ID)은 잘 보이는 곳에.

택티컬 베스트. 방탄 장비를 착용 여부는 임무에 따라 달라진다.

사용하기 불편한 곳은 직접 개조 등을 해서 대응.

신발은 걷기 편하고 피로가 덜 쌓이는 것을 신는다.

민수품인 카고팬츠나 청바지 등을 착용, 장비를 해제하면 일반적인 민간인과 크게 다를 것이 없다.

완전히 민간인 행세를 하여 적지에 잠입해야 하는 특수부대원이나, (미국의 CIA같은) 정보기관에 소속된 부대의 요원들이 이런 장비를 갖추는 케이스도 제법 많다.

원 포인트 잡학
정보기관의 공작원이 이러한 스타일의 복장을 하는 것은 정부 관계자임을 숨기기 위한 의미에서이기도 하다.

플레이트 캐리어란 어떤 것인가?

「플레이트를 운반(한다)」는 말 그대로, 세라믹으로 만들어진 방탄판을 신체의 앞뒷면에 덧대어 총탄으로부터 몸을 보호하는 장비가 바로 플레이트 캐리어이다. 방탄조끼의 일종으로, 개인용 방탄장비로서는 최고 레벨의 방어력을 지니고 있는 물건이다.

●소총탄 상대로도 유효한 방탄장비

플레이트 캐리어(Plate carrier)는 방탄조끼(보디 아머)의 일종으로, 군 계통의 특수부대 등에서 많이 채용하고 있는 방탄장비인데, 일반적인 방탄조끼의 대부분이 케블라(Kevlar) 등의 특수 섬유를 몇 겹이고 적층하여 내탄성을 확보한 것인데 비하여, 플레이트 캐리어는 내부에 집어넣은 플레이트를 통해 방탄효과를 얻고 있다는 것이 큰 특징이다.

플레이트는 두툼한 세라믹으로 만들어진 방탄판으로, 어설트 라이플용 탄환조차 저지할 수 있을 정도의 아주 확실한 방탄 성능을 제공하며, 중량은 약 1.8kg이다. 케블라 섬유로 만든 일반적인 방탄조끼가 권총탄 수준의 탄환에 대응하는 방어력을 제공하는데 비하면 정말 든든한 방어력이라 할 수 있다. 플레이트는 가슴 부분과 등 부분에 각각 1장씩 삽입할 수 있으며, 양 옆구리에 작은 플레이트를 여러 장 넣을 수 있게 만들어진 것이나, 긴급 상황에서 가슴 부분의 플레이트를 빼내어 몸을 가볍게 만들 수 있는 모델도 존재한다.

플레이트 캐리어의 표면에는 장비 고정용으로 웨빙 테이프(webbing tape)라는 띠가 부착되어있는데, 여기에 소총의 예비탄창이나 홀스터(권총집), 각종 파우치 등을 장착하여 전투에 필요한 장비를 여기에 모두 결속하여 휴대할 수 있도록 되어있다. 각각의 장비 는 플레이트 캐리어 표면에 빈틈없이 부착되어있는 웨빙 테이프 가운데 어디에도 결속할 수 있도록 되어있기 때문에, 작전 내용이나 착용자의 취향에 맞춰 장비의 배치를 자유로이 할 수 있다는 장점이 있다.

세라믹 방탄판은 대단히 튼튼한 반면, 탄환이 명중했을 때의 충격을 완전히 흡수할 수는 없다. 따라서 충격을 당한 거리나 각도에 따라서는 골절상을 입거나, 쇼크 증상을 일으켜 (일시적으로) 움직일 수 없는 일이 생길 수도 있기 때문에, 충격 흡수용 패드를 추가로 삽입하거나, 케블라 섬유를 덧댄 소재와 조합하는 방식으로 대응하고 있다.

플레이트 캐리어

동체(Vest) 부분에 **방탄판**을 삽입하여 총탄을 막아보자.

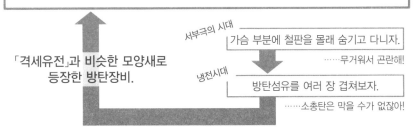

「격세유전」과 비슷한 모양새로
등장한 **방탄장비**.

서부극의 시대 ── 가슴 부분에 철판을 몰래 숨기고 다니자.

……무거워서 곤란해!

냉전시대 ── 방탄섬유를 여러 장 겹쳐보자.

……소총탄은 막을 수가 없잖아!

이러한 형태를 기본형으로 해서……

예비탄창을 넣는 탄입대 등의
각종 장비를 장착할 수 있다.

MEDIUM
STRIKE FACE

HANDLE WITH CARE

주머니 모양으로 되어있는 베
스트의 안쪽에 삽입하여 사용.

방탄판은 세라믹으로 되어있으며,
무게는 약 1.8kg(4파운드)

**방탄장비는 메이커나 모델에 따라서 다양한 베리에이션이 존재하므로,
「플레이트가 내장되어있는 방탄조끼」같은 것도 존재한다.**

원 포인트 잡학

많은 장비를 휴대해야 하는 관계로 움직이기 편한 쪽을 더 중시하는 특수부대의 대원들은, 보디아머보다는 중량을 조절
할 수 있는 플레이트 캐리어 쪽을 선호하는 경향이 있다.

기포를 배출하지 않는 특수 잠수 장비란?

적에게 발견되지 않도록 수중을 통해 몰래 숨어들어가는 것은 특수부대의 상투적인 수단 가운데 하나이다. 하지만 수중 호흡기에서 배출되는 기포가 큰 고민거리였는데, 이러한 문제를 해결하기 위해, 기포를 배출하지 않는 특수한 호흡장치가 개발, 사용되기에 이르렀다.

● 폐쇄회로형 수중호흡장치

특수부대가 수행하는 수중 임무는, 항만 정찰 및 파괴공작, 폭발물의 처리 등 대단히 다양하다. 이것은 자신들이 공격을 실시하는 쪽일 경우는 물론, 이에 대처하는 입장에 서게 되었을 때에도 수중 잠복 활동을 해야 할 필요가 있다.

인간이 맨몸으로 수중에 머물러 있을 수 있는 시간에는 한계가 있는 이상, 호흡장치 등 보조기구의 도움을 받아야 할 필요가 있는데, 흔히 「스쿠버 다이빙」이라고 부르는 해양 레포츠에서 흔히 볼 수 있는 "압축공기를 담은 봄베를 등에 짊어지는" 스타일은, 사실 은밀한 작전에 적합하다고는 할 수 없었다.

우리가 흔히 볼 수 있는 커다란 봄베와 레귤레이터(봄베의 압력을 조절하여 다이버에게 공기를 공급하는 장치)를 결합한 수중호흡장치(SCUBA : Self Contained Underwater Breathing Apparatus)는 「개방 회로식(Open Circuit)」 방식이라 해서 다이버가 뱉어낸 날숨이 그대로 「기포」의 형태로 수중에 배출되는 구조로 되어있는데, 이 기포가 수면까지 올라가게 되면, 그야말로 "나 여기 있소" 하는 식으로 적에게 우리 측의 존재를 알려주는 거나 다름없다.

특수작전에 사용되는 것은 「폐쇄 회로식(Closed Circuit)」 또는 「순환 회로식(Breathing Loop)」이라 불리는 방식인데, 개방 회로식 호흡장치를 사용했을 때 그대로 수중으로 방출되어 버리는 날숨을, 폐쇄 회로식 호흡장치에서는 다시 장치 내부로 받아들여 탄산가스를 제거한 뒤 봄베 속의 산소를 섞어 재활용하도록 되어있다. 따라서 사용자가 토해낸 날숨이 장치 내에서 순환되기 때문에 외부로 기포를 배출할 필요가 없다는 점 외에, 또한 봄베의 크기를 훨씬 소형화시킬 수 있다는 점도 이 방식의 또 다른 장점이라 할 수 있다.

일반적으로 「드래거(Dräger)」라 불리는 이 수중호흡장치는 소형 경량에 은밀성이 높기 때문에 세계 각지의 특수부대에서도 널리 쓰이고 있다. 하지만 이 또한 만능이라고는 할 수 없는데, 산소를 사용하는 관계상 깊은 수심까지는 잠수할 수 없다는 문제가 있기 때문이다. 깊은 수심에 들어가게 될 경우, 수압이 강해짐에 따라 산소의 농도 또한 높아지게 되는데, 이때 자칫하면 호흡부전이나 중독 증상을 일으킬 수도 있다. 따라서 이러한 호흡장치에는 약 7.6m(25피트)라는 안전심도가 설정되어 있으며, 이 범위 안에서만 사용하도록 되어있다.

개방 회로식 호흡장치와 폐쇄 회로식 호흡장치

「개방 회로식」 수중호흡장치의 경우 수면에 올라온 기포 때문에 이쪽의 존재가 적에게 발각될 우려가 있다.

『드래거 LAR-V』

「폐쇄(순환) 회로식」 호흡장치에서는 기포를 배출하지 않는다. 이정도 사이즈의 경우 120분 정도 수중 활동이 가능.

봄베의 용적이 줄어든 덕분에 무겁게 등에 짊어질 필요가 없어졌다.

폐쇄 회로식 잠수장비는 민수용 모델 또한 존재하는데, 본 일러스트에 나온 모델의 경우 소형 봄베 2개를 사용하여 약 10분 동안 잠수가 가능하다.

원 포인트 잡학
「폐쇄 회로식 수중호흡장치」와 「내한잠수복」, 수중용 콤파스를 내장한 「수중항법장치」는 특수작전에 임하는 다이버 장비의 정석이라 할 수 있다.

수중에서도 사용할 수 있는 어설트 라이플이란?

수중은 육상과는 전혀 다른 환경이므로, 일반적인 총기는 가지고 들어가 봐야 그다지 도움이 되지 못한다. 작살을 발사하는 작살 총은 강력한 무기이지만, 크고 거추장스러운데다가 연사가 불가능하다. 때문에 양자 의 장점을 동시에 지닌 총기를 개발하기 위하여 많은 시행착오를 거듭한 세력이, 바로 냉전기의 소련이었다.

●수중에서 일반적인 총기는 무용지물

아군 부대의 상륙에 앞서 해안지대를 사전 정찰하거나, 항만 설비 또는 정박 중인 선박 을 파괴하는 것은 특수부대의 주요 임무 가운데 하나이다. 하지만, 그 지역이 전략적으로 중요한 곳이라면, 방어를 맡은 적 부대와 교전에 들어가게 될 가능성도 결코 적다고 할 수 없다. 특히 수중에서 적과 조우했을 경우, 사용할 수 있는 무기 자체가 극히 한정되어있기 에 정말 골치 아픈 일이 되기 십상이다.

어설트 라이플이나 기관단총의 경우, 수중에서도 발사가 가능하기는 하지만, 2m이상 떨어진 목표에 대해서는 만족할만한 피해를 입힐 수 없다. 조건에 따라 달라지기는 하지만 물 과 공기 사이에는 800배에 가까운 정도의 밀도 차이가 있어, 발사된 투사체가 물의 저항을 이겨내지 못하고 위력이 감쇄되어버리기 때문이다. 또한 현대의 자동화기는 그 구조상 수 중에서의 사용을 고려하고 있지 않기 때문에, 물속에 잠긴 상태에서는 원활한 작동을 기대 하기 어렵고, 작동 불량이나 탄 걸림(Jam) 등의 문제가 발생할 가능성이 매우 높아진다.

다이버들이 상어나 기타 수서생물로부터 몸을 지키기 위해 사용하는 작살 총(고무나 압축 공기의 힘으로 작살을 발사하는 장치)는 수중에서 강한 위력을 발휘하는 무기이지만, 기 본적으로 단발식이며, 예비용 투사체의 휴대나 재장전이 어렵다는 문제가 있다.

이러한 점들을 해결하기 위하여 등장한 것이 「소총이나 권총탄을 작살 모양으로 만들어 보자」라는 아이디어였다. 냉전기의 소련에서 개발된 『APS』라는 이름의 수중총은 7.62mm 구경의 「다트(Dart)」모양의 탄자를 사용하여 수심 20m에서 대인유효사거리를 20m가까 이 늘리는데 성공했다.

APS는 어설트 라이플처럼 박스형 탄창을 사용하고 있어, 완전 자동 사격도 가능했지만, 다트 모양의 탄자를 자용하고 있는 탓에 육상으로 올라와서 사격을 할 경우, 빈말로도 명 중률이 양호하다고는 할 수가 없다. 또한 내부의 부품이, 수중에서의 잼을 방지하기 위해 특수한 형상으로 설계된 관계로 육상에서의 내구도가 떨어진다는 문제도 있었지만, 냉전 이 종식된 이후에도 러시아에서 비슷한 방식의 수중 어설트 라이플이 개발되고 있다는 점 을 본다면, 그래도 일정 이상의 평가를 획득했다고 할 수 있을 것이다.

수중에서 조우한 적을 해치우기 위해서는

작살을 발사하는 「작살 총」

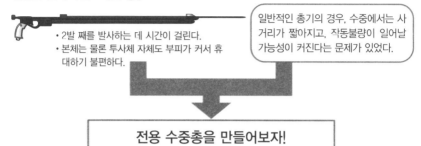

- 2발 째를 발사하는 데 시간이 걸린다.
- 본체는 물론 투사체 자체도 부피가 커서 휴대하기 불편하다.

일반적인 총기의 경우, 수중에서는 사거리가 짧아지고, 작동불량이 일어날 가능성이 커진다는 문제가 있었다.

전용 수중총을 만들어보자!

구 소련의 수중 어설트 라이플
「APS」

신축 가능한 개머리판

육상에서도 발사가능

탄자의 구경은 7.62mm

교환식 탄창
(장탄수는 26발)

APS의 콘셉트를 이어받은 총으로 「ASM-DT」 다목적 어설트 라이플이 있다. 탄창 교환을 통해, 수중에서는 전용의 다트 형상의 수중탄을, 육상에서는 보통의 소총탄(5.45mm)을 발사할 수 있으며, APS에는 장착할 수 없었던 각종 옵션의 부착도 가능하다.

원 포인트 잡학

구 소련에서 개발한 것 중에는 「SPP-1M」이라는 수중용 권총도 있었다. 서방 측에서도 여기에 대응하는 권총으로 H&K사의 「P-11」이라는 총이 존재했으나, 이쪽은 현장에서의 재장전이 불가능한 타입이었다.

수상이동에 고무보트를 사용할 경우의 이점은?

상륙작전이나 정찰임무로 특수부대가 수상이동을 할 때 중요한 것은 기동성과 은밀성이다. 근해까지 접근한 함정이나, 해면에 부상한 잠수함, 하천을 거슬러 오른 소형 선박에서 대원들을 출격시키기 위해 사용되는 것이 공기를 집어넣어 부풀리는 방식의 「고무보트」이다.

● 신속하고 은밀하게

공기를 넣어 부풀리게 되어있는 고무보트(Inflatable boat)는 수상을 신속하게, 또는 적에게 들키지 않도록 은밀하게 이동하는데 있어 필수적이라 할 수 있는 장비이다. 특히 밀림지대 같은 곳은 도로가 아예 존재하지 않기 때문에 하천을 주요 통로로 이용하게 되는데, 이러한 장소에서는 고무보트의 사용이 작전 수행에 있어 대단히 중요한 요소라고 할 수 있다. 고무보트가 지닌 장점이라면, 우선 스피드를 들 수 있다. 시속 약 40~48km라고 하면 그리 빠른 속도라고는 생각하기 어렵지만, 밀림지대를 도보로 이동하는 것에 비한다면 '파격적'이라 할 정도로 빠른 스피드이다. 뿐만 아니라 흘수선 자체가 아주 얕기에 가속이나 선회 능력도 우수하며, 수심이 얕은 곳에서도 무리 없이 움직일 수 있다. 또한 비교적 가볍기 때문에 여럿이서 도수 운반을 할 수 있다고 하는 점도 소수의 인원으로 행동해야 하는 특수부대 팀에 있어 더없이 매력적인 존재라 할 수 있을 것이다.

은밀성을 요구하는 경우에는 카누를 저을 때 사용되는 짧은 노(Oar)를 이용하여 인력으로 이동할 수도 있지만, 반대로 적지로부터 탈출하는 등 속도를 우선시해야 하는 경우에는 다소 눈에 띌 것을 각오하고 부착되어있는 엔진 동력을 사용하기도 한다. 이때 인기가 있는 것이 「워터제트(펌프제트)」 방식이다. 이것은 엔진 내부로 빨아들인 물을 맹렬한 속도로 내뿜어 추진력을 얻는 것으로, 스크류처럼 뭔가가 감기거나, 어딘가에 걸릴 만한 부품이 없기 때문에 수심이 얕은 곳이나 쓰레기 등의 부유물이 많은 곳에서도 문제없이 이동할 수 있다는 장점이 있다.

반면 고무보트의 단점이라면, 위장을 할 수 없다는 점을 들 수 있다. 사실 이것은 대형함선이나 잠수함 등 해상 이동 수단 모두가 공유하는 단점이지만, 잠수함의 경우는 수중으로 숨을 수가 있으며, 대형 함선들의 경우는 자체 방어화기와 장갑을 통해 스스로의 방어가 가능하다. 하지만 고무보트의 경우는 이러한 대처가 불가능하기에, 연안에 포진한 적이 발사하는 기관포나 로켓 등에 피격당해 치명적인 피해를 입을 수도 있다. 고무보트 위에는 혹독한 훈련을 쌓은 특수부대원들이 탑승하고는 있지만, 역시 이러한 상황에서는 충분한 전투력을 발휘할 수 없기에 때문에, 선체 바닥에 금속이나 합성수지(FRP)로 만든 판을 덧대이 안정성을 향상시킨 모델도 등장하고 있다.

특수작전용 고무보트

바다나 하천으로부터의 상륙작전을 신속하게 수행하기 위해서는
소형의 「배」가 필요하다.

인플래터블 보트 (흔히 말하는 고무보트)

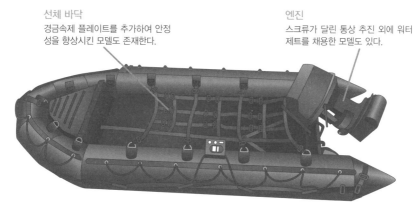

선체 바닥
경금속제 플레이트를 추가하여 안정
성을 향상시킨 모델도 존재한다.

엔진
스크류가 달린 통상 추진 외에 워터
제트를 채용한 모델도 있다.

장점
• 수심이 얕은 곳에서도 사용가능.
• 여럿이서 도수 운반도 가능하다.

단점
• 위장이 불가능하다.
• 총격 등의 피해에 취약하다.

RHIB (Rigid-hulled inflatable boat)

고무보트와 소형
선박의 중간에 위
치하는 존재.

저속으로 항행할 경우에는 고무보트와 마찬가지로 안정성(복원력)이 우수하며, 고속 항행
시에는 파도를 헤치며 이동할 수 있다. 보통의 선박보다 훨씬 경량이기 때문에 육상 이동
이나 크레인 등으로 수면 위에 내려놓기가 간단하다는 이점이 있다.

원 포인트 잡학

고무보트를 『조디악(Zodiac)』이라 부르는 경우가 종종 있는데, 이것은 우리가 흔히 쓰는 스테이플러를 '호치키스'라 부르
거나, 소형 경비행기를 뭉뚱그려 세스나(Cessna)라고 부르는 것과 마찬가지로, 메이커의 이름이 일반명사화 한 케이스에
해당한다. 조디악 고무보트는 가격이 비싸긴 하지만 성능이 우수하여 군은 물론 민간용으로도 널리 쓰이고 있다.

현대의 특수부대

냉전이 종식되면서 세계는 새로운 세계대전의 위기를 모면한 것처럼 보였으나, 각 진영의 맹주라 할 수 있는 국가들의 억제가 풀리면서 민족, 역사, 종교, 문화 등의 문제가 복잡하게 얽힌 지역분쟁이 급증, 민족자결의 수단으로 테러를 사용하는 경향이 매우 강해졌다. 테러조직과 국제범죄조직의 경계가 매우 애매해지면서, 마약이나 밀수 등으로 활동 자금을 조달하거나, 해적 활동을 하며, 강대국의 영향이 미치기 어려운 국경선의 틈새에 숨어 테러활동에 나서는 조직까지 나타나게 된 것이다.

특히 국경선이 복잡하고, 심지어 3개국 이상이 서로 국경을 접하고 있는 일도 있는 산악지대의 경우, 국경의 감시 자체도 충분치 못하며, 각 인접국끼리의 연계를 통한 감시 체제 또한 제대로 잡혀있지 않다. 하지만 그보다는 감시와 경계가 이루어져야 할 국경선 자체가 명확하게 확립되어있지 않은 케이스도 많은 편으로, 서로 간에 쓸데없이 상대 국가를 자극하는 일을 피하려 하므로 사법부의 손길도 제대로 미치지 않는 탓에 일종의 「무법지대」가 되어버리는 일이 비일비재하다. 국제적 테러조직은 이러한 상황을 잘 이해하고 있었으며, 이것을 교묘하게 이용하여, 인원과 물자의 이동을 실시하거나, 거점 또는 긴급 피난처로 활용하는 일이 많았다.

이러한 정세 아래에서는, 여기에 대처하기 위한 활동 또한, 그 방침을 변경하지 않을 수가 없었다. 정찰이나 소규모 파괴활동, 민사작전 등을 주축으로 했던 종래의 활동과는 완전히 다른 성격의, 보다 광범위한 임무의 수행과 유연한 부대 운용이 가능한 특수부대가 창설되거나, 기존의 특수부대 조직과 운용을 개편하는 움직임이 확산되기 시작했다.

또한 테러조직은 국가가 아니므로 국가끼리의 대립 상황에서 통용되었던 「대규모의 군사력의 제시를 통한 압박」이라는 카드는 아무런 의미를 갖지 못하게 되었다. 여기에 미국 등의 국가에서는 정보수집체계 등까지도 대대적으로 재검토하여, 테러조직의 공격 계획을 사전에 탐지하여 적극적인 선제공격을 실시하거나, 테러를 미연에 방지하는 쪽으로 방침이 전환되었다. 특수부대의 임무에 있어 「대테러임무」가 임무의 우선순위 중 상위에 위치하게 되면서, 국외에서도 장기간에 걸친 작전행동을 할 수 있는 체제로 개편되었고, 관련 정보를 입수했을 시, 신속하면서도 은밀하게 부대를 파견, 계획을 방해하거나 테러리스트를 섬멸하게 되었다.

강대국끼리의 군사 충돌이 일어날 가능성은 현저하게 줄었으나, 이라크 전쟁에서 전투 종결 선언이 이뤄진 후에 계속 빈발했던 「현지 세력과의 소규모 충돌」에서, 사담 후세인이 이끌었던 이라크 군과의 전투에서 발생했던 것보다 훨씬 많은 사상자가 발생하고 있는데, 이러한 「정규군에 의한 비정규전」이 냉전 이후에 벌어지는 전쟁의 모습이며, CQB전술이나 IED(Improvised Explosive Device, 급조 폭발물) 등 폭발물에 대한 대책 등, 기존 특수부대의 노하우를 필요로 하는 일도 많다. 실제로 이라크에서 싸우던 일반 부대의 장비는 특수부대의 그것과 별 차이가 없을 정도였다. 또한, 냉전의 종식을 거치면서 소련은 해체되어 역사 속으로 사라졌지만, 그 중심이었던 러시아라는 국가가 소멸한 것은 아니며, 2014년 크림위기에서 러시아 측이 크림반도를 병합하는 과정에서도 러시아의 특수부대는 중요한 역할을 수행했다. 또한 중국이나 북한과 같은 국가도 장기간에 걸쳐 긴장관계에 있는 대한민국이나 일본 측에 대하여 군사적 옵션, 흔히 말하는 무력 도발이라는 선택지를 항시 염두에 두고 있고, 실제로 행사하기도 했던 만큼, 특수부대의 중요성은 앞으로 더욱 커질 전망이다.

제4장
특수부대의 전투기술

CQB(근접전투)란 어떤 것인가?

CQB란 「Close Quaters Battle」의 머리글자를 따서 줄인 약칭으로, 일반적으로는 근접 전투 또는 근접 전투 기술이라 번역된다. 1980년대 후반 즈음부터 일반화되기 시작한 것으로, 주로 도심지나 건물 내부에서 벌어지는 근거리 전투와 그 기술을 가리키는 말이다.

●인질구출작전 등에서는 특히 중요!

좁은데다 사각이 많은 곳에서 진행되는 전투의 경우, 일반적인 방식만으로는 일이 쉽게 풀리지 않는 경우가 많다. 상대의 섬멸만이 목적이라면, 포탄의 비를 퍼붓거나 미사일 공격으로 날려버리면 그만이겠지만, 건물의 확보가 목적이거나 인질의 구출을 최우선으로 해야 하는 상황인 경우, 특수부대를 동원한 근접전투가 임무수행을 위한 비장의 카드이다.

특히 건물 주변이나 그 내부에는 숨을 만한 곳이 대단히 많기 때문에, 적이 어디에 매복해있을지 알 수가 없으며, 이를 눈치 챘을 때에는, 바로 코앞까지 접근을 허용한 뒤였다는 것도 결코 드문 일이 아니다.

이러한 위험을 사전에 예측하고, 설령 습격을 받더라도 당황하는 일 없이 대처할 수 있어야만 하는데, 이를 위해서는 군과 경찰치안조직을 막론하고 CQB의 가장 중요한 3가지 원칙을 이해하고, 상대적으로 우위에 있는 상황을 유지할 필요가 있다. 한 수 앞을 읽고 선수를 잡는 행동을 계속해나가면서 적이 갖고 있던 여러 가지 선택지를 하나씩 빼앗는 것이다.

CQB의 원칙 중에서도 가장 기본이 되는 것이 「신속성」이다. 행동이 재빠르다면 상대를 일방적으로 공격하거나, 반격을 봉쇄할 수 있기 때문이다. 그리고 「의외성」이라는 요소도 무시할 수 없다. 판에 박힌 '이론'에서 벗어난 행동은 적의 반응을 (적어도 일시적으로) 둔화시키며, 상대가 이쪽의 페이스에 말려들기 쉽게 만들어준다. 또한, 무자비하게 탄환을 퍼부어 상대를 침묵시키는 「폭력성」도 자신과 동료들의 목숨을 지키기 위해 꼭 필요한 요소 가운데 하나라 할 수 있다. 이러한 원칙을 충실하게 지키며 전투 시간을 짧게 단축시킬수록, 우위를 지킬 수 있는 것이다.

이러한 전술 연구에 있어 특히 정평이 난 특수부대로, 영국의 SAS를 들 수 있는데, 북아일랜드에서 수행한 대테러임무와 이 과정에서 빈발했던 시가지 전투를 통해 이들이 보유하게 된 노하우는, 이후 세계 각국의 특수부대에도 전해져 CQB전술의 기본이 되었다.

CQB = Close Quarters Battle
실내나 사각지대가 많은 장소(약 25m 이하)를 상정한 전투 상황.

예를 들면 이런 장소

• 점거된 건물의 탈환
• 인질의 구출
• 표적/용의자의 체포 또는 살해

「군계통 특수부대」는 물론 「경찰치안계통 특수부대」에서도
임무 수행에 있어 크게 영향을 미치는 요소이다.

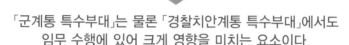

CQB에 있어 중요시되는 「3가지 원칙」

신속성 (Speed)　= 적에게 반격할 시간을 주지 않는다.

의외성 (Surprise)　= 적을 혼란 또는 당황하게 만든다.

폭력성 (Violence of Action)　= 적의 전의를 빼앗는다.

CQB의 경우 이쪽이 적보다 숫적으로 열세인 경우도 많기 때문에
이러한 원칙을 철저하게 따름으로써 우위를 확보할 수 있게 된다.

CQB에서는 교전거리가 짧고, 사각지대가 많
아 시야가 그리 좋지 않으므로, 먼 거리의 표
적을 맞출만한 기량이 없는 '초짜'라고 하더라
도 방의 입구나 통로 저편에서 총을 난사하는
것만으로도 그럭저럭 위협이 되곤 한다.
이러한 적에게 허를 찔리지 않기 위해서는 훈
련을 통해 얻어진 「초월적 전투기술」에 더해
상기한 3가지 원칙이 중요하다.

원 포인트 잡학
물론 이 책의 독자 여러분들은 그럴 일이 없겠지만, CQB의 첫 글자인 'C'에 해당하는 단어 'Close'는 동사가 아닌 형용
사로 '닫다'가 아닌 '가까운'의 의미로 쓰인 말이다. 따라서 CQB를 「폐소(閉所)전투」라 번역하는 것은 뭔가 비슷하게(?) 보
이지만 정확한 번역은 아니다.

No.055

CQB에서 사용되는 테크닉은?

흔히 근접 전투라 번역되는 「CQB」는, 실내나 사각지대가 많아 시야가 그리 좋지 않은 곳에서 벌어지는 전투를 말한다. 이러한 근거리에서의 전투는 고도의 기술과 독자적 테크닉을 필요로 하기 때문에, 대원들은 매일같이 훈련에 훈련을 거듭하고 있다.

● 점차 진화해나가는 CQB 전술

인질구출작전의 무대는 밀림지대나 산지, 동굴 같은 곳 보다는 시가지의 건물 같은 장소가 될 확률이 압도적으로 높은 편이다. 시가지, 특히 건물 내부 같은 장소는 매복을 하거나, 함정을 설치하기 쉽기 때문에 소수의 인원으로도 방어가 가능하며, 무턱대고 돌입해 들어갔다가는 커다란 피해를 입기 십상이다.

적이 숨어있는 시가지를 지나거나, 건물을 제압해나가기 위해서는, 세심한 주의를 기울일 필요가 있다. 한 발 한 발 신중하게, 안전을 확보하면서 나아가야만 한다. 이때 사용되는 것이 「커팅 파이(Cutting Pie, 파이 자르기)」라 불리는 테크닉이다. 이것은 길모퉁이를 막 지난 지점처럼 "적이 매복해 있을 것으로 예상되는 포인트"를 확인하기 위한 것으로, 방 안에 숨어있는 적을 발견하여 선제공격을 가해야 할 때에도 응용할 수 있는 전술 테크닉이다.

방의 문이 닫혀있을 경우, 안에 진입하기 위해서는 문을 열 필요가 있는데, 자물쇠 등으로 잠겨 있을 가능성이 있거나 적의 허를 찔러야 할 필요가 있을 경우, 「브리칭(Breaching)」이라는 수단을 쓸 때가 있다. 이는 산탄총 등을 사용하여 문고리나 경첩을 파괴하거나 경우에 따라서는 아예 벽에 폭약을 설치, 폭파하는, 진입로 개설 작업이다. 상기의 수단 외에도 중세시대에 성의 문을 부수던 파성퇴(破城槌)의 현대판이라 할 수 있는 배터링 램(Battering Ram)으로 문을 두들겨 부수거나, 전용의 유압공구로 문짝을 뜯어내는 방식을 사용하기도 한다.

건물 내부로 돌입해 들어갈 때는, 반드시 눈앞의 방부터 차근차근 제압해 들어가야만 한다. 단번에 안쪽 깊숙한 곳 까지 진입해 들어간다면 시간은 단축되겠지만, 미처 제압해두지 않고 지나간 방이나 통로에 숨어있던 적에게 배후를 내주게 된다거나, 아예 포위되어 협공을 당할 위험이 있기 때문이다. 돌입 부대의 움직임을 물의 흐름에 비유한다면, "흘러들어온 물(진입 부대)이 우선 바로 앞의 웅덩이(방)을 먼저 채우고(제압, Fill), 흘러넘친 물이 다음 웅덩이를 향해 흘러간다(이동, Flow)"라고 하는 이미지라 할 수 있는데, 이러한 과정의 반복을 「Fill & Flow」라 하며, CQB에 있어 가장 중요한 기본 원칙이 된다.

실내 또는 시야가 좋지 못한 곳에서 싸우기 위해서는
거기에 맞는 테크닉을 필요로 하게 된다.

커팅 파이

「파이」를 자르듯, 통로 구석
의 그늘 부분에서 반대편을
확인하는 테크닉.

아무 생각 없이 통로 모퉁이에서
고개를 내밀었다가는 미리 대기하
고 있던 적에게 선제공격을 당할
우려가 있으므로……

파이를 자르는 감각으로 조금
씩 신중하게 각도를 재어 사각
을 확인해나간다.

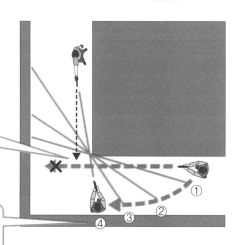

역시 각도를 나누어 파이를
자르듯 방 안을 확인해나간다.

「커팅 파이」 테크닉은
실내 돌입에도 응용할 수 있다.

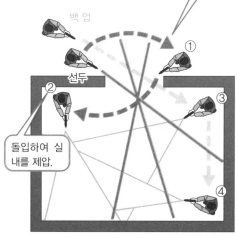

돌입하여 실
내를 제압.

기억해둬야 할
주의사항

출입문 주변은 적의 공격이 집
중되는 곳이므로 입구에 멈춰
선 채로 총을 겨누는 등의 행
동은 금물이다.
만에 하나 탄창이 비었거나,
총에 문제가 생겼을 경우에는
주저하지 않고 사이드 암(부무
장)을 꺼내 사용하도록 한다.

원 포인트 잡학
브리칭을 담당하는 요원을 「브리처(Breacher)」 혹은 「브레이커(Breaker)」라고 한다.

돌입작전 시에는 몸짓으로 대화한다?

CQB에서는 신속하면서도 확실한 정보의 교환이 중요한데, 작전 중의 특수부대에서는 여러 가지 몸짓(제스처)을 많이 이용하고 있다. 이러한 제스처를 「핸드 시그널」 또는 「핸드 사인」이라 부르는데, 부대의 능력이나 특성에 맞춰 독자적인 사인을 정해두고 있다.

●핸드 시그널

작전 도중, 특히 돌입작전과 같은 CQB 상황에서는 몸짓(제스처)를 이용하여 의사소통을 실시하게 되는 경우가 많다. 여기에는 몇 가지 이유가 있지만, 그 중에서도 가장 큰 이유라면 「적이 이쪽의 의도를 눈치 채지 못하게 하는 것」이라 할 수 있을 것이다.

적에게 들리지 않을 정도로 작게 속삭이면 문제없을 듯도 하지만, 이미 교전이 시작된 건물 안은 총성이나 수류탄의 폭발음, 노성과 비명이 마구 교차하는 아수라장일 경우가 대부분이다. 따라서 작게 속삭이는 목소리 따위는 아군의 귀에 제대로 들어올 리가 없는 것이다.

제대로 된 장비를 갖춘 부대라면, 이어폰과 마이크가 조합된 무전기와 같은 통신장비를 사용하여 대화를 나눌 수도 있을 것이다. 그러나 이런 장비를 갖췄다 하더라도 잘못 알아듣거나, 때에 따라서 무전이 끊겨버리는 등의 '사고'가 일어날 가능성은 결코 제로라 할 수 없다. 하지만 손짓이나 몸짓과 같은 제스처라면, 각각의 사인이 미리 정해둔 의미를 갖고 있는 이상, 이러한 실수를 범할 가능성은 지극히 낮다고 할 수 있다. 더군다나 사람들이 조용히 잠들어 있는 심야에 중요 인물의 저택에 잠입해 들어가, 암살이나 납치 등의 임무를 수행해야 할 경우라면, 작전의 은밀성을 유지하기 위해 소리를 내지 않고 의사소통을 행하기 위한 수단으로, 제스처나 사인의 필요성이 더더욱 강해질 수밖에 없는 법이다. 기본적으로는 무전기 등의 통신장비와 상호보완적인 관계로 병용하는 것이 전제라고 하지만, 그래도 필요 최소한의 내용은 굳이 말로 하지 않고도 전달할 수 있도록 사전에 미리 사인을 정해둘 필요가 있다.

사인의 구체적 내용은 각 부대마다 가지각색이지만, 「전진」이나 「정지」 같은 동작이나 「OK」, 「잘 모르겠음」 등의 의사 표시와 관련된 사인 등은 어떠한 작전을 막론하고 반드시 사용될 수밖에 없는 것이므로, 해당 내용의 사인을 정해두지 않은 부대는 없다. 물론 "특정한 작전에서만 사용되는 특수한 사인"을 준비하는 경우도 있고, 시기나 상황에 따라 해당 사인의 의미가 갱신되는 일도 있다.

이러한 사인을 필요로 하는 상황을 보면, 총이나 수류탄 등을 손에 들고 있는 경우가 대부분이기 때문에, 필연적으로 한 손만을 사용하는 스타일이 기본이 된다. 특히 숫자를 나타내는 사인의 경우, 적의 인원수나 돌입의 타이밍을 전하는데 필수적인 것이기에, 각 부대별로 궁리에 궁리를 거듭하여 만들어낸 것을 사용하고 있다.

적 또한 이쪽의 대화를 듣고 있다

작전 중에는 제스처를 통해 의사소통을 한다.

지금부터 돌입이다!

넌 오른쪽을 공격해.

흥, 맘대로 될 줄 알고?
이쪽도 준비 다 끝났다고.

이유

목소리를 내서 확인할 경우, 적에게 이쪽의 의도가 전부 들통날 우려가 있다.

현장의 소음으로, 잘 듣지 못하거나, 잘 못 알아듣게 되는 등의 사고가 일어날 우려 또한 이유 가운데 하나이다.

이러한 사인들을 조합하여 의사소통을 실시한다.

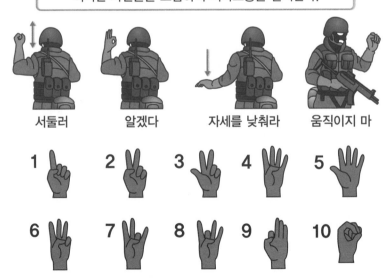

서둘러　　　알겠다　　　자세를 낮춰라　　　움직이지 마

1　2　3　4　5

6　7　8　9　10

원 포인트 잡학

어두워서 사인이 잘 보이지 않는 장소에서는 앞사람의 어깨를 두들기거나, 뒤를 돌아보지 않은 채 뒷사람의 허벅지를 두 번 두들기는 등의 동작도 소리를 내지 않고 의사소통을 하는 데 있어 유효한 방법 가운데 하나라 할 수 있다.

총구 방향은 위인가 아래인가?

총기를 휴대하고 있는 상황에서 총구의 방향이 어디를 향하고 있는가 하는 것은 매우 중요한 문제이다. 총기를 취급하던 도중에 발생할 수 있는 오발사고를 예방하기 위해, 사격을 실시하기 직전까지 방아쇠울에 손가락을 집어넣지 말라고 하는 철칙이 강조되지만, 그럼에도 불구하고 사고가 발생했을 때, 총구가 아군을 향한 상태라면 매우 곤란하기 때문이다.

● 레디 포지션

언제라도 총을 겨누고 전투태세에 들어갈 수 있는 자세를 「레디 포지션」이라고 한다. 들고 있는 총이 어설트 라이플인가, 기관단총인가, 아니면 권총인가에 따라 세세한 차이가 있기는 하지만, 가장 중요한 포인트가 되는 것은 바로 총구의 방향이다.

총구가 위쪽을 향하고 있는 것을 「하이 레디 포지션」이라 하는데, 오랜 역사와 전통을 자랑하는 기본자세라 할 수 있다. 반대로 총구가 아래쪽을 향하고 있는 것을 「로우 레디 포지션」이라고 하는데, 이쪽은 실전적인 스타일로 인기를 끌고 있다.

로우 레디 포지션의 이점이라면, 「피로가 쉽게 쌓이지 않는다」, 「개머리판이 어깨 가까이에 위치하므로 신속하게 총을 겨눌 수 있다」라는 점을 들 수 있지만, 총의 종류나 사용자의 숙련도 등의 요소 또한 영향을 주기 때문에, 절대적인 것이라고는 할 수 없다. 현실적인 이점이라면 「슬링(총기에 다는 멜빵)」으로 총을 몸에 고정한 상태에서 손을 떼었을 때, 총구가 아래쪽을 향한다」고 하는 점을 들 수 있는데, 현장의 감각이라는 접에서 생각해본다면 이러한 이유가 훨씬 큰 것이 아닐까 싶다. (하이 레디 포지션에서 이런 짓을 했다가는 위쪽을 향하고 있던 총구가 턱 아래로 내려오기 때문에 대단히 위험하다)

총구의 방향은 총기를 들고 이동하는 상황에서도 중요하게 다가온다. 총기를 수평으로 겨눈 채 이동하는 스타일은 적이 나타났을 때 곧바로 대응하여 발포 할 수 있다는 장점이 있지만, 들고 있는 총기 때문에 시야가 좁아져 발밑의 상태를 확인하기 어렵기 때문에 생각지도 못한 장애물에 발이 걸려 자세가 흐트러지거나 넘어질 위험이 있다.

또한 시야가 좁아지게 되면 상대의 무기도 확인하기 어려워진다. 실전 상황에서 권총을 든 상대와 소총을 든 상대 가운데 어느 쪽을 먼저 노릴 것인가 하는 것은 생사를 가를 수 있는 중요한 선택이 될 수 있으며, 경찰치안계통 특수부대의 경우, 무장의 유무가 발포의 정당성을 판가름하는 중요한 요소가 되기도 한다.

이동 시에는 총구가 하방 45도를 향하도록 하는 것이 원칙이지만, 여객기 내부나 영화관, 학교 같은 장소에서는 이동하던 도중에 총구가 의자 같은 것에 걸릴 수 있으므로, 위를 향하도록 하는 등, 때와 장소에 따른 임기응변을 발휘할 필요가 있다.

하이 레디 포지션과 로우 레디 포지션

레디 포지션이란……
언제라도 사격이 가능하도록 「준비」, 「대기」하는 자세를 말한다.

●하이 레디 포지션   ●로우 레디 포지션

총구 방향은
「위쪽」

총구 방향은
「아래쪽」

고전적이며
기본이 되는 자세

현재의 주류

이동시의 총구 방향은 하방 45도가 원칙

총구 방향을 시선과 일치시킨 상태로
이동하는 것은 되도록 피하는 것이 좋은데……

시야가 좁아진다.

특히 발밑의 상황을 알
기 어려워진다.

정말 어쩔 수 없는 경우(이를테면 적이 숨어있을 것이 명백한 장소를 수색하는 경우)에는
신중하게, 가능한 한 동료들의 엄호를 받아가며 움직여야만 한다.

원 포인트 잡학

이동하면서 사격하는 것을 「슈팅 온 더 무브(Shooting on the move)」라고 하는데, 상체의 힘을 빼고, 무릎을 가볍게 굽혀
무게 중심을 낮춘 뒤, 발뒤꿈치를 뒤로 끌 듯 걷는 것이 특징이다.

특수부대식 총기 취급법이란?

특수부대에 있어 총기란 임무 달성에 필요한 「도구」에 지나지 않는다. 도구의 사용법은 도구 자체의 진화에 맞춰 점차 세련된 형태로 바뀌었으며, 독자적인 노하우로서 계승되어왔는데, 이러한 총기 취급법을 통틀어 「건 핸들링」이라고 한다.

●특수부대의 건 핸들링

총 또한 기본적으로는 「도구」이기에, 그 취급 기술도 시대의 변화에 따라 점차 세련된 형태로 바뀌어 왔다. 가령 권총을 들고 적을 수색할 때의 경계 자세 하나만 보더라도, 예전에는 "총구를 위로 향한 채 얼굴 정도 높이로 총을 들고 있던" 자세가 정석이었지만 현재는 총구를 밑으로 향한 스타일이 주류를 차지하는 식으로 변화했다는 것을 알 수 있다.

자동권총의 초탄(탄창을 넣고 첫 발째의 탄환)을 장전하는 데에도 두 가지의 방식이 있다. 자동권총의 경우 총몸 윗부분의 슬라이드를 뒤로 당겨 탄을 장전하게 되는데, 이때 손바닥으로 슬라이드 전체를 감싸듯 하여 당기는 방식을 「오버 더 슬라이드」, 슬라이드 끝단만을 잡고 당기는 방식을 「슬링 샷」이라고 부른다. 전자의 방식은 힘을 넣기가 편하기에, 급박한 상황에서도 실패할 가능성이 낮다고 하지만, 손바닥 부분이 탄피 배출구나 격철(Hammer, 공이치기)부분을 덮게 되므로 만일의 경우 위험한 사고가 생길 수 있으며, 반대로 후자의 경우는 총구의 방향을 컨트롤하기 좋고, 남아있는 탄수를 확인하기도 수월한 반면, 슬라이드의 형태에 따라서는 손가락이 미끄러져버리는 경우도 종종 발생할 수 있다는 단점이 있다.

방아쇠에 손가락을 걸어둔 상태로 다닐 경우 일반적으로는 「이런 초짜 같으니」라는 소릴 듣기 십상이지만, 사실 여기서는 조금 진정하고 "격철의 위치"에 조의할 필요가 있다. 현재의 주류가 되어있는 「더블액션」 자동권총의 경우, 격철이 뒤로 후퇴(Cocking)되어있지 않은 권총의 방아쇠를 당겨 격발하기 위해서는 제법 손가락에 힘이 들어가야만 한다. 이 손가락 힘이 격철을 후퇴, 전진시키는 것은 물론 탄창을 회전시키는 데에도 사용되는 리볼버 권총의 경우, 무거운 방아쇠 자체가 안전장치의 역할을 하기도 한다. 하지만 우리가 흔히 콜트 거버먼트라 부르는 「M1911」시리즈나, 「토카레프」처럼 격철을 코킹하지 않으면 격발은커녕, 아예 방아쇠가 꿈쩍도 하지 않는 「싱글액션」방식의 자동권총도 있으므로, 좀 더 주의 깊게 총기를 선택할 필요가 있다.

반자동 사격을 연속으로 실시할 때, 총구가 튀어 오르는 것을 억제하고 명중률을 높이는 사격 지세로 「어그레시브 스탠스(Aggressive stance)」 또는 「오버 핸드 그립」이라는 스타일이 있는데, 미국의 총기 및 총기 액세서리 메이커인 「맥풀(Magpul)」의 총기 인스트럭터인 크리스 코스타(Chris Costa) 씨의 사격 자세가 그 기원이 된 것 때문에, 「맥풀 사격 자세」 또는 「크리스 코스타식 사격 자세」라고도 불리며, 근거리에서 탄약을 절약하면서도 적을 제압하는 데 유리하기 때문에 비군 부대에서도 이를 참고로 하는 일이 늘고 있다.

척 봐도 '프로'라는 느낌이 드는 총기 취급법

권총을 든 상태에서의
경계 자세의 경우,
예전에는 이런 것이
주류였지만……

현재는 이런 경계 자세가 실전
적인 자세로 환영받는다.

아군이 가로질러 지나갈
때나 적이 가까이에 있을
경우에는 총을 몸 쪽으로
바짝 당겨 붙인다.

자동권총의 슬라이드를 당기는 법

● 오버 더 슬라이드

힘을 넣기가 수월
하므로, 긴박한 상
황에서 사용하기
편리하다.

● 슬링 샷

총구의 방향을 컨
트롤하기 쉽고, 안
전성이 높다.

격발 직전까지는 손가락을 방아쇠 위에 올리지 않는 것이 원칙이지만……

격철(햄머)이 코킹되어 있지 않은 상태에서는 방아
쇠가 제법 무거운 편이기 때문에, 방아쇠 위에 손가
락을 올려놨다고 해서 무조건 위험하다거나 초보자
라고 단정하는 것은 섣부른 판단일 수도 있다.

오버 핸드 그립 (포워드 홀드 등의 명칭으로 불리기도 한다)

쪽 뻗은 왼팔로 총구의 들림
을 억눌러준다.

이런 식으로 파지하기 편리하도록
도와주는 옵션도 판매 중이다.

오버 핸드 그립을 실시할 때, 사수에 따라서는 왼팔이 위에서 총기를 덮듯이 감싸는 자세가 나오는 경우도 있다.

실내전에선 격투술이 필수?

특수부대의 대원들에게 있어, 총을 사용하지 않고 적을 제압하는 기술, 즉 격투술을 익힌다고 하는 것은 대단히 큰 의미를 갖는다. 적에게 총성이 들려서는 안 되는 경우나, 특정한 이유로 총기를 사용할 수 없는 상황에 대처하기 위해서이다.

● 근접전투술로 적을 제압

특수부대의 대원들에게 있어, 총을 사용하지 않고 적을 쓰러뜨려야 하는 상황은 제법 많은 편인데, 예를 들어 정찰 등의 임무로 적지에 잠입했을 때, 적의 경계병을 무력화시킨답시고 총기를 사용했다간, "나 여기 있소" 하고 적 병력을 불러들일 위험이 있다.

또한 인질 구출 작전 등에서 섣불리 총기를 발포할 경우, 적(범인)이 심리적으로 흥분한 결과로 때에 따라서는 인질의 안전을 확보할 수 없게 되는, 최악의 케이스로 발전하는 일도 종종 있다. 뿐만 아니라, 시가지나 실내에서의 전투를 실시할 때에는, 교전 거리가 짧다는 특성상, 예기치 못한 곳에서 갑작스레 적과 마주치면서, 총을 사용할 틈이 없었다거나, 적의 공격으로 총기를 놓치게 되는 일도 그리 드물지 않은 일이다.

이러한 경우에 대비하여, 특수부대의 대원들은 격투술 훈련을 받는다. 특히 경찰치안계통 특수부대의 경우는 정말 부득이한 경우가 아닌 한, 함부로 상대를 사살할 수 없다. 설령 상대가 흉악범이라고 해도 일단은 '체포'하는 것이 원칙이기 때문에, 적의와 악의를 갖고 달려드는 상대를 완력으로 비틀고 꺾어 제압할 필요가 있다. 이러한 기술은 흔히 얘기하는 '체포술'에 가까운 것으로, 상대를 죽음에 이르게 하는 살벌한 기술과는 좀 다르다.

반면, 군계통 특수부대는 경찰치안계통과 달리 법률적 해석이나 인도적인 배려 등을 고려할 필요가 없으므로, 여기서 훈련하는 기술은 "얼마나 효율적으로 인체를 파괴, 무력화시키는가" 하는 것, 다시 말해 재빠르게 적에게 접근하여, 일격에 저항 능력을 제거하는가 하는 것에 중점을 두고 있다. 따라서 눈 찌르기 같은 것은 극히 당연한 일이며, 소리를 내지 못하도록 처음에 목울대를 부수거나, 관절에 굳히기를 건 상태에서 목뼈(경추) 부위를 비틀어 꺾어버리는 등, 온통 무자비하고 잔혹한 기술의 퍼레이드가 펼쳐지게 된다. 이것은 힘과 실력의 유열을 공정하게 평가하는 스포츠 격투기와는 완전히 별개의 것으로, 굳이 따진다면 '암살술'에 가깝다 할 수 있겠다.

이러한 타입의 격투술로는 「사일런트 킬링」이나 「코만도 삼보」, 최근의 경우라면 「크라브 마가」, 「시스테마」 등이 유명하며, 민간단체가 주관하는 경기용 격투기나 다이어트 강습도 존재하지만, 이들의 경우, 안전상의 이유로 원래의 것과는 다른, "별개의 무언가"로 바뀐 것이 대부분이다.

경찰치안계통은 물론 군계통에서도 꼭 필요로 하는 기술

무기를 사용하지 않고 적을 무력화시키고 싶지만……
- 총기 = 총성이 울리면 다른 적들에게 발각될 우려가 있다.
- 나이프 = 뿜어져 나오거나 몸에 튄 피를 처리하기가 골치 아프다.

이러한 때야말로 「격투술」을 사용할 필요가 있다.

경찰치안계통 특수부대에 있어서의 격투술

숙련되면
「죽이지 않고 적을 무력화」시킬 수 있다.

용법을 따져보면 체포술에 가깝다.

군계통 특수부대에 있어서의 격투술

「소리나 흔적을 남기지 않고 상대를 무력화」시킬 수 있다.

용법을 따진다면 암살술에 가깝다.

원 포인트 잡학

총을 사용하지 않고 적을 제압하는 방법을 「CQC(Close Quarters Combat) = 근접 격투」라 부르기도 하는데, CQB전술의 일부로서 점차 중요성이 올라가고 있는 중이다.

대인사격에서 「일발필중」은 위험하다?

총기에서 발사된 탄환은 인간의 목숨을 빼앗는데 충분한 위력을 지니고 있으나, 명중된 부위에 따라 치사율이 달라지곤 한다. 단 한 발로 즉사시킬 수 있는 부위가 있는가하면, 몇 발을 맞추더라도 움직임을 제대로 저지시킬 수 없는 부위 또한 존재하는 것이다.

● 기왕 해치울 거라면 철저하게!

특수부대에서는 사람을 향해 총을 쏠 경우, 1발만으로 끝내지 않는 일이 많다. 후속으로 1발 더, 경우에 따라서는 그 이상의 탄을 퍼붓는 것이 기본이다. 특히 소구경 탄약의 경우, 위력이 약하며, 고속으로 관통력을 중시한 탄약은 탄자가 인체에 그 운동에너지를 완전히 전달하기도 전에 관통해버리는 문제가 있으며, 급소에서 벗어난 곳에 명중하거나 상대가 '불굴의 의지'를 지니거나 한 케이스도 있기 때문에 "1발로는 부족"한 케이스가 왕왕 발생하는 것이다.

사격을 실시할 때, 목표에 2발의 탄환을 연달아 명중시키는 테크닉을 「더블 탭(Double tap)」이라 부르는데, 이때 노리는 부위는 머리와 몸통(심장 부근)이 기본이다. 머리는 인체의 가장 치명적인 급소이기 때문에 1방으로도 무력화시킬 수 있을 가능성이 매우 크지만, 움직임이 많은 부위에 해당하므로 노리고 명중시키기가 쉽지 않다. 반대로 몸통 부위의 경우는 표적 자체가 커서 맞추기 쉬운 반면, 차폐물 뒤에 숨거나, 방탄조끼(바디 아머)등으로 보호되어있을 가능성도 배제할 수가 없다. 따라서 상황에 맞춰, 「머리에 2발」 또는 「몸통에 2발」이라는 식으로 사격을 실시할 필요가 있는 것이다.

표적에 여러 발을 박아 넣도록 하는 방식은, 설령 그 탄환이 급소를 벗어나더라도 표적의 뼈를 부수고, 체내의 장기에 데미지를 입힐 수 있을 것이라는 계산 아래에 실시되는 것이다. 이로 인해 설령 방탄조끼를 입고 있다고 하더라도, 착탄시의 충격을 통해 (일시적으로) 상대가 반격하지 못하게 하는 효과를 얻을 수 있다.

경찰치안계통 특수부대의 경우, 「범인은 어디까지나 체포하는 것이지 사살하는 것이 아니다」라는 것이 원칙이기에, 대단히 신중하게 발포가 이루어진다. 하지만 인질 사건에서 범인이 폭탄의 기폭 스위치를 쥐고 있다거나, 극도의 흥분상태에서 언제 인질에게 위해를 가할지 모르는 등 「정말 어쩔 수 없는 결단」이었다고 인정할 수 있는 상황이라면 얘기가 달라진다.

이런 긴급 상황에서는, 더블 탭으로 효과가 없을 경우, 트리플로, 그것으로도 모자란다면 상대가 쓰러져서 완전히 움직이지 않을 때까지, 용서 없이 방아쇠를 당겨 탄환을 퍼부어야만 하는데, 어중간한 상태로 범인을 쓰러뜨렸을 경우, 빈사상태의 범인이 「너희들도 길동무로 삼아주마」라고 하듯 무모한 반격을 해올 위험이 있기 때문이다.

더블 탭이라는 테크닉

「총탄」또한 필살의 무기라 할 수는 없고,
명중한 부위에 따라서 치사율에도 변화가 발생한다.

노리는 곳은 머리나 몸통이 기본이지만……

→상황에 따라, 「머리에 2발」 또는 「몸통에 2발」, 「머리와 몸통에 각 1발」 이라는 식으로 구분하여 사격을 실시하기도 한다.

1발 째를 명중시킨다.

→이것만으로 무력화가 가능하다면 Lucky~!

2발 째가 명중.

이미 2발의 탄환이 명중한 시점에서 상대는 「곧바로 반격 할 수 있는」 상태는 아니라 할 수 있으므로(설령 방탄조끼를 착용한 상태라 하더라도 착탄시의 충격까지 막을 수는 없다) 완전히 무력화시키지 못했다고 판단될 경우, 확실히 조준된 3발 째를 급소에 명중시키도록 한다.

경찰치안계통 특수부대는 기본적으로 발포에 이르기까지의 과정이 까다롭고 신중한 편이지만, 법적 근거가 확실하다면 용서가 없다.

군계통 특수부대의 경우,
여론 같은 것과는 아예 관계가 없으므로
더더욱 철저해진다!

누워있는 상태에서는 서있는 상태와 비교해 1/3정도의 혈압으로도 의식을 유지할 수 있다.

상대가 쓰러졌다고 해서 곧바로 행동불능에 빠졌다고 볼 수는 없는 것이다.

몇 발이고 탄환을 박아 넣어 신속하고도 확실하게 사살.
= 자신은 물론 동료들의 안전으로 이어진다.

원 포인트 잡학

더블 탭이란 CQB에 있어 대단히 자주 쓰이는 테크닉이지만, 밀림 등에서의 전투에서도 유효하게 사용된다. 분명 적의 급소에 명중했을 것이라 생각한 탄환이 적과의 사이에 있던 나뭇가지에 맞아 궤도가 빗나갔을 가능성이 늘 존재하기 때문이다.

점사란 어떤 테크닉인가?

「점사」는 자동 사격을 실시할 때에 사용되는 고급 사격 테크닉 가운데 하나이다. 자동 사격은 실전에서 강력한 위력을 발휘하지만, 탄약의 소모가 격심한데, 이때 사격을 적절하게 끊어주는 점사라는 테크닉을 사용함으로써 화력을 유지하면서도 탄약을 보다 경제적으로 소모할 수 있게 되는 것이다.

●자동사격은 편리하긴 하지만……

자동사격(Automatic fire)이란 「방아쇠를 당기고 있는 동안, 연발로 사격이 이뤄지는 방식을 일컫는 말로, 이와는 반대로 「1발씩만 격발」이 이뤄지는 방식을 반자동 사격(Semiautomatic fire)이라 한다. 점사(Interrupted fire)란 자동사격으로 2~3발 정도의 탄환이 발사된 타이밍에 일시적으로 방아쇠에서 손가락을 뗐다가 다시 방아쇠를 당기는 행위를 반복하며 연사를 통한 화력 투사를 유지하면서도 탄약의 낭비를 최소화 하는 테크닉이다.

점사를 실시함에 있어 「손가락을 뗐다가 다시 격발을 실시하기까지의 간격」에는 딱히 정해진 기준이 있는 것은 아니며, 어느 정도의 압력으로 방아쇠를 당겼다 풀었을 때 대략 몇 발 정도의 탄환이 발사되는가 하는 것은 그야말로 감각 하나 만으로 몸에 익힐 수밖에 없다. 다시 말해, "알아서 잘" …이란 정도로 OK라는 얘기이다.

전투 상황에서는 귀로 발사음을 일일이 세고 있을 여유가 없고, 상황에 따라서는 아예 총성 자체가 제대로 들리지 않을 수도 있다. 하지만, 점사라는 테크닉을 사용할 수 있게 되면 굳이 셀렉터(조정간)에 손을 대지 않고서도 반자동과 자동사격을 조절할 수 있게 되므로, 빈틈이 발생하지 않게 된다.

미국의 어설트 라이플인 『M16A2』에는 방아쇠를 1번 당길 때마다 3발의 탄환이 발사되는 「버스트(Burst, 3점사)」라는 기능이 탑재되어있다. 연사제어기구 또는 점사기구라고 불리는 이 장치는 숙련도가 그렇게 높지 않은 일반 병사들도 점사를 할 수 있도록, 해당 테크닉을 기계적으로 재현한 것인데, 전장에서 패닉을 일으킨 병사들이 연사로 탄약을 마구 낭비하는 것을 방지하기 위한 의미에서도 이 기능을 채용했다고 한다.

하지만 기계장치의 도움을 받지 않고서도 점사라는 테크닉을 구사할 수 있는 베테랑이나 특수부대원들 사이에서는 이 버스트 기능에 대해서 그다지 좋지 않은 평가를 내리는 경우가 많다. 굳이 조정간에 손을 댈 것 없이, 손가락 하나 만으로 얼마든지 발사 탄수를 조절할 수 있는데다, 화력을 집중하여 적을 쓸어버려야 할 때 꼭 필요한 것이 자동 사격 기능인데 이것을 제거하고 "엉뚱한" 기능을 집어넣은 것은 그야말로 "개악"에 다름 아니라는 것이 그 이유였다. 결국 이러한 현장의 목소리가 반영되어, 이후에 등장한 개량모델인 『M16A3』에서는 자동사격 기능이 다시 탑재되었다.

손가락 하나 만으로 연사를 제어

> ### 점사란……
> ### = 자동사격 시에 사용되는 테크닉의 일종.

자동사격

방아쇠를 당기고 있는 동안에는, 연속으로 발사가 이루어진다.

점사를 사용하게 되면……

방아쇠를 적절하게 당겼다 놨다 하면서 탄약의 소모를 제어한다.

반자동 기능이 탑재되어있지 않은 기관단총의 사격에도 유효.

점사하고 하는 것은 대단히 유용한 테크닉이지만,
숙달되기까지는 시간이 걸리니까 "기계적으로 재현" 해보자.

버스트(3점사) 기능이 개발되지만……

미국의 『M16A2』나
일본 자위대의 『89식 소총』 등에 탑재.

우리들한텐 별로 필요 없는
기능이라고. 원래대로 돌려놔!

특수부대의 사용을 상정한 모델의 경우,
「자동사격」기능을 다시 살린 것도 있다.

* ア-안전
タ-단발
レ-연발
3-3점사

원 포인트 잡학

버스트 기능은 이를 위하여 별도의 부품이 추가되는 등, 총의 구조가 복잡해지고, 생산 단가 또한 상승하는 등의 문제가
있어 이 기능을 채용한 군대는 비교적 소수파이다.

탄창을 연결해서 사용하는 이유는?

특수부대의 전투, 특히 강습작전이나 인질 구출 작전 등의 경우, 가능한 한 짧은 시간 내에 승부를 봐야 하는 경우가 많다. 따라서 이러한 작전을 수행하는 도중에는 탄입대에서 탄창을 꺼내는 시간조차 아깝게 느껴지는 경우가 많은데, 이 때문에 보다 효율적으로 탄창 교환을 실시하기 위한 방법이 여러 가지로 모색되었다.

●탄창 교환에 소요되는 시간을 단축하기 위해……

군의 장병은 물론, 흉악범과 대치중인 경찰관의 입장에서도, 총격전이 일어날 가능성이 있는 상황에서는 1발이라도 더 많은 예비탄을 챙겨나가고 싶은 것이 인지상정이며, 이는 전술적으로 보더라도 매우 타당한 행동이다. 따라서 체력과 예산, 규정에서 허락하는 한도 내에서 「예비 탄창」을 최대한 많이 지니고 현장으로 출동하게 되는데, 특수부대의 경우, 그것만으로는 '부족'하다고 느끼는 일이 많다. 탄창을 교환하는 순간은 총격전을 수행하는 과정에 있어서 가장 무방비하고 위험한 순간이기에, 가능하다면 조금이라도 이러한 빈틈을 더 줄이기 위하여 많은 궁리가 이루어지고 있는 것이다.

이 과정에서 등장한 아이디어가, 2개의 탄창을 테이프로 묶는 것이었다. 상하 반대로 연결한 탄창을 뒤집어 꽂는 것만으로, 탄창의 신속한 교환을 노렸던 것이다. 「정글 스타일」이라는 속칭으로 널리 알려졌던 이 방식은 여러 가지 종류의 총기에 응용되었는데, 이 방식에서는 총기에 직접 삽입되는 부분이 그대로 드러나 있기에, 실제 전투 상황에서 격렬하게 움직이던 도중에 벽이나 바닥에 부딪칠 경우, 삽입구 부분이 변형, 파손이 일어나기 쉬웠으며, 이것이 원인이 되어 탄창 내부에 이물질이 들어가거나, 급탄이 제대로 이뤄지지 않는 등의 작동 불량(Jamming)이 일어날 가능성이 문제점으로 지적되었다. 복수의 탄창을 연결하면서 '콤팩트'라는 단어와는 거리가 멀어졌다고 하는 것은 덤이었다.

한편 탄창을 병렬로 연결하는 「듀얼 매거진」이라는 방식은, 탄창의 끝부분이 어딘가에 부딪치기 어려운 위치에 놓이기 때문에 위에서 말한 결점을 어느 정도 해결할 수 있었다. 탄창을 연결할 때, 탄창과 탄창 사이에 어느 정도의 간격이 필요하기에 정면에서 본 실루엣이 두터워진다거나, 손잡이 내부에 탄창이 삽입되는 총기에는 사용할 수 없다는 단점이 있었지만, 어설트 라이플에 잘 맞는 방식이었기에, 스위스의 SIG사에서 개발한 『SG550』이나 독일의 H&K에서 만든 『G36』처럼 「별도의 연결용 어댑터 없이도 연결 가능한」 탄창을 기존사양으로 탑재하고 있는 모델이 등장하기도 했다.

미국의 특수부대나 민간군사회사에서 인기를 끌고 있는 M4 계열의 어설트 라이플의 경우, 드럼 방식의 『C-MAG』이라고 불리는 탄창도 판매되고 있는데, 이것은 100발 단위의 탄환을 연속으로 발사할 수 있다고 하는 점 때문에, 탄창 교환 시간의 단축이라는 명제에 대한 하나의 회답이라 일컬어지기도 한다.

신속한 「재장전」을 위한 시행착오

탄창 교환에 시간을 들이고 싶지 않다!

정글 스타일

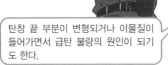

테이프를 둘둘 감아 탄창을 연결했다.

기관단총의 탄창은 길이가 긴 것이 많으므로, 움직임의 방해가 되지 않도록 L자 모양의 어댑터로 연결하기도 한다.

탄창 끝 부분이 변형되거나 이물질이 들어가면서 급탄 불량의 원인이 되기도 한다.

듀얼 매거진

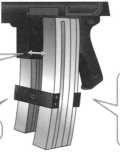

이 공간을 확보해야만 하므로, 어댑터가 반드시 필요한 방식이다. (그냥 테이프를 둘둘 감았을 경우에는 공간 확보가 불가능하다)

3개 이상의 탄창을 연결할 수도 있지만, 이런 경우에는 폭이 지나치게 넓어지면서 총기를 다루기가 불편해질 우려가 있다.

어댑터로 연결한다.

자동권총이나 일부 기관단총처럼 손잡이 부분에 탄창을 삽입하는 총기에는 사용할 수 없다.

C-MAG (드럼 탄창)

탄창을 교환하지 않고도, 100발 이상의 탄환을 연속으로 발사할 수 있다.

예전에는 이러한 탄창의 신뢰성에 대해서 많은 의문이 있었지만, 현재는 충분한 신뢰성을 획득할 수 있게 되었으며, 「M4」이외에도 「MP5」나 「글록」 등의 총기용으로 개발된 모델도 판매 중이다.

이러한 준비를 갖춘 것에 더하여, 택티컬 베스트의 파우치에도 예비 탄창을 가득 넣고 다니게 되는데, 이는 탄창과 탄창 안에 쟁여둔 탄이 일종의 방패 역할을 해주면서 적의 총탄을 막아줄 가능성이 있기 때문이기도 하다.

원 포인트 잡학

듀얼 매거진 용 어댑터는 「매거진 클립」 또는 「매거진 클램프」라고 불리기도 한다.

적의 매복에 걸렸을 때에는?

적의 매복 공격을 받게 되면, 그 순간엔 어느 누구나 「당했다」라는 생각을 하게 될 것이다. 하지만 아군의 세력권 만을 돌아다니는 것이 아닌 이상, 어떠한 곳에도 매복의 위험은 항상 도사리고 있는 법이다. 그리고 이러한 상황 에 처했을 가장 중요한 것은 조금이라도 빨리 충격에서 벗어나, 적의 공격에 대처하는 것이라 할 수 있을 것이다.

● 주저하는 순간이야말로 패배의 순간!

적의 매복에 걸린 시점에서, 이미 「상당히 위험한 상황에 몰려있다」고 하는 의미임을 다시 금 인식하지 않으면 안 된다. 적에게 선수를 빼앗겼다고 하는 점도 뼈아프겠지만, 그보다도 심각한 것은 「적에게는 충분한 시간이 있지만, 이쪽은 그렇지 않다」라는 사실일 것이다. 공 격에 대처하기 위해서는 지형을 파악하여 작전을 세우고, 이 작전을 아군 전원에게 전달해야 만 한다. 이러한 행위를 신속하게, 그것도 적의 탄환이 빗발치는 상황에서 실행하는 것은 말 처럼 쉬운 일이 결코 아니다.

불리한 상황을 타개하기 위해 흔히 쓰이는 전술이, 적진의 중심을 향해 진격하는 것이다. 이때 아군은 소지하고 있는 탄을 전부 소모해버릴 기세로, 보유 화력을 순간적으로 집중시킨 뒤, 적의 화기에서 배출되는 섬광(Muzzle flash) 쪽으로 탄을 발사하며 돌진하게 되는데, 원 래 매복 공격을 실시한 쪽의 의도는, 이쪽이 방어를 위해 그 자리에 멈춰서거나, 피해를 줄이 기 위해 그 자리에서 물러나도록 하려는 것이지만, 이러한 기대를 역으로 이용하여 허를 찌 르고, 혼란에 빠지게 하여, 제대로 통제된 집중 사격을 실시할 수 없도록 만드는 것에 그 목 적이 있다. 혹시 아군이 로켓탄 등의 화기를 보유하고 있었다면, 정확히 조준할 필요 없이 적 방향을 지향하여 발사하는 것만으로도 적을 혼란시킨다는 소기의 목적을 달성할 수가 있다.

부대가 밀집되어있지 않다면, 매복으로 인한 피해를 받지 않은 대원이 있을 가능성도 충분 하다. 이러한 경우, 피해를 입지 않은 대원은 다른 대원과 합류하여 응전하는 것이 아니라, 몸을 숨기고 적의 측면이나 배후로 파고들어가 반격을 실시하게 된다.

만약 적의 지휘관이 한 수 앞을 읽을 줄 아는 인물이라면, 이쪽이 함정에서 벗어나기 위해 화력의 집중과 돌격을 실시하거나, 피해를 받지 않은 대원들이 우회해서 반격을 실시할 것을 예측하고 미리 대비했을 가능성도 배제할 수 없는 법이다. 따라서 우회기동을 할 때는 적이 이러한 가능성에 대비하여 설치했을 지도 모르는 대인 지뢰나 수류탄 등을 이용한 트랩에 충 분한 주의를 기울일 필요가 있다.

어떠한 전술적 선택을 하건, 신속히 행동에 옮겨야만 한다. 머뭇거리거나 행동을 주저하는 것은 곧바로 죽음으로 이어질 수 있기 때문이다. 이미 최초의 매복 공격으로 아군이 큰 피해 를 입은 것은 변함이 없는 사실이므로, 더 이상의 피해를 입기 전에 무엇을 할지 결정하고, 신속히 행동해야 한다.

매복 공격에 대한 대처

적의 「매복 공격」을 받았을 때 어떻게 할 것인가?

맞서 싸운다.	하지만 어느 쪽도 「적과 끝장을 볼 때까지 계속 싸운다」거나 「아예 뒤도 돌아보지 않고 도망치는」 것이 아니라……	그 자리를 벗어난다.

적의 공격에 응전하기는 하지만, 여의치 못한 경우 그 자리를 벗어나는 것도 염두에 둔다.

그 자리를 벗어날 타이밍을 보아가며 응전한다.

적은 매복에 앞서 여러 가지 「준비」를 미리 해두었을 것이므로, 그들의 의도에 일부러 따라 줄 필요는 없다.

적이 미처 예상치 못한 행동을 취하는 것을 통해, 적을 혼란시키고, 미리 준비햇을 계획 등을 어크러뜨리는 것도 가능하다.

적이 혼란에 빠지면, 그 틈을 타고 반격으로 전환하거나 그 자리를 벗어나기 수월해진다.

주의!

예상을 벗어난 행동	=	무모한 행동	……이라고 할 수는 없다.

확실히 예상외의 행동이라는 것은 적의 의표를 찌르는 효과가 있으나, 부대의 전투력이나 부상자의 유무 등의 요소를 총합적으로 고려한 행동이 아닌 경우, 이는 그저 「단순하고 무모한 자살행위」로 끝나고 말 위험성이 매우 높다.

적의 매복과 조우하지 않기 위해, 또는 매복의 피해를 최소한으로 줄이기 위해서는……

• 이동 루트나 시간을 절대 고정시키지 말고, 가능한 한 수시로 변경한다.
• 사전 정찰이나, 지도, 항공사진 등을 이용하여, 적의 매복이 있을만한 곳을 미리 파악해둔다.
• 절대 뭉쳐서 이동하지 않는다.
• 지휘관이나 통신 담당 대원은 자신이 지휘관이나 통신담당이란 것을 쉽게 알 수 있는 모습을 해서는 안 된다.

적의 의도를 읽고, 먼저 선수를 치는 것이야말로, 매복에 대비하는 가장 중요한 포인트이다.

원 포인트 잡학

차량으로 이동하던 도중에 매복을 만났다면, 절대 정차하지 않고 전속력으로 그 자리를 벗어나야 한다. 그것이 불가할 경우에는 적과 마주보고 있는 쪽에 탑승한 자가 응사를 개시한 사이에 나머지 인원들이 먼저 하차하고, 먼저 차에서 내린 인원들이 엄호를 개시한 상태에서 남아있던 인원을 하차시켜야 한다.

CQB에는 기관단총이 최적?

기관단총이란 권총용 탄환을 자동으로 연사할 수 있는 총기로, 처음 등장한 것은 제1차 세계대전 말기 당시이다. 탄피 안에 화약(장약)이 적게 들어있는 권총탄을 사용하기 때문에 적이 제대로 된 소총을 들고 나오면 정면으로 맞서기에 역부족이지만, 좁은 장소나 실내에서의 전투에 적합하단 특징을 지니고 있다.

● 최근에는 어설트 라이플도 사용되는 중

제2차 세계대전이 끝난 이후, 1980년대 무렵까지는, 적 후방지역의 기습이나 정찰 등이 특수부대의 주된 임무였다. 이러한 임무에서는 그 특성상 좁은 장소나 실내에서의 총격전이 벌어질 가능성이 높았는데, 이는 "콤팩트하면서도 연사가 가능하고, 휴대할 수 있는 탄수에도 여유가 있다"는 기관단총 특유의 장점을 유감없이 발휘할 수 있다는 것을 의미했으며, 이에 따라 기관단총은 특수부대의 필수 장비라고 할 정도의 위치를 점할 수 있었다.

80년대에 들어서면서 방탄조끼의 보급과 고성능화가 이뤄지면서, 권총탄의 위력으로는 적을 제대로 무력화시키기 어렵게 되었다. 방탄조끼를 관통할 수 있는 「PDW」는 그 성능적인 면을 봤을 때, 대단히 이상적인 병기였지만, 기존에 없었던 특수한 탄약을 사용하는데다가 가격 또한 그다지 합리적이지는 못했기에 일반화에는 이르지 못했다.

기관단총과 PDW는 근접 전투(CQB)용 장비로 사용되어왔으나, 냉전 종식 이후, 「지역분쟁의 컨트롤」이나 「테러리스트의 구축」이 특수부대의 새로운 역할로 대두되면서, 이들 사이에서 보다 강력하면서도 범용성이 우수한 화기를 찾는 목소리가 높아진 것은 극히 당연한 흐름이라 할 수 있었다.

이러한 흐름 속에서 주목을 받게 된 것이 바로 어설트 라이플이었다. 총신을 짧게 줄이고, 신축식 또는 접이식 개머리판을 부착, 소형화된 어설트 라이플이라면 좁은 장소에서의 전투에도 충분히 대응할 수 있을 것이라는 계산이 있었기 때문이다.

사용 탄약은 기본적으로 소총에 사용되는 것과 같은 크기의 것을 사용하기 때문에, 권총탄이나 PDW용 탄약보다 훨씬 강한 위력을 자랑했으며, 먼 거리까지 탄환을 날릴 수 있었다. 임무 도중에 중·원거리 전투에 들어가더라도 안심하고 응전할 수 있다는 점은, "장거리를 은밀하게 답파하여, 적이 숨어있는 동굴에 강습해 들어간다"는 식의 특수작전을 오직 단 한 종류의 소총만을 가지고도 수행 가능하다는 것을 의미한다.

이러한 스타일의 단축형 어설트 라이플은 「어설트 카빈」이라고도 불리게 되는데, M16 시리즈의 최신 버전이라 할 수 있는 「M4 카빈」이 특히 유명하고, 인기를 끌고 있어, 수 많은 변형 모델과 옵션 액세서리가 시판되어있기도 하다.

근접전투용 어설트 라이플

근접전투(CQB)의 주력은 기관단총이나 PDW였으나……

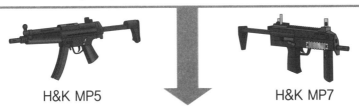

H&K MP5   H&K MP7

어설트 라이플을 사용하는 경우도 적지 않다.

도트사이트 등을 부착, 근접 전투에도 대응.

총신을 짧게 줄여 좁은 실내에서도 불편하지 않도록.

신축식 개머리판.

브리칭(Breaching)용으로 산탄총을 부착한 경우도.

그 이유라면

· 탄약의 위력이 격이 다를 정도로 강하다.
· 여러 종류의 총을 들고 다닐 필요가 없어진다.
· 훈련시간을 단축시킬 수 있다.

= 근접전투 이외의 상황에 들어가더라도 쉽게 대응할 수 있다.

좀 엉뚱한 방향으로 진화한 커스터마이즈의 예

원거리용 조준경을 장착.

길어진 총신.

풀 사이즈인 개머리판.

대체 어디에 사용할지 의문인 유탄발사기.

원 포인트 잡학

1970년대 무렵까지는 『우지(UZI)』나 『잉그램(Ingram MAC-10)』이, 그리고 그 이후에는 H&K사에서 개발, 정밀사격이 가능했던 『MP5』 시리즈가 특수부대에서 사용되는 기관단총의 대명사격 존재로 활약했다.

특수작전에 사용되는 전술 산탄총이란?

샷건(Shotgun), 즉 산탄총이란, 한 번에 적게는 여럿, 많게는 수백 개에 이르는 금속구, 즉 산탄을 발사할 수 있는 총기이다. 사용 가능한 탄약의 종류가 많고, 신뢰성이 높아 특수부대에서도 여러 방면으로 요긴하게 사용 중이다.

● 특수부대용 산탄총

산탄총은 대단히 위력이 강하며, 산탄을 사용했을 경우에는 복수의 적을 한 번에 쓸어버릴 수도 있는 반면, 사거리가 짧다는 문제가 있다. 하지만 이러한 단점도, 탁 트인 곳이 적고, 교전 거리가 짧은 실내전과 같은 상황에서는 딱히 문제가 되지 않는다. 특히 모퉁이를 돌아나가거나, 문을 열었더니 바로 적이 보이는 등, 갑작스레 적과 마주치게 되고, 그런 상태에서의 교전을 강요받게 되는 상황 및 환경에서는, 산탄의 사용이 가능한 산탄총만큼 믿음직한 무기는 없다고 해도 과언이 아닐 것이다.

경찰은 물론 군부대에서도 처음에는 민간용 모델을 사용했지만, 각 총기 메이커가 총격전에 보다 유리한 요소를 추가, 새로이 설계한 모델을 등장시켰고, 이를 「컴뱃 샷건(Combat shotgun, 전투용 산탄총)」이라는 명칭으로 따로 구분하여 부르게 되었다. 또한 택티컬 샷건(Tacical shotgun, 전술 산탄총)이라는 명칭은 전투용 산탄총 중에서도 특수작전 등에 사용하기 편리하도록 개량된 모델을 일컫는 말이다.

사실 이러한 구분법은 그 기준이 그리 명확하지 않으며, 해당 총기를 판매하는 메이커 측에서 판매 전략을 위해 일부러 특정한 구분법을 도입하고 있다는 측면도 없지는 않지만, 이들의 공통적인 특징이 있다고 한다면, 「레일시스템의 탑재」나 「모듈(Module) 구조의 채용」이라는 점을 들 수 있을 것이다.

태생적으로 좀 '조잡한' 무기에 속하는 산탄총에 레일시스템을 탑재하는 것에 대해서는 부정적인 의견도 많다. 하지만, 경찰치안계통 특수부대 같은 곳에서는 대상을 기절시키거나, 출입문의 힌지(Hinge, 경첩) 부분을 파괴하기 위한 전용 탄을 사용할 수 있다는 장점 때문에, 조준을 쉽게 해주거나, 조작성을 향상시켜주는 옵션을 부착 가능케 하는 것은 그들의 입장에서 봤을 때 정말 가려운 곳을 속 시원하게 긁어주는 개량이라고 할 수 있다.

또한 총신의 길이나, 개머리판의 형태 등을 최초 개발 단계에서부터 미리 여러 가지를 준비하여, 용도에 따라 교체할 수 있도록 하는 「모듈 구조」를 채용한 모델도 늘고 있는 추세이다. 이는 가능한 한 짐의 양을 줄이는데 혈안이 되어있는 특수부대 대원들의 입장에서 본다면, 풀 사이즈로 사용하는 이외에도, 어설트 라이플과 합체시키거나, 총신을 짧게 자른 「소드 오프(Sawed off)」 상태로 만들어 휴대하기 편리하게 만들 수 있다는 것은 정말 반가운 일이 아닐 수 없다. 이러한 모듈화는 보급이나 수리 또한 대단히 편리해지기 때문에, 앞으로 보다 일반화 될 것으로 전망된다.

택티컬 샷건(전술 산탄총)

택티컬 샷건이란……
특수작전에 맞게 커스터마이즈된 산탄총을 일컫는 말이다.

상황에 따라 여러 가지 옵션을 선택하여 장착할 수 있으므로,
다양한 임무에 대응 가능하다.

신축 가능한 개머리판

대형화된 가늠쇠

플래시 라이트

레일시스템에 장착된 수직 포어 그립

애초에 설계 단계에서부터 「커스터마이즈」를 상정한 제품도.

모듈 구조를 채용

부품을 바꿔 끼우는 것으로 폼 체인지!

풀 사이즈

다른 총기와 합체

단축 사이즈(소드 오프)

원 포인트 잡학

산탄총은 사거리가 짧음에도 불구하고, 어지간한 소총과 거의 맞먹는 사이즈 때문에 사용하기가 까다롭지만, CQB에서 출입문 등을 파괴하는 브리칭 작업에 사용되거나, 고무탄을 발사하여 적을 기절시키는데 사용되는 등, 특수부대에 있어 매우 유용한 일꾼 노릇을 해주고 있다.

사일렌서(소음기)는 반드시 부착해야 하는가?

특수부대가 사용하는 총기에는, 그것이 소총이냐 권총이냐를 가리지 않고, 사일렌서(소음기)가 장착되어있는 케이스가 많은데, 물론 그 이유는 자신의 위치를 적에게 알리지 않기 위해서이다.

●소리와 섬광을 억제하는 편리한 아이템

사일렌서(Silencer) 또는 서프레서(Suppressor) 라 불리는 장비는, 총구에 장착하는 원통형의 기구로, 총성을 작게 줄여주는 효과가 있다. 하지만 영화나 만화를 비롯한 서브컬처 창작물에서 묘사되는 것처럼, 문자 그대로 소음(消音) 효과가 있는 것은 아니며, 가까운 곳에서 발사되었을 경우에는 여전히 제법 큰 소리가 울려 퍼지는 것을 알 수 있을 것이다.

하지만 완전한 '소음'은 불가능하다고 하더라도, 소음기를 장착하지 않은 총기와 비교해 봤을 때, 음량을 상당히 줄이는 효과가 있다는 것은 분명한 사실이다. 또한 사일렌서에는 발포시에 발생하는 연기나 섬광을 억제하는 효과도 있어, 자신의 위치를 적에게 알려서는 곤란한 저격 임무에서도 중요하게 쓰이는데, 여기에 탄자의 속도를 낮춘「아음속탄」을 조합하여 사용하게 되면 총성은 물론 탄자가 바람을 가르는 소리도 현저하게 줄어들기 때문에 저격수의 위치를 더욱 알기 어려워진다는 이점이 생긴다.

또한 인질 구출 작전 등의 경우, 어둠침침한 실내에서의 총격전을 강요받게 되는 일이 많으므로, 총구 화염이나 발포음은 적의 반격시에 절호의 목표가 된다. 사일렌서를 장착했을 경우, 이러한 위험을 조금이나마 더 회피하기 수월해지는 효과가 있기 때문에 총기의 종류를 막론하고 특수부대에서는 거의 필수 아이템처럼 사용되고 있다.

하지만, 권총에 사일렌서를 장착하는 것은 여러 가지로 고민할 수밖에 없는 부분이 많은 문제이다. 사일렌서라 함은 자동차의 배기구에 붙는「머플러」와 마찬가지로 충분한 효과를 얻기 위해서는 그 나름의 길이가 필요한데, 이러한 사일렌서를 부착하게 되면 사이즈가 상당히 커진다는 문제가 발생하게 된다. 원래 권총은 특유의 콤팩트함이 이점으로, 이런저런 이유로 덩치가 커지는 것은 되도록 피하려는 경향이 있는데, 그럼에도 불구하고 특수부대용으로 개발되거나 이미 채용된 권총의 경우, "사일렌서의 장착을 전제"로 한 사양으로 만들어진 것이 많은 편이다.

픽션의 세계에서는 리볼버에 사일렌서를 부착하는 등의 묘사도 종종 보이는데, 사실 아무리「특수부대이니까」라는 '뇌내 설정'으로 보완을 하려고 해도 이것은 상당히 무리수가 많은 묘사이다. 리볼버에는 탄창대신 달려있는「실린더」와 총열 사이에 상당한 틈이 있는데, 탄이 격발되면서 나오는 폭음의 상당 부분이 이러한 틈새로 새어나가는 탓에 아무리 성능이 우수한 사일렌서를 부착한다고 하더라도 별 다른 의미가 없기 때문이다.

특수부대의 총기에는 표준 장비

사일렌서를 달게 되면
총기의 사이즈가 커질(길어질) 수밖에 없다.

특히 권총에 사일렌서를 부착할 경우, "콤팩트함"이라고 하는 장점을 아예 내다버리는 결과를 낳게 된다.

하지만……

· 총구 화염(빛)을 억제한다   = 발사위치를 특정하기
· 충격파(소리)를 억제한다   어렵게 하는 효과가 있다.

특수작전에 있어 이러한 장점은 도저히 버리기 어려울 정도로 매력적인 것이기에,
특수부대에서 사용하는 총기에 있어 사일렌서는 표준장비로 자리잡은 상태이다.

총구에 사일렌서를 부착하기 위한 「홈」이 파여있다.

나사산을 보호하기 위해 덮개를 씌우기도 한다.

원 포인트 잡학

"완전한 소음"이 실현 불가능한 이상, 「서프레서(Suppressor)」라고 부르는 것이 좀 더 정확한 명칭이 아니겠냐고 하는 의견도 있으나, 미국과 같은 국가의 공문서에도 「사일렌서」라고 표기되는 등, 총기의 본고장이라 할 수 있는 곳에서도 엄밀하게 구분하여 사용하고 있지는 않은 것으로 보인다.

총기에 물이 들어갔을 경우의 대처법은?

특수부대의 강점이라면 때와 장소를 가리지 않고 전투를 수행할 수 있다는 점일 것이다. 폭풍우가 부는 속에서도 아무렇지도 않은 얼굴로 활동하고, 바다나 하천에 숨어 있다가 불쑥 튀어나와서 적을 습격하는 정도는 그야말로 식은 죽 먹기인 이들이지만, 언제나 이들과 함께 하며 그야말로 몸의 일부와도 같은 존재인 총기의 경우, 과연 어떤 조치가 취해져 있는 것일까?

● 실은 사후처리가 더 중요?!

중세의 화승총과는 달리, 현대의 총기는 물이 좀 묻거나 비를 맞은 정도로는 딱히 문제를 일으키지 않는다. 탄약은 한 발 한 발이 금속제 약협(탄피)으로 밀봉이 되어있어 내부의 화약(장약)이 습기를 먹을 일이 없으며, 총신 내부가 다소 침수되었다고 하더라도, 사격을 실시하면 장약이 폭발하면서 나오는 열과 압력으로 총열내부의 수분을 완전히 제거할 수 있다.

하지만, 총기의 내부에 계속 물이 고여 있는 상태라고 한다면 얘기는 좀 달라지는데, 특히 흙탕물이나 미세한 돌가루 같은 것이 섞여있는 물이 들어갔다면 주의할 필요가 있다. 이러한 불순물이 총기 기관부 내의 스프링이나 정밀한 작동 부품 등에 끼었을 경우, 작동불량을 일으킬 우려가 있으며, 탄창 내부에 들어갔다면 탄이 걸리면서 급탄에 문제가 생길 수 있기 때문이다.

또한 총신 내부의 물도, 당장 사격을 하는 데에는 문제가 없다고 하더라도, 원거리의 표적을 노려야 할 경우, 탄자의 비행 방향에 좋지 않은 영향을 주지 않을 것이라고는 장담할 수 없다. 그리고 가스의 압력으로 작동하는 타입의 총기라면 장전 기구를 움직이기 위한 가스 압력에 미묘한 변화가 생기면서 잼(Jam, 탄 걸림)이 발생하는 원인이 될 가능성은 결코 제로가 아니다.

생각할 수 있는 모든 불안요소를 배제한다는 의미에서, 역시 일정한 방법으로 대처하려 하게 되는 것이 인지상정인데, 이러한 경우에 사용하는 응급조치 가운데 하나로, 「총을 있는 힘껏 휘둘러, 이때 발생하는 원심력으로 물을 제거」하는 방법이 있다. 물론 이것은 어디까지나 나중에 차분하게 총기를 분해, 세척을 해준다는 것을 전제로 한 응급처치에 불과하다.

총기에 있어 최대의 적은 역시 소금물로, 침수된 상태에서 이를 털어내지 않고 방치해뒀을 경우, 순식간에 녹이 피어오르기 시작하는 것을 볼 수 있다. 아무리 플라스틱제 부품을 많이 사용하고 있는 총이라 하더라도, 총열이나 공이, 탄창의 스프링 같은 중요 부품은 여전히 금속으로 만들어지며, 소금물은 이러한 부품에 급격한 부식을 발생시킨다. 또한 발포시의 열과 압력으로 수분을 증발시켰다고 해도, 염분은 여전히 남아있으므로, 이 역시 부품에 녹이 슬게 되는 원인이 될 수 있다.

총기의 청소 및 분해정비를 할 때에는, 만에 하나 있을 지도 모르는 적의 습격이나, 급히 그 자리에서 이동해야 할지도 모르는 사태가 발생할 것에 대비하여, 반드시 절반 이상의 총은 언제라도 사격이 가능하도록 해둘 필요가 있다. 보유한 총기 전체를 정비할 경우, 일시적이라고는 하더라도 부대 전체가 비무장 상태에 빠질 우려가 있기 때문이다.

기본적으로는 별 문제가 없다고 하지만……

Oh~!! 총에 물이 들어갔어!
이대로 사용해도 정말 괜찮은 걸까?!

너무 걱정 마. 현대 총기의 성능을 우습게보지 말라고.

하지만 잠깐 기다려봐! 내부에 물이 고여 있는 거 아냐?

탄약은 기본적으로 밀봉이 되어있기 때문에, 화약이 습기를 먹었다거나 하는 이유로 불발 되는 일은 없지만, 기관부에 물기가 있을 경우 작동 불량의 원인이 되는 경우가 있다.

우선 급한 대로
처치를 하자면…

총을 있는 힘껏 휘둘러, 원심력을 이용하여 내부의 물기를 제거하면, 급한 대로 사용이 가능하다.

일단 급한 사태를 벗어났다면 분해해서 청소 및 윤활유의 주유를 실시한다.

• 플라스틱 수지로 만든 총이라 하더라도 중요부품은 대부분 금속으로 만들어진다.
• 특히 바닷물은 총기의 적! 어찌어찌 수분을 제거했더라도 염분이 남아있으면 녹이 슬게 될 수도!

손에 넣은 총기가 AK시리즈
(칼라시니코프)였을 경우.

내부 작동 부품 가운데 서로 간섭할 가능성이 있는 부분의 경우, 설계 단계에서 의도적으로 클리어런스를 넉넉하게 확보한 덕분에 진흙이나 모래 등에 의한 오염에 강한 구조이므로 침수 등으로 인한 성능의 저하에는 크게 신경을 쓰지 않아도 좋을 정도이다.

원 포인트 잡학

처음부터 물에 잠기게 될 것이 예상되는 경우에는, 총기를 가능한 한 방수팩 등에 수납하는 것이 좋으며, 총을 들고 경계를 하면서 전진해야 할 경우에는, 총구 부분에 콘돔 등을 씌워, 최소한 모래가 섞인 흙탕물 같은 것이 들어가지 않도록 해줄 필요가 있다.

특수부대원은 트랩(함정)의 달인?

특수부대의 전술은 기본적으로, 약한 상대는 힘으로 제압하며, 만만치 않은 상대의 경우는 기습을 거는 등, 약점을 노려 공격하는 것이 상투수단이다. 트랩(Trap, 함정)이라는 것은 상대방의 심리적 허점을 찌르는 것이므로, 이러한 의미에서 본다면 특수부대가 가진 특유의 성격과도 잘 맞는 것이라 할 수 있다.

● 소수로 다수의 병력을 농락

　트랩에는 적을 「죽이거나 부상을 입히기 위해」 설치되는 것과 적의 「행동에 제약을 주기 위해」 설치되는 것이 있다. 고대의 유적 탐험을 그린 영화 등에서 흔히 볼 수 있는 함정의 대다수는 전자와 같은 타입에 속하는데, 일단 걸리면 살아남기 어려운 것이 대부분이다. 침입해온 자를 죽여서 저지하는 한편, 이후로 함부로 유적에 침입하는 자가 나오지 못하도록 본보기를 보이기 위함이다.

　물론 함정의 존재나 위치가 드러나게 되면, 더 이상 함정으로서의 의미를 갖지 못하기 때문에, 언뜻 봐서는 거기에 함정이 설치되어있는지 알기 어렵도록 교묘하게 감춰둘 필요가 있다. 「설마」라고 생각할 만한 장소나 그런 타이밍에 작동하도록 하는 것을 통해, 불운하게 걸려든 희생자를 확실하게 처치할 수 있는 것이다. 또한 복수의 함정을 서로 연동되는 구조로 설치해두면, 규모를 훨씬 키울 수 있으며, 주변에 있던 자들까지 여기에 말려들도록 하는 것도 가능하다.

　특정한 사정으로 꼼꼼하게 함정을 설치할 시간이 없어, 고작 한두 개밖에 설치를 못했다고 하더라도 이것이 헛수고로 끝나지 않게 할 방법은 얼마든지 있다. 일반적으로 트랩을 발견하게 되면, 그것이 제대로 작동 했는가의 여부와는 상관없이 "이외에도 다른 트랩이 있을 것"이라 생각하고 신중하게 경계 태세에 들어가는 것이 인간의 심리이다. 이것이 바로, 위에서 예를 든 두 번째 타입의 함정, 다시 말해, 적의 행동에 제약을 가하거나, 행동을 제어하는 유형의 전형적인 예라고 할 수 있다. 함정 자체는 「밟으면 떨어지는 함정」이나 「폭발물」 등의 치사성 트랩과 같은 것으로 충분하지만, 무리해서 숨길 필요는 없다. 일부러 쉽게 발견되도록 만들어 적을 다른 방향으로 유도하거나, 함정을 처리하는 등의 준비로 시간을 허비하도록 만드는 것이 진짜 목적이기 때문이다.

　1970년대 경의 특수부대는 게릴라를 상대하는 일이 많았는데, 이때 게릴라들이 설치한 트랩으로 고전을 면치 못했다. 이때의 경험으로, 특수부대의 대원들은 트랩의 제작 기술에 대하여 체계적인 교육을 받기 시작했다. 적의 트랩을 미리 감지하거나 회피하기 위해서는, 그들 스스로가 트랩 제작의 달인이 되어야 할 필요가 있었기 때문이다. 특수부대의 트랩 제작 기술은 이 시기 이후 급속도로 발전해나갔으며, 일반 부대를 상대로 부비트랩에 대한 대처법을 주제로 한 교육 과정을 개설할 정도에 까지 이르렀다.

| 트랩 | 과 | 특수부대 | 는 궁합이 잘 맞는다.

= 상대의 심리적 허점을 찌르는 것을 통해, 실력 행사 이상의 효과를 발휘하기 때문.

트랩은 그 「목적」에 따라 아래의 2가지로 크게 분류할 수 있다.

A 적의 「살상」을 목적으로 한 것

구멍에 떨어지면 밑에 박혀있는 죽
창에 꼬치구이가……

인계철선을 건드리면 폭발물이 작
동하면서, 콰쾅!!

B 적의 「행동을 제어」하는 것이 목적인 것

일부러 눈에 잘 띄도록 설치하여
「이것 말고도 뭔가가 있을 것」이라
생각하게 만든다.

「길을 벗어나면 지뢰원」이라는 것을 알게
되면, 길 이외의 장소로는 진입하려 하지
않게 된다.

A와 B를 적절하게 조합하는 것을 통해 효과가 더욱 증대!

게릴라나 무장 세력 등은 수적으로 열세에 놓여있기 때문에, 이러한 트랩을 구사하여 전
력의 차이를 만회하려 하는 경우가 많다. 때문에 이들을 상대해야 하는 특수부대도 「트랩
의 달인」이 되어야 할 필요가 있었다.
→일반 부대를 상대로 트랩에 대한 교육을 실시하기도.

원 포인트 잡학
트랩 기술은 서바이벌에도 응용이 가능하므로, 야외에서 식량(동물)을 확보하는 데에도 도움이 된다.

폭약을 설치하여 다리를 무너뜨리기 위해서는?

특수부대의 임무 가운데 하나로, 「중요 시설의 파괴」라는 것이 있는데, 이것은 적에게 있어 중요한 시설이나 설비를 파괴하여 사용하지 못하도록 함으로써, 간접적인 적 전력의 저하를 노리는 작전이다.

● 다리를 건너갈 수 없게 되면……

군사상 중요시설이라는 것은 군 기지나, 비행장 같은 것만이 전부가 아니다. 이들 외에도 각종 군수품을 생산하는 공장이나, 발전소, 연구 시설, 보급소 등 여러 가지가 존재하며, 여기에 더하여 원활한 보급이나 부대의 이동을 가능하게 해주는 간선도로나 철도노선 또한 빼놓을 수 없는 중요 시설로, 이들 시설을 사용할 수 없게 되면 군의 활동에도 막대한 지장이 발생하게 된다.

교통 인프라 중에서도 특히 좋은 표적이 되는 것이라면 대표적으로 「교량」을 들 수 있는데, 한 번 다리가 붕괴하게 되면, 당연하게도 그 노선으로는 차량이나 열차가 지나갈 수 없게 된다. 그리고 기본적으로 이들 교량은 「폭이 넓은 하천」이나 「깎아지른 듯한 계곡」 등의 험지를 지나기 위해 건설된 것이기에 이를 우회해서 이동하려고 해도, 상당한 난관을 각오해야만 한다.

또한 일반적인 도로나 선로에 비해 복구에 소요되는 시간이나 자재의 양이 어마어마하게 많다는 점 또한, 파괴공작을 실시하는 쪽에 있어 큰 매력으로 다가오게 된다. 시간이 크게 소요된다는 것은 그만큼 적 부대의 행동에 제약을 줄 수 있다는 의미이며, 자금이 들어가게 된다는 것은 연료나 탄약의 보충에 필요한 예산의 집행에도 압박을 주게 된다는 것이다. 이는 적 부대와의 직접적인 교전 없이도 얼마든지 적의 전력에 손실을 입힐 수 있다는 것을 의미한다.

교량이라는 구조물은 공학적으로 대단히 절묘한 밸런스 위에 건설된 것이기에, 굳이 대량의 폭약을 설치하지 않고도 중요한 포인트를 폭파하는 것만으로 자기 붕괴를 일으킬 수 있다. 또한, 설령 완전한 파괴에 실패했다고 하더라도, 데미지를 입고 이미 반쯤 붕괴한 교량을 아무 생각 없이 건너가려는 바보는 없을 것이다. 교량 전체를 날려버리지 않더라도, "반파" 정도로 해두는 것만으로 「교통망의 차단」이라는 소기의 목적은 충분히 달성했다고 할 수 있을 것이다.

폭약을 설치해야 하는 장소는, 교량의 종류에 따라 달라지는데, 콘크리트나 석재로 만들어진 아치형 다리의 경우에는 아치의 「이맛돌(키 스톤)」에 해당하는 중앙부분을, 트러스(truss)교와 같이 철골구조물로 구성되어있는 다리는 「들보, 지주, 바닥면」의 세 곳을 폭파하는 것이 일반적이다. 교각 부분을 날려버릴 수 있다면 복구에 소요되는 시간을 더욱 늘릴 수 있지만, 다른 어떤 부위보다도 튼튼하게 만들어진 경우가 많기 때문에, 아예 드릴로 구멍을 뚫고 그 안에 폭약을 삽입해야 하는 등의 수고가 필요하게 된다.

교량의 폭파 포인트

교량을 무너뜨리는 것은 전략적으로 큰 의미를 갖는다.

• 적의 「보급 활동」이나 「부대의 이동」에 지장을 줄 수 있다.
• 복구에 들어가는 비용과 시간이 엄청나다.
• 소량의 폭약 등으로 피해를 입힐 수 있다.

파괴공작의 목표로 더할 나위 없는
「먹잇감」이라 할 수 있다.

교량 구조물 전체를
파괴할 필요는 없다.

아치(Arch)교

석조 아치교의 경우에는 중앙을 가
로지르듯 폭탄을 설치한다.

이맛돌(Keystone)

대형 교량의 경우에는 「이맛돌」을 포
함 3개소에 폭약을 설치한다.

트러스교

「상면의 들보」와 「비스듬한 지주」, 「바
닥면」 부분에 폭탄을 설치한다.

다리가 자중을 이기지 못하고 자기붕
괴를 일으키도록 하기 위해, 교각 좌
우로 약간씩 어긋나게 설치(같은 간
격으로 설치하지 않음.)

수중으로 침투하여 교각을 폭파하는 것도 가능하지만,
필요로 하는 폭약의 양이 많고, 방수 처리를 해야 할
필요가 있다.

폭약의 준비 및 설치, 기폭은 분담하지 않고, 한 사람이 전담하는 것이 이상적이다.

원 포인트 잡학

폭파 공작에 있어, 하나의 목표에 대하여 필요 이상의 폭약을 사용하지는 않는다. 최소한의 폭약으로 끝낸다면, 남은 분량
을 다른 표적에 이용할 수 있기 때문이다.

특수부대원은 모두가 폭탄 해체의 전문가?

특수부대의 대원이라고 해서, 모든 요원이 「폭탄을 해체할 수 있다」라고 생각하는 것은 큰 착각이다. 훈련을 통해 폭발물 전반에 대한 지식을 얻을 수는 있지만, 그 정도만으로 누구나 폭발물 처리의 프로페셔널이 될 수 있다면 아무도 고생할 필요가 없을 것이다.

●폭탄의 처리 방법

특수부대 출신이라면, 누구나 폭탄을 처리할 수 있을 것이란 이미지는, 이들이 폭발물을 이용하여 각종 시설이나 설비를 파괴하는 「폭파의 프로페셔널」이라는 사실에서 나왔다고 할 수 있다. 폭파 등 파괴공작을 통해 아군이 전략적으로 우위에 설 수 있게 해주는 시츄에이션은 비단 영화나 만화 등의 세계에만 국한된 것이 아니다. 특수부대는 임무를 위해 출동할 때, 플라스틱 폭약과 기폭장치의 세트를 반드시 챙겨가며, 목표물의 어느 부위에 얼마만한 양을 사용했을 때 충분한 위력이 발휘되는가 하는 것을 기초지식으로 숙지하고 있다.

하지만 「폭파의 프로」 = 「폭탄을 해체 처리할 수 있는 전문가」라는 등식이 항상 성립되리라는 보장은 없다. 물론 폭약을 다룬다는 점에서, 각각의 임무에 필요한 기술 중에는 서로 중복되는 것들도 존재하는 것이 사실이지만, 그럼에도 불구하고 근본적으로는 완전히 다른 종류의 임무들이기 때문이다. 특수부대의 대원들이 "폭탄을 어떻게든 해야만 하는" 상황에 놓였을 때, 이들은 굳이 무리해서 이를 해체하려고 하는 대신, 「무력화」라고 하는 조치를 취하는 일이 많다. 이 중에서도 가장 확실하고 유효한 것이 액체질소를 이용하는 방식이다.

기폭장치나 타이머에 사용되는 전지는, 내부의 화학물질끼리의 반응을 통해 전력을 만들어내는 구조로 되어있는데, 이때 전지를 저온으로 냉각시키면, 화학반응이 억제되면서 파워다운(불활성화) 상태에 들어가게 된다. 특수부대에서는 바로 이러한 원리를 이용하여, 스티롤 판 등으로 상자를 만들어 폭탄을 둘러싼 뒤, 여기에 액체질소를 흘려 넣어 기폭에 필요한 전류가 흐르지 않도록 하는 방법을 사용한다. 이 방법은 용수철이나 톱니바퀴를 이용한 폭탄의 경우, 더욱 효율적으로 작용하는데, 이는 저온의 액체질소로 인해 대기 중의 수분이 내부의 부품에 엉겨 붙은 채로 빙결되면서, 기계식으로 작동하는 타이머와 기폭장치가 더 이상 움직이지 못하게 만들기 때문이다.

안전한 거리에 있는 경우라면, 아예 소총으로 저격해버린다는 과격한 방식이 사용되기도 한다. 이 경우, 원거리에 있는 표적(폭탄)에 대히여 충분한 위력을 발휘하는 총기를 사용해야만 하므로, 죄소한 7.62mm 급, 그리고 가능하다면 12.7mm 구경의 대물저격총을 준비하는 것이 좋다. 교외의 도로를 달리는 수송차량이나 순찰 부대를 노리고 설치된 IED를 처리하는 경우에는 이런 방식이 편리한 것이 사실이기 때문에, 가장 손쉽고 신속하면서도 안전한 폭탄처리 방식으로 많이 사용되고 있다.

현장 부대에서 실시되는 폭탄의 「처리」 방식

특수부대의 대원들은 「폭파의 프로페셔널」이지만……
그렇다고 해서 반드시 「폭탄 해체의 프로」라고는 할 수 없다.

무리해서 해체하려 들지 않고 무력화 하는 것이 정석.

폭탄을 분해하여, 기폭장치에 이어져있는 전선을 앞에 두고, 빨간색 전선인가 파란색 전선인가를 고르는 방식은 아무리 전문가라고 해도 대단히 위험한 일이다.

 수단 1

액체질소를 이용하여 동결

① 폭탄 주위를 스티롤 판 등으로 감싼 뒤, 액체질소를 흘려 넣는다.

질소의 끓는점은 −196℃ 이므로, 액체 상태에서는 냉각제로 사용할 수 있다.

② 극저온 상태에 들어가면서 기폭용 전지가 전류를 만들지 못하게 된다.

③ 전지가 기능을 정지한 사이에 안전한 곳으로 운반한 뒤 폭발시킨다.

수단 2

안전한 거리를 두고 저격

폭발하더라도 별 문제가 없는 장소나 상황이 아니라면 쓸 수 없는 방법이지만, 가장 안전하고 확실하다.

물론 「폭발물처리 전문 팀」이 제시간에 맞춰 와준다면, 그들에게 맡기는 것이 가장 좋은 선택이라 할 수 있다.

원 포인트 잡학

대물저격총은 갓길에 설치된 사제폭발물 등을 처리하는 외에, 두꺼운 유리로 되어있는 여객기의 조종석이나 건물의 벽 너머에 있는 테러리스트를 저격하는데 사용되는 등, 특수부대의 저격수 사이에서도 인기가 있는 무기이다.

적지에 돌입하기 위해서는 헬기가 유리?

지상으로 이동을 할 경우에는 차량을 이용하거나, 도보로 움직이는 것이 보통이지만, 차량 이동은 도로가
제대로 정비된 곳이 아니면 그 효율이 극단적으로 떨어지며, 도보 이동은 시간이 많이 걸린다는 문제가 있
는데, 바로 이럴 때 사용되는 것이 「헬리본」이라는 전술이다.

●헬리본 전술의 쓰임새

헬리본(Heliborne)이란 「헬리콥터」를 이용하여 부대의 이동이나 전개를 실시하는 전술을 말한다. 헬기를 사용하면 높은 산이나 계곡도 단숨에 지나갈 수 있으므로, 차량 따위는 비교도 안 될 정도의 장거리 이동을, 그것도 훨씬 짧은 시간 안에 마칠 수 있다.

헬리본 전술의 전형적인 사례로 유명한 것이라면, 역시 강습작전 시에 대원들이 여러 대의 헬기에 나눠 탄 뒤, 복표 부근까지 단숨에 접근하여 기습적인 돌입을 감행하는 모습을 들 수 있다. 이는 경비부대가 혼란에 빠진 틈에 돌입을 실행하기 때문에, 조직적인 반격을 받는 일이 드물며 결과적으로 작전의 성공률을 높일 수 있다는 장점이 있다. 하지만 여기에 그치지 않고 작전을 마친 아군 부대를 신속하게 회수할 수 있다는 것은, 역시 좁은 반경에서의 선회는 물론, 호버링(Hovering, 공중정지비행)도 가능한 헬리콥터이기에 가능한 일일 것이다.

이렇듯 만능으로 보이는 헬리본 전술이지만, 여기에도 단점은 존재한다. 헬기의 로터(Rotor, 헬기의 회전익)에서 발생되는 독특한 소음은 멀리서도 잘 들리기 때문이다. 또한 비행 속도도 그리 빠른 편이 아니며, 작전 중에는 저공비행을 하는 일이 많기에, 적 경계부대가 혼란을 수습하고 반격을 실시할 경우, 쉽게 표적이 되기도 한다. 특히 엔진의 배기열을 노리고 날아드는 미사일이나 로켓탄은 헬기의 천적이라 할 수 있으며, 구원을 위해 날아온 아군 부대의 헬기가 격추되면서 위기에 빠지는 패턴은, 픽션의 세계는 물론 현실의 세계에서도 흔히 벌어지는 일이다.

한편, 헬기 이외의 항공기(고정익기)를 이용하여 부대의 전개를 실시하는 것은 「에어본(Airborne, 공수)」이라고 부른다. 고정익기는 회전익기(헬기)와 비교했을 때, 훨씬 먼 거리를 비행할 수 있으므로, 멀리 떨어진 곳으로 부대를 파견할 수 있다. 그리고 비행고도가 높아서 적의 대공화기로부터 상대적으로 안전하다는 이점이 있지만, 특수부대가 싸우고 있는 장소에 돌입시켜 대원들을 구출하는 방식은 불가능하다.

이런 특성들 때문에 특수 작전을 실시할 경우, 잠입 시에는 고정익기로 이동해서 고고도에서 낙하산으로 강하(HALO 또는 HAHO)하고 임무 달성 후에는 헬기로 대원들을 회수하는 식으로, 에어본과 헬리본이 지닌 각각의 이점을 조합하는 방식이 기본이다.

헬리본과 에어본

헬리콥터(회전익기)의 기동력을 살려
신속하게 부대를 이동, 전개하는 것을 「헬리본」이라고 한다.

병력이나 차량을 실은 헬기를 작전 지역으로 보내, 지상으로 이동했을 때는 절대 불가능했을 속도로 단번에 부대를 전개할 수 있다.

진투 지역에 머물면서 상공에서 아군을 엄호하거나, 뒤처진 아군을 회수하는 등의 임무를 수행할 수 있으나, 소음 등으로 눈에 띄기에 적의 표적이 되기도 쉽다.

상황에 따라서는 기체 외부에 차량 등을 매달고 이동하기도.

고정익기(흔히 말하는 보통의 "비행기")를 이용하여
부대를 전개하는 것을 가리켜 「에어본」이라고 한다.

고정익기는 작은 반경으로 선회하기 어렵고, 작전 공역에 머무르는 것이 불가능하기에, 헬리본과 조합하여 작전을 실행하게 된다.

원 포인트 잡학

냉전시대의 소련군이 특히 이러한 전술에 열을 올렸는데, 수십 명 규모의 병력을 실은 헬기가 아프가니스탄의 산 속 깊숙한 곳을 날아다니는 것은 그리 드문 일이 아니었다고 한다.

로프를 사용하여 높은 곳에서 내려오려면?

동료를 구출하기 위해 날아온 헬기에서 로프를 타고 구조대가 지상에 내려오거나, 건물의 옥상에서 건물의 외벽을 미끄러지듯 내려와 창문을 깨고 내부에 돌입하는 장면은 특수부대의 활약을 보여주는 데 있어 단골로 등장하는 장면 가운데 하나이다. 과연 이런 액션을 위해서는 어떤 기술을 필요로 하는 것일까?

● 레펠링과 패스트로프

헬기는 소규모의 인원과 장비를 한꺼번에 운반할 수 있기 때문에, 임무 종료 후에는 신속하게 현장에서 철수할 필요가 있는 특수부대의 이동수단으로 더 없이 적합한 존재라고 할 수 있다. 좁은 반경에서도 선회가 가능할 정도로 기동성이 우수하기에, 지형을 무시한 채 재빠르게 부대를 이동시킬 수 있지만, 아무리 그렇다 해도 산악 지대나 바다 위에 착륙할 수는 없다. 따라서 이러한 지역에서의 구난 활동이나 잠입 임무를 실시할 때에는 공중정지비행(호버링) 중인 헬기에서 로프를 내린 뒤, 이것을 타고 지상으로 내려가야 한다.

로프를 사용하여 높은 곳에서 신속하게 미끄러져 내려가는 기술을 「레펠링(Rappelling, 현수하강)」이라 부른다. 레펠링으로 강하를 실시할 때에는 먼저 「하네스(Harness)」라는 고정구를 착용한 뒤, 카라비너(Carabiner/Karabiner : 한 손으로 결속을 풀 수 있도록 만들어진 금속 고리. 원래는 등산용구의 일종이다)를 이용하여 하네스와 로프 사이를 연결하는데, D형 고리나 8자형 하강구(Descender)와 여기에 감겨 있는 로프 사이의 마찰을 이용, 속도를 조절하며 강하하게 되는 것이다. 이때 대원들의 몸은 카라비너를 통해 로프와 연결되어 있으므로, 만에 하나 로프에서 손을 놓게 되더라도 바로 추락하는 사태는 피할 수 있다.

한편 카라비너를 사용하지 않고 강하를 실시하는 방법도 존재한다. 바로 「패스트로프(Fast rope)」라 불리는 방식인데, 이때 강하 도중에 의지하는 것은 오직 대원 자신의 손과 발뿐이다. 기본적으로 안정성을 희생시킨 방식이므로, 어지간히 시간적 여유가 없는 상황이 아닌 이상은 사용되지 않는다. 하지만, 지상에 착지한 후에 카라비너를 푸는 과정을 생략할 수 있기에, 물과 몇 초에 불과한 시간이지만 로프와의 결속을 해제하는 시간을 단축할 수 있다는 장점이 있다.

패스트로프는 헬기에서 실시되는 현수강하, 그 중에서도 특히 적탄이 빗발치는 상황에서 실시되는 강하에 있어 대단히 중요한 기술이다. 원래 헬기는 대단히 소음이 심한 운송 수단으로, 멀리 떨어진 곳의 적들에게도 당당히 그 존재를 드러낸다는 단점이 있다. 따라서 대원들이 로프로 강하를 실시하고 있을 때에는 호버링을 하며 그 자리에 머물러있을 수밖에 없기 때문에, 이때의 헬기는 적의 로켓탄이나 대공화기의 좋은 먹잇감으로 전락할 위험이 매우 크다. 하지만 대원들이 신속하게 강하하여 결속을 풀고 이동해준다면, 불과 얼마 되지 않는 시간이라 하더라도, 보다 빨리 현장을 이탈하여 아군 헬기의 생존율을 올리는 데 상당한 도움이 될 수 있는 것이다.

신속한 강하를 위한 기술

> 헬기는 특수부대를 작전 지역에 파견하는데 있어, 매우 편리한 수단이지만……
>
> - 넓은 장소가 아니면 착륙할 수 없다.
> - 산지의 비탈면 등에도 착륙할 수 없다.
> - 물론 해상이나 호수 등, 물 위에도 착륙할 수 없다.
>
> 위와 같은 문제가 있다.

 을 이용한다면,

공중정지비행을 하는 헬기에서 강하할 수 있다.

원래는 자일을 사용하여 험준한 산의 비탈면이나 암벽에서 내려오기 위한 기술인데. 빌딩의 옥상에서 외벽을 타고 내려와, 창문을 통해 돌입하기 위한 수단으로 많이 이용되고 있다.

하네스

허리와 양 다리에 장착하는 고정구. 캐러비너를 이용하여 로프와 결속하게 된다.

캐러비너

튼튼한 금속제 고리. 한 손으로도 결속을 풀 수 있도록 되어있다.

캐러비너를 사용하지 않은 채 강하하는 방식을

패스트로프 라고 한다.

안전성을 희생했다는 문제가 있지만, 강하 후에 카라비너를 푸는 데 걸리는 수초의 시간을 단축시킬 수 있어, 지상에 강하한 뒤 곧바로 그 자리에서 벗어나 다음 행동에 들어갈 수 있다는 장점이 있다.

> 상황에 따라서는 다수의 대원들이 일시에 강하하는 경우도 있다.

■ 원 포인트 잡학
강하할 때 「스톱 디센더」라는 하강 기구를 사용하면. 한손으로도 로프를 풀거나 고정하여 강하 속도를 조절할 수 있다. 남은 한쪽 손으로 총을 쥔 채 경계를 할 수도 있기에 강행돌입 작전 등의 임무 등에서 매우 요긴하게 사용되기도 한다.

적에게 발견되지 않기 위한 테크닉이란?

특수부대의 테크닉 가운데 하나로 「잠복」하기 위한 기술을 들 수 있다. 특정 인물이나 시설을 감시하거나, 전투를 회피하기 위해 적으로부터 몸을 숨겨야 하는 경우에 특히 요긴한 기술인데, 카모플라주와 조합하여 사용되는 것이 일반적이다.

●잠복과 카모플라주

군의 특수부대가 출동해야 하는 임무는 시간적 제한이 있거나, 정치적으로 민감한 사안에 해당하는 경우가 대부분이다. 그러므로 적에게 발견되어 불필요한 교전 상태에 들어가기라도 하게 된다면, 이보다 더 난감한 경우는 없을 것이다. 애초에 소수의 정예 인원들만으로 행동하는 일이 많은 특수부대에 있어, 아무런 의미도 없는 교전이나 추격전을 벌일 여유 따위는 어디에도 없다. 적에게 발견당하지 않기 위한 테크닉이 중요하다고 하는 것은 이러한 이유에서이다.

우선 이러한 테크닉의 기본이 되는 것으로 「잠복」이라고 하는 기능을 들 수 있는데, 인간이라는 동물은 시선이 닿는 위치에 주의를 집중하는 경향이 강하므로, 「엎드려 몸을 숨긴다(潛伏)」라고 하는 두 글자의 한자가 갖는 의미 그대로, 가급적 낮은 위치로 들어가야만 한다. 좀 극단적으로 말하자면, 어디가 되었건 상관없이 상대의 시선이 닿지 않는 곳에서 숨을 죽이고 조용히 있기만 한다면, 아무도 눈치를 챌 수 없다는 것이다. 이는 이동을 할 필요가 있을 경우에도 마찬가지 원리가 적용된다. 다시 말해 재빠르게 이동하려면 도리어 상대의 주의를 끄는 결과로 이어질 위험이 있으므로, (적의 주의를 끌 수 있는) 큰 동작을 취하는 것을 피하고, 마치 도둑고양이가 조심스레 움직이는 것처럼 후미진 곳이나 상대의 시선이 잘 닿지 않는 곳을 따라 이동하는 것을 기본으로 해야 한다.

하지만 여기에 그치지 않고, 이러한 잠복의 효과를 한층 살려주는 것이 바로 「카모플라주(Camouflage, 위장)」라는 기술이다. 이것은 물건의 색이나 형태에 손을 대어 "배경에 녹아들어가는" 효과를 얻을 수 없을까 하는 생각에서 출발한 사고방식으로, 위장복을 착용하거나, 얼굴과 손에 색을 칠하는 등의 방법이 사용된다. 또한 총기나 기타 장비품의 윤곽은 멀리서도 쉽게 눈에 띄는 경향이 있는데, 특히 총기의 총신 같은 부분은 자연계에 거의 존재하지 않는 「직선」이므로, 본인의 의지와는 관계없이 강렬한 존재감을 드러낼 수밖에 없다. 따라서 이러한 경우, 나뭇가지를 감거나 테이프를 둘러 전체적인 실루엣(윤곽)을 무너뜨리는 방법으로 대응하게 된다.

이러한 기능이나 장비는 잠입활동이 잦은 군계통 특수부대에 있어, 대원들 자신의 "목숨과도 직결되는" 중요한 것이지만, 이러한 종류의 임무와 그다지 연관이 없어 보이는 경찰치안계통 특수부대의 대원들이라고 해도 결코 등한시 할 수는 없다. 이를테면, 인질 구출 작전에서, 만에 하나 범인이 자신을 감시하고 있는 특수부대원이나 저격수의 존재를 눈치 채고 흥분했을 경우, 인질의 안전을 보장하기 어려운 상황으로 치닫고 마는 케이스가 많기 때문이다.

아무도 우리의 존재를 눈치 채지 못하게 해주마!

> 잠복이나 위장 등의 기술은 임무 수행은
> 물론 자신의 목숨을 지키기 위해서도 중요!

잠복

= 몸을 숨겨, 그 자리에 있다는 것을
알지 못하도록 하는 것.

> 시선이 닿는 곳에 있으면
> 눈에 쉽게 들어온다.

눈 높이(시선이 닿는 곳)

> 바짝 엎드려있는 것만으로도 어
> 느 정도의 효과를 얻을 수 있다.

동을 해야 할 경우에는……

주간의 경우 = 부자연스러운 움직임을 피한다.

야간의 경우 = 소리나 빛을 내지 않도록 주의를 기울인다.

카모플라주 (위장 · 은폐)

= 대상을 주위 환경에 녹아들게 만들어 쉽게 식별할 수 없도록 하는 것.

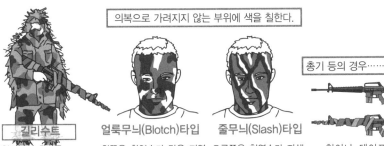

의복으로 가려지지 않는 부위에 색을 칠한다.

총기 등의 경우……

길리수트
위장복의 효과를
극대화시킨 것.

얼룩무늬(Blotch)타입   줄무늬(Slash)타입
왼쪽은 활엽수가 많은 지역, 오른쪽은 침엽수가 자생
하는 삼림이나 초원에 적합하다.

천이나 테이프 등을
감아 「직선」을 최대한
없앤다.

이러한 노하우를 가지고 있으면, 숨어있는 적을 식별하는 데에도 도움이 된다.

원 포인트 잡학

페인트나 위장 크림이 없는 경우에는 진흙이나 나무 등을 태운 재를 활용할 수도 있다. 색을 칠할 때에는 의복 밖으로 드
러난 피부뿐만 아니라, 시계나 인식표처럼 빛을 반사하기 쉬운 물체에도 발라주는 것이 좋다.

암시장치나 조명 없이 야간 전투의 승자가 되기 위해서는?

어두운 장소에서는 대상을 제대로 인식하기가 어려우며, 목표를 포착하는데 시간이 걸린다. 하지만, 특수작전을 실시하는 도중에는 암시장치나 조명을 사용할 수 없는 상황 또한 결코 적다고 할 수 없으므로, 문명의 이기에 의존하지 않은 채 야간 전투를 헤쳐 나가는 방법을 익혀둬서 손해 볼 것은 없을 것이다.

● 밝은 곳에서와는 전혀 다른 노하우가 필요?

인간은 고양이처럼 밤눈이 밝은 동물이 아니기 때문에, 어둠 속에서 돌아다니거나 총기로 조준하는 것은 대단히 어려운 일이다. 때문에 암시장치라는 편리한 물건이 만들어지기는 했지만, 적의 포로가 되어 몰수당하거나, 기계적인 문제가 발생하여 사용할 수 없게 될 가능성이 있다. 또한 적이 눈치 채지 못한 상태에서 선제공격을 가하고 싶은 경우, 또는 도주 중인 상황에서는 함부로 플래시 라이트 등의 조명을 사용할 수는 없는 법이다.

눈에서 받아들인 정보는 망막 안에 있는 「추상세포(pyramidal cell, 錐狀細胞)」와 「간상세포(rod cell, 桿狀細胞)」라는 두 가지의 신경세포를 통해 인식하게 된다. 밝은 장소에서는 시야의 중심부분에 집중되어있는 추상세포를 통해 물체를 보게 되지만, 어두운 장소에서는 적은 빛을 통해서도 물체를 인식할 수 있는 간상세포를 사용하게 되는데, 바로 이 부분을 사용하는 숙련도에 야간 시력을 향상시키는 열쇠가 있다고 할 수 있다.

간상세포는 망막의 주변부에 분포해 있으므로, 어두운 장소에서는 대상을 응시하는 대신, 살짝 중심을 어긋나게 하여 대상을 바라보게 되면 보다 효율적으로 간상세포를 활용할 수 있다. 이렇게 시야의 중심을 살짝 어긋나게 하는 것, 이른바 주변시(peripheral vision)를 활용하는 방법을 「오프 센터 비전(Off Center Vision)」이라 부른다. 빗겨나가게 되는 방향은 일단 주먹 하나 정도를 기준으로 삼지만, 여기서 위쪽을 보게 될지 아니면 아래나 왼쪽 또는 오른쪽을 활용하게 되는지는 개개인마다 조금씩 차이가 있다.

하지만 어두워졌다고 해서 곧바로 간상세포를 사용할 수 있는 것은 아니다. 눈이 어둠에 익숙해졌다는 표현이 있듯이, 활성화에는 시간이 걸리기 때문이다. 이러한 현상을 「암순응(dark adaptation, 暗順應)」이라고 부르는데, 이 또한 개인차가 있긴 하지만, 대체로 30~40분 정도 걸리는 것이 일반적이다.

모처럼 눈이 어둠에 적응했다 하더라도, 빛(특히 백색광)이 눈에 들어가게 되면, 다시 원래의 상태로 되돌아가게 된다. 하지만 진짜 문제는 이쪽 모드로 전환되는 것은 정말 순식간에 이뤄진다는 점으로, 지도를 확인하는 등 부득이하게 조명을 사용할 필요가 잇을 때에는 눈에 부담이 적은 적색광을 사용하거나 한쪽 눈을 감고 조명을 사용해야만 한다.

주변시를 활용해보자!

인간의 눈에는 「추상세포」와 「간상세포」라는 두 종류의 신경세포가 존재한다.
=어두운 곳에서는 간상세포 쪽이 보다 높은 성능을 발휘.

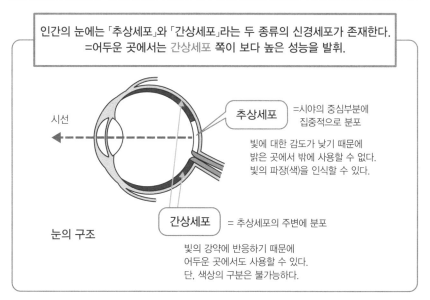

시선

추상세포

=시야의 중심부분에
집중적으로 분포

빛에 대한 감도가 낮기 때문에
밝은 곳에서 밖에 사용할 수 없다.
빛의 파장(색)을 인식할 수 있다.

눈의 구조

간상세포

= 추상세포의 주변에 분포

빛의 강약에 반응하기 때문에
어두운 곳에서도 사용할 수 있다.
단, 색상의 구분은 불가능하다.

주변시를 활용해서 어두운 곳에서의 시력을 향상시켜보자!

어둠에 녹아들어 잘 보이지 않
는다.

세부적으로는 좀 흐릿하지만,
뭔가가 있다는 것은 인식 가능.

대상을 응시하더라도, 어두운 곳에서
는 기능을 발휘할 수 없는 추상세포를
혹사시킬 뿐, 잘 보이지 않는다.

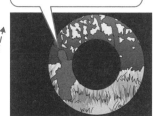

시선을 약간 빗나가게 하여 간상세포
를 사용함으로써 대상을 눈으로 볼 수
있게 된다.

뭔가가 눈에 보였다고 생각되면 숫자 「8」의 모양을 그리듯 그 주위를 둘러보는 것이
좋다. 한 번 인식한 상은 사라지기 전까지 수 초 동안 직접 볼 수 있기 때문이다.

원 포인트 잡학

플래시 라이트 조명의 색을 바꾸기 위해서는 색상이 들어간 셀로판 필름이나 전용 컬러 필터를 사용하게 된다. 일반적으
로는 「적색광」을 많이 사용하지만, 「청색광」은 붉은 색 물체를 쉽게 구분할 수 있으므로, 적이 남기고 간 혈흔을 찾아내는
데 편리하다.

No.075

총기에 플래시 라이트를 장착하는 이유는?

인질의 구출이나 대상의 암살을 목적으로 하는 강습작전의 경우, 건물 내로 돌입하는 시점은 적의 집중력이 저하되는 야간으로 결정되는 일이 많은데, 돌입 직전에 송전선을 절단하거나, 건물 내의 배전반을 조작하여 전력 공급을 차단하여 건물 내부의 조명을 마비시키는 것이 일반적이다.

●총구를 겨눈 방향에 조명을 비춘다

어둠 속에서는 암시장치의 사용을 통해, 상황을 보다 유리하게 이끌 수 있다. 하지만, 암시장치는 기본적으로 고가이며, 누구나가 장비할 수 있을만한 물건은 아니다. 이런 이유로 많이 사용되는 것 중 하나가 바로「가시광을 이용한 조명」이다.

이러한 조명은 흔히 말하는 회중전등, 또는 손전등과 거의 같은 것이지만, 이러한 작전에 사용되는 것은「플래시 라이트」라 불리는 특수한 종류의 것으로, 일반적으로 쓰이는 손전등 따위와는 비교도 되지 않을 정도로 강한 조명을 제공한다. 이렇게 강력한 조명이 사용되는 것은 어두운 실내에서의 시야 확보와 동시에, 어둠 속에 있는 적의 눈에 강한 빛을 조사하여, 일시적으로 시야를 마비시키는 효과가 있기 때문이다.

하지만 이러한 조명을 사용하더라도, 한 곳을 제대로 비추지 못하고 흔들려서는 대상을 제대로 확인하기 어려울뿐더러 도리어 적의 주의를 끄는 부작용이 있으므로, 어두운 곳에서 조명을 사용할 때에는 비추는 방향을 확실하게 컨트롤해줘야만 한다. 이러한 필요에서 등장한 발상이, 바로 총기와 플래시 라이트를 일체화시킨다는 아이디어였다. 여기에는 어댑터 등을 이용하여 레일시스템에 장착하는 방식과, 총의 부품 일부를 교체하여 라이트를 부착할 수 있도록 만드는 방식이 있다. 또한 이와 같이 총기에 부착해서 사용하거나, 총기 부착 기능이 있는 라이트를「웨폰 마운트 라이트」라고 구분하여 부르기도 한다.

라이트를 장착하는 장소는 총신의 아래 부분이 일반적이며, 조명의 방향과 총구가 같은 축선 상에 위치하도록 조정한다. 이를 통해 총구를 자동적으로 조명이 비추는 곳을 향하게 함으로써, 급박한 상황에도 신속하게 대처할 수 있게 되기 때문이다.

하지만 총구 근처에 장착된다는 것은 총기를 발포했을 때의 열과 충격, 진동에 그대로 노출되는 것을 의미하므로, 웨폰 마운트 라이트는 일반적인 라이트보다 훨씬 튼튼하게 만들어진다. 때문에 본체나 교환부품의 가격도 비싸질 수밖에 없긴 하지만, 그럼에도 불구하고 암시장치의 유지 및 관리에 필요로 하는 비용에 비한다면 압도적일 정도로 저렴하다는 이점이 있기에, 많은 부대에서 일선 급의 장비로 사용되고 있다.

웨폰 마운트 라이트

어두운 곳에서의 전투에는 암시장치를 사용하는 것이 유리하기는 히지만……

보유하고 있지 못하고, 새로 구입할 돈도 부족하다.

가시광 조명인 「플래시 라이트」가 나설 차례이다.

총기의 일부로 장착!

총기를 파지한 손과 교차시키는 방식이 일반적이지만, 이 경우 한쪽 손을 쓸 수 없으므로 탄창 교환 등의 작업에 지장이 있다.

소총이나 산탄총의 경우, 애초에 한 손만으로 다루는 것이 어려운 총기이므로, 총기에 장착하여 사용하는 것이 일반적이다.

총구가 향하는 방향과 조명이
같은 축선에 위치하는 것이 특색

- 가격이 적당한 편이기에, 많은 수를 갖출 수 있으며, 수리도 비교적 간단한 편이다.
- 적의 시야를 일시적으로 마비시키거나, 아군끼리 신호를 보내는 데 사용하는 등, 쓰임새도 다양하다.

암시장치의 대용품이 아닌,
믿음직한 일선 급 장비로 대접을 받는다.

원 포인트 잡학

광량이나 초점의 조절 등이 가능한 라이트의 경우, 여기서 조사되는 빛을 레이저 사이트(레이저가 도달한 지점에 착탄이 이뤄지도록 만든 조준장치) 대용으로 사용할 수도 있다.

한랭지에서 총격전을 실시할 때 주의할 점이라면?

극한의 동토에서 전투를 치러야 할 경우, 그 저온이 총기에 어떠한 영향을 미치는가에 대해서 알아둘 필요가 있다. 이러한 환경으로 인해 일어난 변화는, 총기의 성능에 있어 미묘한 오차를 발생시켜, 총격전, 특히 원거리에 대한 총격을 실시할 때, 심각한 문제를 일으킬 가능성도 있기 때문이다.

●총기의 주요부품 대부분은 금속으로 되어있다

추운 지역에서 총기를 다룰 때 주의해야할 점이라면, 온도차에 따른 부품들의 어긋남을 들수 있을 것이다. 특히 금속이라는 재질은, 더운 곳에서는 팽창하고 추운 곳에서는 수축하는 성질이 있기 때문에, 세밀하거나 복잡한 형상의 부품은 이러한 영향에 매우 민감하기 때문이다.

군용 총기의 경우, 이러한 부품의 치수나 내부 작동기구의 클리어런스(Clearance : 기계부품의 작동에 있어 서로가 간섭하지 않을 수 있는 여유 공간)등의 기준을 비교적 여유 있게 잡는 편이므로, 온도 차이에 따른 미묘한 어긋남 정도로 총기가 곧바로 사용불능에 빠지거나 하는 일은 없다. 하지만 저격용으로 정밀 가공된 총기라면, 이렇게 발생한 "미묘한 작동불량"이 치명적인 결과를 초래할 가능성이 있다. 가늠자와 가늠쇠의 조정이 틀어지거나, 총신이 변형되기라도 하면, 원거리에 대한 명중률이 극단적으로 저하되기도 한다.

하지만 여기에 그치지 않고, 총기 자체가 얼어붙어버리는 케이스도 있다. 온도가 낮아지면서 총기의 정비 및 유지에 사용되는 윤활 · 방청유의 점도가 상승하여 좀 심한 경우에는 물엿처럼 엉겨버릴 수도 있다.

이러한 경우에는 차라리 윤활유를 완전히 닦아내는 편이 훨씬 낫다. 휘발유나 라이터용 연료를 사용하면, 윤활유가 쉽게 닦여나가고 남은 성분은 기화되어버리므로 대단히 편리하지만, 자칫 실수로 인화되는 일이 없도록 주의할 필요가 있다.

또한 추운 장소에서 난방이 되어있는 실내에 들어갔을 경우에는, 결로현상이 발생하여 차가운 금속제의 총기에 수분이 맺힐 수 있으며, 이러한 상태에서 다시 외부로 총기를 들고 나가면 급격한 온도차이로 인해 동결되어 버리기도 한다. 이럴 때에는 총기를 실외에 두는 것이 좋지만, 정비 등을 위해 실내로 반입해야만 하는 경우에는 가급적 외부와의 온도차이가 적은 곳을 골라서 보관해야만 한다.

나무나 합성수지가 아닌 금속제 개머리판을 사용하는 총기 또한 취급에 주의할 필요가 있다. 총기를 겨누거나 정조준을 실시했을 때, 얼어붙은 금속 부분에 뺨의 피부가 달라붙게 될 수도 있기 때문이다. 총기의 해당 부분에 테이프를 두르거나 커버를 씌움으로써 이러한 위험을 사전에 예방할 수 있는데, 장갑을 항상 착용하는 것도 유효한 방법이다. 사격을 실시할 때 장갑을 착용하면 손가락이 곱는 사태도 방지할 수 있다.

저온이 총기에 미치는 영향

추운 곳에서는 총기에 어떤 일이 일어나는 것일까?

➤ 온도 차이에 따른 변형이 일어난다.

가늠쇠와 가늠자

저온으로 인해 총기의 각 부품의 크기에 변화가 생기면서 명중률의 저하나 작동불량이 일어날 수 있다.

총신

기관부의 중요한 부품

저온으로 인해 총기의 각 부품의 크기에 변화가 생기면서 명중률의 저하나 작동불량이 일어날 수 있다.

➤ 총이 동결되어버린다.

총기의 작동이 둔해지거나 아예 움직이지 않게 되었다.

| 원인1 | 윤활유나 방진제(防塵劑)가 동결 | ➡ | 총기를 분해하여 동결된 기름을 제거한 뒤, 완전히 건조시킨 상태로 둔다. |

| 원인2 | 결로현상으로 발생한 수분 | ➡ | 커버를 씌우거나 응결된 수분을 닦아내는 등, 온도차이가 있는 장소에서는 세심하게 주의하도록 한다. |

금속 부분에 피부가 들러붙거나 부품이 쉽게 파손된다.

| 대처법1 | 해당 부위에 커버를 씌우거나 테이프를 감아둔다. | = | 금속 부분이 직접 피부에 닿지 않도록 하기 위해서임. |

| 대처법2 | 총기를 만질 때는 반드시 장갑을 착용한다. | = | 손가락이 달라붙는 것을 예방하는 한편으로 방아쇠를 당기는 손가락이 곱는 것을 막기 위해서임. |

총기가 얼어붙었을 경우에는 어떻게 대처할까? 파손에 취약해진 부품으로 인해 망가질 우려가 있으므로 데워주면서 서서히 작동시킨다.

※완전히 동결된 것이 아닐 경우에는 지면에 몇 발 정도로 격발해서 총기를 데워주기도 한다.

■ 원 포인트 잡학

외장을 플라스틱 수지로 성형한 총기가 많이 늘기는 했지만, 강도나 정밀도의 문제로 「총신」이나 「가늠자와 가늠쇠」는 여전히 금속으로 만들어지고 있다.

발자국으로 인원수를 판별하기 위해서는?

발자국은 적을 파악하기 위한 중요한 단서 가운데 하나인데, 이것은 적을 추적하고 있는 경우는 물론 추적자로부터 벗어나야 하는 경우에도, 직접 눈으로 보지 못한 상대편의 대략적인 모습을 「발자국에 남아있는 정보」를 통해 읽어낼 수 있다.

● 발자국을 통해 읽어낼 수 있는 정보

발자국을 주의 깊게 관찰하여 우리는 많은 정보를 알아낼 수가 있다. 예를 들면 그 장소를 통과한 사람들의 숫자, 진행방향, 이동 속도 등이 대표적인 것이며, 심지어는 이들의 컨디션이나 성별까지도 알아낼 수 있다.

대량으로 남아있는 발자국을 보고 인원수를 추측하기 위해서는, 우선 가장 확실하게 남아있는 발자국에 기준이 되는 선을 그은 뒤, 그 지점에서 각 면의 길이가 75~90cm정도 되는 사각형을 만들고, 이 범위 안에 있는 발자국의 개수를 세어 2로 나누는데, 이것이 그 자리를 지나간 사람의 수라고 할 수 있다. 물론 이 숫자는 개략적인 계산이므로, 이 인원수에 1~2명 정도 더한 숫자로 견적을 잡기도 한다.

진행방향의 경우, 「발자국에서 가장 깊은 쪽」이 향하고 있는 쪽이라고 보는 것이 보통이지만, 적이 뒷걸음질로 이동하여 아군을 혼란시키려고 하는 가능성도 배제할 수는 없다. 하지만 이런 경우에도 발뒤꿈치 부분만이 부자연스럽게 발자국이 깊이 나왔다거나, 신발 밑창에서 떨어져 나온 흙덩어리 등이 발자국의 바깥쪽에 떨어져 있는 등의 점을 통해 간파할 수도 있다. (대개의 경우 떨어져 나온 흙덩어리는 진행방향을 향해 떨어진다.)

발자국이 깊고, 간격이 넓게 떨어져 있다면, 해당 발자국의 주인이 서둘러 이동하고 있었다고 생각할 수 있다. 특히 달리고 있었을 경우라면 발끝 부분이 깊숙하게 찍힌 반면 뒤꿈치 부분은 거의 보일 듯 말 듯한 형태의 발자국을 남기게 된다.

무거운 물체를 든 사람의 경우는 서둘러 이동하더라도 발자국의 간격이 그리 크지 않으나, 이 경우에는 발을 질질 끈 듯한 형태의 자국이 남거나 발자국의 간격이 약간 불규칙한 모양으로 남으므로 쉽게 구별할 수 있다. 또한 부상을 당해 몸 상태가 좋지 않을 때에도 발자국의 간격이 좁아지는 경향이 있지만, 이 경우에는 발자국이 교차하는 일이 많다.

여성은 평소부터 보폭이 좁은 편으로, 발끝이 약간 안쪽을 향하는 경향이 있는데, 발의 사이즈 자체가 작은 경우가 많기 때문에 구분하기가 그리 어렵지 않은 편이다. 밀림과 같은 지역에서는 드물게 「맨발」인 발자국이 남는 경우가 있는데, 이 경우에는 "현지의 주민"이 적과 동행하고 있다고 생각해야 할 것이다.

발자국의 식별방법

어지러이 남겨진 발자국이라 하더라도 이를 부분적으로 잘라내어 살펴보면, 대략적인 인원수를 추측할 수가 있다.

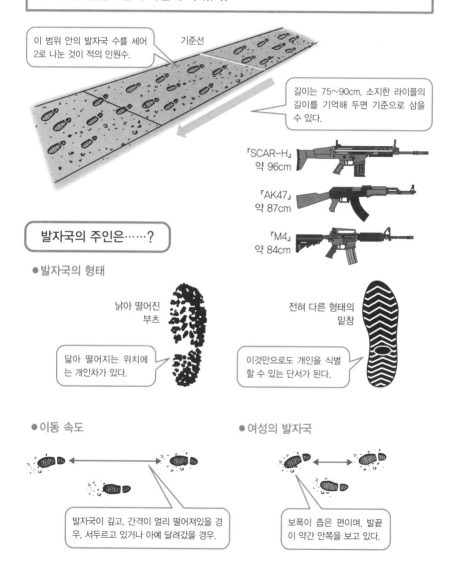

이 범위 안의 발자국 수를 세어 2로 나눈 것이 적의 인원수.

기준선

길이는 75~90cm, 소지한 라이플의 길이를 기억해 두면 기준으로 삼을 수 있다.

『SCAR-H』
약 96cm

『AK47』
약 87cm

『M4』
약 84cm

발자국의 주인은……?

● 발자국의 형태

낡아 떨어진 부츠

닳아 떨어지는 위치에는 개인차가 있다.

전혀 다른 형태의 밑창

이것만으로도 개인을 식별할 수 있는 단서가 된다.

● 이동 속도

발자국이 깊고, 간격이 멀리 떨어져있을 경우, 서두르고 있거나 아예 달려갔을 경우.

● 여성의 발자국

보폭이 좁은 편이며, 발끝이 약간 안쪽을 보고 있다.

원 포인트 잡학

발자국이 찍힌 뒤, 시간이 지나면 수분이 빠져나가 형태가 서서히 무너지면서, 발자국의 윤곽이 점차 둥글고 흐릿하게 보이기 시작한다.

가공세계에 있어서의 특수부대

해외에서는 실존하는 특수부대의 활약을 그린 TV 드라마나 영화가 다수 제작되고 있는데, 일본의 경우, 「특수부대적인 성격을 지닌 오리지널의 조직 또는 부대」를 설정하는 경우를 많이 볼 수 있다. 이런 설정을 택하는 것에는 여러 가지 이유가 있겠지만, 특수부대가 지닌 여러 이미지 중에서 멋지게 보일 수 있는 부분만을 취하면서, 엔터테인먼트에 맞지 않는 부분은 과감히 생략이 가능하기 때문이란 점이 가장 크다 할 수 있을 것이다.

특수부대(혹은 이와 유사한 팀)이라고 한다면 시험 제작기나 최신예 장비를 마구 안겨줘도 부자연스러울 것이 없으며, 일반인이 알기 어려운 비밀이나 음모 같은 것에 얽히게 할 수도 있다. 또한 부대가 만들어진 이유나 임무 내용을 한정시켜 놓으면, 특수부대의 임무 가운데 하나로, 거의 그림자처럼 붙어 다닐 수밖에 없는 더럽고 어두운 부분과 거리를 두는 것도 가능하다. 젊은 층 취향의 SF · 밀리터리 풍 소설이나 만화에서 특히 이런 경향이 강하지만, 구성요소의 취사선택만 충실하게 되어있으면 별다른 문제없이 작품의 세계에 몰입할 수 있다.

주인공이나 주인공의 아군 쪽에 속한 중요인물이 「전직 특수부대원」이거나 할 경우, 이 책에서 소개하고 있는 특수부대의 노하우는 모두가 긍정적으로 묘사되는 경우가 많다. 또한 특수부대의 어두운 면과 주인공의 행동을 대비시키는 것, 예를 들어 목격자를 전부 살해하라는 명령을 받았으나, 차마 그 명령을 수행하지 못하는 장면 등을 통해 캐릭터의 내면을 보다 심도 있게 묘사하는 것이 가능해진다.

특수부대가 주인공의 적으로 등장하는 경우에는, 역시 「무시무시한 강적」으로 그려지는 것이 일반적인데, 엔터테인먼트에서는 적 캐릭터가 강하면 강할수록 이야기가 더욱 달아오르므로, 어떤 의미에서는 매우 당연한 선택이라고 할 수 있을 것이다. 특히 주인공이 「전직 특수부대원」이라는 설정일 경우, 부대의 교관이 적의 지휘관으로 등장하는 패턴이 많은데, 이때 그의 밑에서 훈련을 받던 시절의 회상이나, 예전에 수행했던 작전에 관한 추억 등의 에피소드는 이야기의 흐름에 있어 결코 빠질 수 없는 요소 가운데 하나로 등장한다.

특수부대의 대원들에게 있어 재앙이라고 한다면, 이들의 포지션이 어중간한 곳에 위치한 경우이다. 「어부지리를 노린 제3자의 명령을 받은 특수부대가 적의 수괴를 해치우려고 한다거나, 이야기의 열쇠가 되는 아이템을 빼앗기 위한 강습작전을 개시하는 경우」 등은 엔터테인먼트의 세계에서 특수부대가 괴멸하게 되는 패턴 가운데 가장 흔한 것으로, 순식간에 섬멸당하는 것은 거의 정석이라 할 수 있을 것이다. 또한 이것이 「현대사회를 배경으로 한 이능력자끼리의 배틀」을 테마로 한 이야기일 경우라면 그야말로 최악의 케이스로, 이러한 이야기에서의 "이능력"이라는 것은 초능력에 가까운 무언가이거나, 우주인이나 미래인, 또는 이세계에서 온 사람이 가져온 미지의 기술 같은 것이 대부분인데, 이러한 경우, 특수부대는 이들이 얼마나 강력한 존재인지를 어필하기 위해 희생을 강요받을 수밖에 없는, 이른바 「전투력 측정기」의 역할을 도맡을 수밖에 없게 된다.

가공의 세계에 있어서, 특수부대는 이들이 서있는 위치에 따라서 그 평가가 극단을 오갈 수밖에 없는 존재라고 할 수 있다. 주인공이 군이나 경찰조직 등의 관계자인가, 아니면 그냥 보통의 민간인이거나, 특수부대에 소속된 자와 관계가 있거나……

이러한 요소에 따라, 특수부대는 냉정하고 철두철미한 정예집단이 되기도 하지만, 예고와 자만으로 인해 자멸의 길을 걷게 되기도 하는 것이다.

제5장

특수부대의
생존 기술

셸터란 무엇인가?

야외에서 휴식이나 수면을 취해야 할 경우, 비와 바람, 눈과 한기에 노출되면 체온이 급격하게 떨어지면서 저체온증이 일어날 위험이 있다. 이와 반대로 더위나 따가운 햇살로 인한 데미지도 결코 무시할 수 있는 것이 아닌데, 체내의 수분을 빼앗기면서 탈수증상이나 일사병(열중증)에 걸릴 수도 있기 때문이다.

●비와 바람을 막아주는「피난처」

　임무의 달성을 위하여, 특수부대원들은 항상 신체의 컨디션을 최선의 상태로 유지할 필요가 있다. 그러나 가혹한 임무를 수행하는 와중에 세끼 식사와 충분한 수면을 확보하는 것은 거의 불가능한 일이다. 이러한 상황에서, 가혹한 자연환경으로부터 몸을 보호하며, 조금이라도 신체적 소모를 막기 위한 수단으로 흔히 사용되는 것이「셸터(Shelter)」이다.

　하지만 이러한 셸터의 제작에 있어, 굳이 자작을 고집할 필요는 없다. 텐트를 갖고 있다면 그것을 사용하며, 자연적으로 만들어진 동굴이나, 길게 뻗어 나온 바위 그늘 같은 곳이 있다면 이러한 곳을 이용하면 그만이다. 셸터를 만드는데 소모되는 여분의 시간과 노력을 다른 곳에 사용할 수 있기 때문이다.

　이러한 점에서 텐트는 대단히 효율적인 셸터라고 할 수 있다. 1인용 텐트라면 짧은 시간 안에 조립할 수 있으며, 운반하기도 그다지 어렵지 않은 편이다. 텐트가 없다면 주변에 있는 물건들을 활용하여 대용품을 만들지 않으면 안 되는데, 나뭇가지나 경금속 파이프, 판초우의, 낙하산의 천, 방수 시트, 넓은 나뭇잎 등을 셸터를 만들기 위한 자재로 사용 가능하다.

　출입구(개구부)는 바람을 등진 방향에 설치할 수 있도록 주의할 필요가 있다. 바람이 불어오는 방향에 입구를 설치하면, 바람을 통해 외기가 들어오면서 셸터 내부의 따뜻한 공기가 전부 빠져나가버리기 때문이다. 차가운 공기는 아래로 내려가는 성질이 있으므로, 산이나 언덕처럼 고저차가 있는 장소에 셸터를 설치할 경우에는 산의 중턱 부근이 비교적 따뜻한 편이다.

　어떠한 장소가 되었건, 셸터를 만드는 것은 주위로부터 쉽게 눈에 띄지 않는 장소가 가장 이상적이다. 구체적으로 예를 든다면,「나무가 무성하게 자란 숲」이나「험한 바위투성이인 계곡」등이 있는데, 쓰러진 나무가 많은 곳은 지반이 약할 가능성이 높으므로 피하는 것이 좋다. 또한 물가에 지나치게 가까운 곳은 급하게 물이 불어날 경우가 있으므로 역시 좋지 않은 위치이며, 산악 지대에서는 산사태나 낙석, 눈사태의 흔적이 없는지 충분히 확인할 필요가 있다.

야외에서의 체력 소모를 억제

셀터란 무엇인가?
**= 체력이나 정신력의 소모를 막기 위해, 대원들을 적대적
자연환경으로부터 격리시켜주는 일종의 "차단막"**

텐트는 대단히 효율적인 셀터이다.

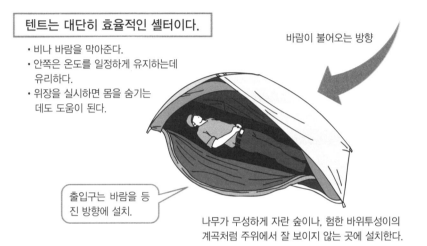

• 비나 바람을 막아준다.
• 안쪽은 온도를 일정하게 유지하는데
 유리하다.
• 위장을 실시하면 몸을 숨기는
 데도 도움이 된다.

바람이 불어오는 방향

출입구는 바람을 등
진 방향에 설치.

나무가 무성하게 자란 숲이나, 험한 바위투성이의
계곡처럼 주위에서 잘 보이지 않는 곳에 설치한다.

자연 동굴의 경우, 비와 바람을 막아주는데 있어 매우 이상적인 셀터라 할 수 있
으나, 출입구가 하나밖에 없을 가능성이 있는 등, 적의 수색이나 추적 등의 문제
를 고려해야만 하는 경우에는 좀 더 주의를 기울여야만 한다.

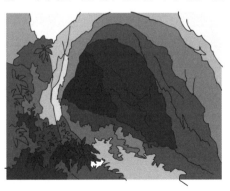

장점

설치 및 해체의 시간과 노력을
단축할 수 있다.

단점

적군 또한 동굴의 존재와 위치를
이미 파악하고 있을 가능성이 있다.

원 포인트 잡학

모포가 없을 경우에는 바닥에 부드러운 나뭇잎이나 풀을 뜯어 빈틈없이 깔아놓고 자는 것이 좋다. 체온을 빼앗길 위험이
크기 때문에 어떠한 경우에도 지면에 직접 그대로 접촉하는 것은 절대 금물이다.

생존에 적합하지 않은 곳에서 셸터를 만들기 위해서는?

사막이나 밀림, 한랭지와 같이 인간의 발이 잘 닿지 않은 곳에서 셸터를 만들 필요가 생겼을 경우, 사막이라면 뜨거운 '열기', 밀림의 경우엔 '습기', 그리고 한랭지라면 '추위' 등, 각 지역의 환경 특성에 맞춰 주의해야 할 포인트가 달라진다.

● 각기 다른 노하우가 적용된다

특수부대의 대원들은 특수한 임무를 수행해야하는 입장 상, 일반 부대의 장병들은 별로 접해볼 일이 없을 환경에서 생활을 해야 할 경우가 많다. 이러한 환경에서 셸터를 만드는 데에는, 각 지역별로 다른 노하우를 필요로 하게 된다.

사막에서 셸터를 만들어야 할 경우, 한 낮의 이글거리는 더위를 어떻게 해결하는가하는 것이 가장 큰 관건이다. 일단은 텐트나 낙하산의 천을 이용하여 직사광선을 차단하는 것이 가장 기본이지만, 커다란 바위그늘 등 지형지물을 이용할 수 있는 경우라면, 가지고 있는 물자와 조합하여 셸터를 만들게 된다. 만약 천막용 천에 여유가 있다면 2장을 겹친 형상으로 만드는 것을 추천하고 싶다. 2장의 천막용 천 사이에 공기층이 생기면서 일종의 단열재 역할을 해주기 때문이다.

밀림에서는 직접 지면과 접촉한 상태로 눕지 않는 것이 중요한데, 이것은 단순히 시트나 모포를 바닥에 까는 정도로 해결되지 않으며, 아예 지면과 분리된 일종의 침상 같은 것을 만들 필요가 있다. 밀림의 지면에는 무수한 곤충이 있기 때문이다. 혹시 해먹이나 그물침대 같은 것이 있다면 이런 것을 사용하는 것도 OK이다. 지면에서 떨어진 곳에 있으므로 해충은 물론 밀림 특유의 습기로부터도 몸을 보호할 수 있는 것이다. 하지만 벌레는 머리 위에서도 내려올 수 있으므로, 천이나 방수 시트를 지붕 대신 설치하는 것이 좋다. 나뭇가지를 잘 엮어 침상을 만들거나 열대 식물의 덩굴을 로프 대용으로 사용할 수도 있는 등, 셸터를 만들기 위한 자재 하나는 풍부하다는 것이 밀림의 이점이다.

한랭지에서는 눈이나 얼음을 셸터의 자재로 사용할 수 있다. 경사진 곳에 불어와 쌓인 눈더미를 이용하여 만든 동굴이 대표적인 예로, 눈이 많이 내리는 지역에서 어린이들이 만드는 눈동굴과 거의 비슷한 것이라 할 수 있다. 이러한 타입의 셸터는 따뜻해진 공기가 외부로 새어나가지 않도록 하는 것이 중요한데, 그렇다고 해서 산소결핍이 일어날 정도로 밀폐를 시켜서는 셸터를 만든 의미 자체가 없어지므로, 출입구와는 별도의 위치에 환기구를 뚫어줘야만 한다. 또한 내부 바닥에 단차를 두어, 차가운 공기가 아래쪽으로 흘러가도록 만드는 것을 통해, 자고 있을 때에 발생하는 체온 저하를 상당부분 완화할 수도 있다.(인간은 원래 수면 시에 체온이 내려간다) 바닥에 모포나 나뭇가지 등을 빈틈없이 깔아 직접 바닥과 접촉하는 것을 피해야 한다는 것은 더 이상 강조할 필요도 없을 것이다.

사막 · 밀림 · 한랭지에서 셸터를 만들어보자! ·

특수한 환경에서는 셸터를 만드는 방법도 달라질 수밖에 없다.

사막의 셸터

천을 씌워 차양을 만든다.

가능하다면 2장의 천을 겹쳐(2중구조) 공기의 단열층을 만들어준다.

지면에 구멍을 판다.

파낸 흙이나 모래를 주변에 쌓아올린 뒤 시트를 돌 같은 것으로 눌러두는 것도 좋다.

지면을 파고 들어간데 더하여 2중구조의 단열층을 만듦으로써 셸터 내부의 기온을
절반 가까이까지 떨어뜨릴 수 있다고 한다.

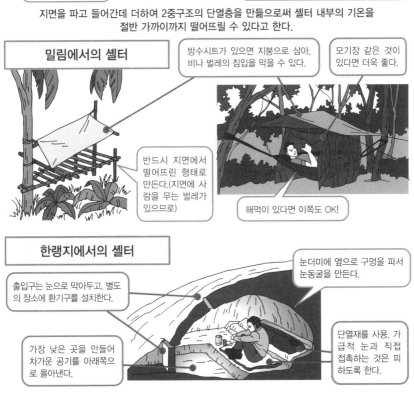

밀림에서의 셸터

방수시트가 있으면 지붕으로 삼아, 비나 벌레의 침입을 막을 수 있다.

모기장 같은 것이 있다면 더욱 좋다.

반드시 지면에서 떨어뜨린 형태로 만든다.(지면에 사람을 무는 벌레가 있으므로)

해먹이 있다면 이쪽도 OK!

한랭지에서의 셸터

눈더미에 옆으로 구멍을 파서 눈동굴을 만든다.

출입구는 눈으로 막아두고, 별도의 장소에 환기구를 설치한다.

단열재를 사용, 가급적 눈과 직접 접촉하는 것은 피하도록 한다.

가장 낮은 곳을 만들어 차가운 공기를 아래쪽으로 몰아낸다.

원 포인트 잡학

민간인들의 캠프 같은 것이 아니므로, 그냥 만들기만 해서 끝나지 않는다. 철수할 때 흔적이 남지 않도록 하기 위해서라도, 자연물을 가공하여 만들었을 경우, 자재에 손을 대는 것은 최소한으로 하여 다시 원래의 모습으로 되돌릴 수 있도록 할 필요가 있는 것이다.

식료품보다 물이 더 중요하다?

야외에서 실시하는 특수작전에 있어, 식수의 확보는 대단히 중요한 문제이다. 물론 「식료품의 고갈」이라는 상황도 결코 유쾌한 것은 아니지만, 식료품을 섭취하고 소화하여 에너지원으로 만드는 데에는 반드시 수분이 필요하기 때문에, 식수의 부족은 곧 생명의 위기로 직결된다고 생각할 필요가 있다.

● 인간의 신체는 7할이 수분!

인간에게 있어 수분은 필요불가결한 것이다. 체내의 수분이 부족해지는 탈수증상이 일어나게 되면, 먼저 체내의 장기가 기능부전에 빠지게 되는데, 여름철에 특히 급증하는 열중증(일사병)같은 것이 바로 그 대표적인 예라고 할 수 있다. 하지만 서늘한 곳이라고 해서 안심할 수는 없는 것이, 몸을 움직이게 되면 땀을 흘리고, 배설물은 물론 호흡을 통해서도 수분이 체외로 배출되기 때문이다.

수분의 공급이 이뤄지지 않는 상태에서, 인간이 생존할 수 있는 기간은 겨우 1주일 남짓밖에 되지 않는다. 만약 더운 지역이라면 불과 3일 만에 사망에 이를 수도 있으며, 아무리 기후조건이 좋다고 하더라도 2주를 넘기기는 어렵다고 한다. 필요로 하는 수분의 양에는 그 변동의 폭이 조금 큰 편인데, 일반적인 군사행동에 종사하는 장병들의 경우, 1일 약 2리터, 사막 등의 장소에서라면 12리터까지 늘어나게 된다.

따라서 수통 등에 준비했던 식수가 떨어지면, 이를 보충해줘야만 한다. 신선한 빗물이라면 바로 마셔도 무방하지만, 하천을 흐르는 물의 경우에는 눈에 보이지 않는 세균이나 유기물질이 둥둥 떠다니고 있으며, 최악의 경우에는 기생충이 도사리고 있을 가능성도 있다. 눈을 그대로 섭취할 경우 인후나 내장에 좋지 않은 영향을 줄 수 있으며, 차가워진 몸을 다시 따뜻하게 하기 위해 체온을 올리는 과정에서 도리어 수분을 소모하게 되므로, 녹인 다음에 이를 여과하여 마시는 것이 좋다. 바닷물은 염분 농도가 높으므로 절대 마셔서는 안 된다. 바닷물 1리터의 염분을 분해하기 위해서는 2리터의 물을 필요로 하기 때문이다. 또한 동물의 혈액을 마시는 것도 마찬가지인데, 인간의 신체는 「혈액」을 수분의 공급원이 아닌 식료로 인식하기 때문에, 역시 이를 분해하는데 다량의 수분을 소모하게 된다.

수분을 공급받기가 여의치 않은 상황에서는 체내 수분의 손실을 최소한으로 억제할 필요가 있다. 구체적인 방법으로는, 피부의 노출을 최소한으로 하여 직사광선을 피하고, 체온이 올라가지 않도록 하여 흘리는 땀의 양도 최소한으로 줄이도록 한다. 더운 한낮에는 가능한 한 외부 활동을 피하도록 하며, 작업이나 이동은 야간에 실시하는 것도 중요하다. 여기에 더하여 코로 호흡을 실시하며, 수분은 서늘한 때에 조금씩 섭취한다는 것도 여러 방법 가운데 하나라 할 수 있겠다. 또한 음식물을 소화하는 데에도 수분을 소모하므로, 식사의 양도 필요 최소한으로 유지하며, 탈수증을 가속시키는 술이나 담배는 피하는 것이 좋다.

물의 중요성

인간은 수분을 제대로 섭취하지 못하면 죽게 된다.

- 음식물을 소화하여 에너지원으로 만드는 데 필요.
- 탈수상태에서는 체내의 각종 장기가 기능부전에 빠짐.

식수의 고갈은, 식료품의 부족보다도 심각한 문제인 것이다.

하루에 약 2~12리터의 수분을 확보해야만 한다.

하지만 물이라고 해서 다 섭취 가능한 것은 아니다.

하천을 흐르는 물

불순물이 섞여 있을 가능성이 매우 높다.

눈

그대로 섭취하면 인후와 내장에 좋지 않다.

바닷물

염분 농도가 높으므로 대단히 위험!

동물의 혈액

분해하는데 수분을 필요로 하게 되므로 해갈에는 아무런 도움이 되지 않는다.

식수의 확보가 어려운 상황에서는……
⇒체내의 수분 손실을 최소화하는 노력이 필요.

- 맨살이 그대로 노출되는 것을 피한다.
- 체온의 상승을 피한다.
- 한낮의 활동을 자제한다.
- 코로 호흡한다.

- 수분은 서늘한 시간에 조금씩 섭취.
- 음식의 섭취는 필요최소한으로.
- 술이나 담배는 절대 엄금.

원 포인트 잡학

기름진 음식을 소화시키는 데에는 더욱 많은 수분을 필요로 하게 된다.

야외에서 음료수를 확보하는 방법은?

식수가 없으면 작전의 수행 이전에 생존이 제1의 문제로 다가오기 때문에, 식수가 얼마나 남았는가 하는 것은 항상 체크해두지 않으면 안 된다. 하지만 야외에는 수도는커녕 우물조차 있을 리가 없기에, 필요한 양의 식수를 확보할 방법을 알아둘 필요가 있다.

●경우에 따라서는 아예 「만든다」라는 방법도 OK

야외에서 물을 확보하는 데에는 두 가지의 방법이 있다. 우선 첫 번째는, 내리는 빗물이나 자연적으로 만들어진 샘에서 나오는 물을 모으거나, 식물 등에서 채취하는 방법이다. 하늘에서 내리는 빗물은 그야말로 「하늘이 내리신 은혜」라고도 말할 수 있는 것으로, 근처에서 핵폭발이 일어나 방사성 물질이 잔뜩 들어있는 낙진이 떨어지는 것이 아닌 이상은 매우 안전한 식수로 사용할 수 있으므로, 방수 시트나 커다란 잎 등을 이용하여 가능한 한 많은 양의 빗물을 모을 수 있도록 한다.

하천을 흐르는 물은 그냥 마실 수 없지만, 자갈 같은 것이 많은 곳을 흐르는 시냇물이나, 바위틈에서 솟아나는 지하수의 경우는 비교적 안전하다고 할 수 있다. 자갈이나 바위가 불순물을 (어느 정도) 차단해주기 때문이다. 햇빛이 닿지 않는 돌밭 같은 곳이라면 움푹 패인 곳에 빗물이 남아있는 경우도 종종 있다. 이러한 장소는 동물들의 움직임이나 곤충의 관찰을 통해 발견할 수 있다.

식물들의 경우, 다양한 형태로 수분을 축적하고 있다. 이를테면 코코넛처럼 열매 안에 수분을 담아둔다거나, 바나나처럼 줄기를 잘라내면 물이 올라오는 등 여러 가지가 있으므로, 작전지역의 식생에 대해서 미리 알아두면 만일의 경우 큰 도움이 될 수 있다.

또 한 가지의 방법은 자연을 이용하여, 식수를 만들어내는 방법이다. 태양열을 이용한 「증류기」는, 먼저 우묵한 모양으로 땅을 판 뒤, 여기에 풀이나 나뭇잎을 잔뜩 채워 넣고 증발하려는 수분을 모으는 방식이다. 구멍 위에 투명한 비닐 시트를 덮어서 태양열을 흡수함으로써 내부의 온도가 상승하고, 포화상태에 들어가면서 미처 기화되지 못한 수분이 시트 표면에 응결되고, 이 물방울이 다시 중력에 의해 시트의 중앙에 모여서 바닥에 설치한 그릇에 떨어지게 되는 것이다.

지면에서 자라고 있는 풀이나 나뭇가지에 비닐봉지를 씌우는 방법도, 기본적인 원리는 거의 비슷하다. 또한 만드는 것은 물론 뒷정리도 간편하다는 이점이 있다. 확보할 수 있는 식수의 양은 적지만, 잘라낸 식물을 사용하면 이동하면서도 물을 얻을 수 있다.

식수의 확보

야외에서 물을 얻는 것은 쉽지 않은 일이다.

▼ 방법은 2가지

첫 번째 자연에서 직접 물을 얻는다.

●시트를 통해 빗물을 모은다.

●수분을 많이 함유하고 있는 과실을 찾는다.

●바나나 나무의 줄기를 벤다.

이 정도 위치를 절단.

완전히 익기 전의 코코넛.

면적이 넓은 식물의 잎을 사용하는 것도 가능.

내추럴 퓨어 테이스트 100%

잘라낸 그루터기의 속을 파 내면 며칠 정도는 물을 얻을 수 있다.

두 번째 자연을 이용하여 물을 만들어낸다.

●태양열을 이용한 「증류기」

●식물의 증산작용을 이용한 방식

식물의 잎 등을 넣으면 훨씬 쉽게 수분이 맺힌다.

투명한 비닐 시트를 덮어 밀폐시킨 뒤, 그 주위에 빈틈없이 흙이나 돌을 올려 눌러둔다.

잎이 난 부분에 비닐 봉지를 씌워, 증산작용에 따라 증발하는 수분을 모은다.

튜브를 이용하여 물을 회수.

움푹한 사발모양으로 지면에 구멍을 판 뒤, 바닥에는 물을 받기위한 그릇을 올려둔다.

작은 돌멩이 같은 것으로 비닐 시트가 약간 처지게 만들어 응결된 수분이 한 곳으로 모일 수 있게 만든다.

무게추를 달아 응결된 수분이 한 곳으로 모이도록 만든다.

가지를 자르거나 구멍을 팠던 흔적은 가능한 한 전부 지울 것.

원 포인트 잡학

발목 부분에 물을 잘 흡수하는 소재의 천을 감고 아침이슬이 맺힌 풀밭을 돌아다니는 방법으로도 수분을 모을 수 있다.

야외의 물은 그냥 마실 수 없다?

「자연수」나 「천연수」라는 말을 듣게 되면, 아무래도 맑고 깨끗한 물이라는 인상을 받게 된다. 물론 이중에는 정말로 깨끗하고 맛이 있어 관광 명소가 되거나 상품으로 팔리기도 하지만, 모든 물이 다 그렇다는 보장은 할 수 없다.

● 여과와 정수

사람들과 얘기를 나누다 보면, 해외로 여행을 나가, 현지의 물을 마셨다가 물갈이 때문에 배탈로 고생을 했다고 하는 이야기를 종종 들을 수 있는데, 아무리 잘 단련된 특수부대의 대원들이라 해도, 결국은 문명세계의 주민인 법. 불순물이나 잡균이 둥둥 떠다니는 "자연수"를 잘못 마셨다가는 위장에 탈이 나면서, 여러 가지로 좋지 않은 경험을 할 수 밖에 없다.

특히 문제가 되는 것이 어딘가에 고여 있던 물을 마신 경우인데, 그냥 겉보기에는 맑고 깨끗한 물이라고 해도 주의할 필요가 있다. 동물의 분뇨나 죽은 곤충의 시체 같은 유기물 등으로 오염되어있을 가능성이 있기 때문이다. 오염된 물을 아무런 처리도 하지 않은 채 섭취하게 되면, 설사나 구토로 인한 탈수증상을 일으킬 수 있다. 이런 경우, 마시지 않았을 때보다도 빨리, 그것도 극심한 고통 속에 죽음을 맞이할 위험이 있다.

물을 정화하는 데 있어 가장 손쉬운 방법의 하나로 「여과」라고 하는 것이 있는데, 원통모양으로 만든 천의 아랫부분을 단단히 묶어 주머니 모양으로 만든 뒤, 이 안에 작은 돌과 모래를 채워 넣은 뒤, 여기에 물을 부어 불순물을 걸러내는 방식이다.

이러한 여과를 거쳐 얻어진 물은 혼탁한 찌꺼기는 거의 걸러진 상태이지만, 아직 균이나 미생물 등이 남아있으므로, 이를 끓이거나 정수용 약품을 투입하여 「소독」할 필요가 있다.

물을 끓여 소독을 실시할 때에는 용기 내부의 물이 골고루 대류할 수 있도록 해주는 것이 좋다. 얼마동안 물을 끓여야 하는가는 표고에 따라 조금씩 달라지지만(높은 곳에서 물을 끓일 경우, 낮은 온도에서 끓기 시작하기 때문에, 경우에 따라서는 완전히 살균이 되지 않는 경우도 있다)센 불로 10분 정도 잘 저어주면서 끓이면 문제없을 것이다. 하지만 불이 없거나, 수통 내부의 물을 직접 살균하고 싶다면, 정수제나 요오드 액을 사용하는 방법이 있지만, 이쪽은 흡사 수영장의 물에서 나는 것과 비슷한 냄새를 감수해야 할 필요가 있다.

정화가 끝난 물을 보관하는 용기에도 여러 가지 종류가 있으나, 물을 보존하기 편리하다는 점에서는 플라스틱 용기가, 직접 불 위에 올려둘 수 있다는 점에서는 금속제 용기나 병이 각기 장점을 갖는다. 또한 물의 온도가 34℃를 넘어가게 될 경우, 세균의 번식이 왕성해지는 원인이 될 수 있으므로, 가끔씩 체크해두는 편이 좋다.

생수에도 주의를!

만일의 경우, 배탈의 원인이 될 수 있으므로 반드시「정화」할 것!

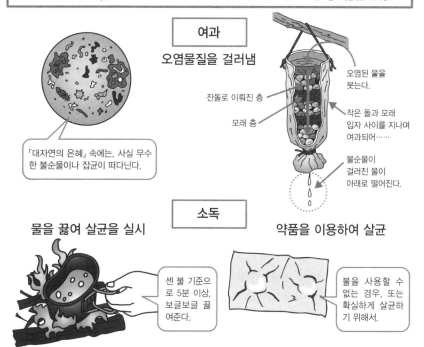

여과

오염물질을 걸러냄

「대자연의 은혜」 속에는, 사실 무수한 불순물이나 잡균이 떠다닌다.

오염된 물을 붓는다.

잔돌로 이뤄진 층

모래 층

작은 돌과 모래 입자 사이를 지나며 여과되어……

불순물이 걸러진 물이 아래로 떨어진다.

소독

물을 끓여 살균을 실시

센 불 기준으로 5분 이상, 보글보글 끓여준다.

10분 이상 가열하게 되면, 적어도 이론적으로는 안전하다고 할 수 있음.

약품을 이용하여 살균

불을 사용할 수 없는 경우, 또는 확실하게 살균하기 위해서.

정화제나 요오드액을 사용.

정화가 끝난 물을 보관하기위한 용기

용기의 재질에 따라 보관할 수 있는 기간이 달라진다.

●플라스틱 수지로 만든 용기

●금속제

약 72시간 정도

약 24시간 내외

■ 원 포인트 잡학
땀을 흘리게 되면 물과 함께 체내의 염분과 미네랄 성분을 같이 잃게 되므로, 수분을 보충할 때에는 이들 성분을 같이 섭취해주는 것이 좋다. 소금의 경우는 평균적으로 하루에 10g정도를 필요로 하는 것으로 알려졌다.

불씨를 만들기 위해 필요한 것은?

식료품과 식수를 가열하거나, 난방을 위해서는 「불」이 꼭 필요하다. 아웃도어용 스토브 같은 것이 있다면 정말 간편하고 편리하겠지만, 특수작전 도중에는 가지고 다닐 수 있는 장비의 양이 제한될 수밖에 없으므로, 현지에서 조달한 것만으로 어떻게든 하지 않으면 안 될 경우가 많다.

● 연소에 필요한 3대 요소란

불을 피우는 것, 즉 연소 반응을 일으키기 위해서는 「가연 물질」, 「열」, 「산소」가 반드시 갖춰져 있어야만 한다. 연료가 될 가연물질로 가장 먼저 떠오르는 것이라면 역시 목재일 것이다. 하지만, 지면에 식생중인 나무에는 수분이 포함되어 있으므로, 말라죽은 나무나 나뭇가지를 모아서 사용하게 된다.

하지만 잘 마른 목재라고 해도 처음부터 성냥이나 라이터를 갖다 대서는 불을 붙일 수 없다. 좀 귀찮은 일이지만, 제대로 순서를 밟아야 할 필요가 있는 것이다. 맨 처음으로 「부싯깃」을 준비하는데, 이것을 이용하여 작은 불씨를 만들어야 하므로 가급적 가볍고 잘 건조된 섬유질의 물체가 이상적이다. 일반적으로는 바싹 마른 풀이나 실밥, 새의 둥지, 탈지면이나 붕대, 휴지 등의 생리용품, 심지어는 사진의 필름이나 탄약의 약협 내부에 있는 화약(장약) 같은 것도 부싯깃으로 사용할 수 있다.

이 부싯깃은 얼마 안 되는 열이나 아주 작은 불똥만으로도 타오르기 시작하므로, 라이터나 성냥이 없다고 하더라도 당황할 필요는 없다. 총기의 조준경이나 카메라의 렌즈로 햇빛을 모으거나, 망가진 차량에서 아직 살아있는 배터리를 꺼낸 뒤 전극에서 스파크를 발생시키는 방식으로도 부싯깃에 불을 붙일 수 있다. 나뭇가지와 끈을 결합하여 석기시대의 원시인들이 사용하던 「마찰식 활(Bow drill)」을 만든다는 방법도 있지만, 시간과 체력 소모가 매우 큰 관계로, 어디까지나 최후의 수단정도로 고려하는 것이 좋다.

부싯깃에 불이 붙었다고 해서 마음을 놓아서는 안 된다. 작고 금방 불이 붙는 부싯깃을 그냥 놔두면, 금방 연소가 끝나 불이 꺼지고 말게 되므로, 그렇게 되기 전에 「불쏘시개」를 넣어 불씨를 더욱 키워야만 한다. 주된 연료가 되는 목재는 온도가 올라가 본격적으로 연소가 시작되기까지 시간이 걸리기 때문이다. 불쏘시개로는 가느다란 나뭇가지나 나무젓가락처럼 잘게 갈라진 나무를 사용하는데, 나이프를 이용하여 끝부분을 잘게 갈라놓거나 표면에 거스러미를 만들어두면 좀 더 오래 불씨를 유지할 수 있게 된다.

생각보다 불이 잘 타오르지 않을 때는 산소의 부족이 원인일 경우가 대부분이다. 특히 불쏘시개를 한 번에 너무 많이 넣으면 일시적으로 불길이 크게 일어나지만, 이내 산소를 소모해버리는 탓에 다시 불씨가 죽어버리는데, 산소의 양 또한 불꽃의 강약에 관여하므로, 나무를 원뿔모양으로 쌓아 공기가 잘 드나들게 하는 등의 조절을 해주는 편이 좋다.

불을 붙여보자

불은 야외 생활에 있어 대단히 중요하다.

- 가열 및 비등을 통한 살균과 소독.
- 난방이나 피복의 건조에도 사용.

연소 작용을 일으키기 위한 3요소

가연물질 불을 피우기 위한 연료가 되는 것.

잘 건조된 죽은 나무

부러진 나뭇가지를 모은 것

불을 붙일 때는 한 번에 붙이려 하지 말고, 「부싯깃」과 「불쏘시개」를 이용하여 서서히 키워 나가는 것이 좋다.

열 가연물질을 발화점(불이 붙는 온도)까지 가열한다.

라이터나 성냥
문명의 이기!

볼록렌즈
의외로 강력!

차량의 배터리
폐품 활용

보우 드릴
최후의 수단!!

※물론「이미 불을 붙여둔 모닥불」같은 것이 있으면 이런 고생을 사서 할 필요는 없다.

산소 산소가 부족하면 불이 꺼지고 만다.
반대로 많이 있다면 더욱 격렬하게 타오른다.

부싯깃에 후~ 하고 바람을 불어넣는 것도, 산소를 공급하여 불이 쉽게 꺼지지 않도록 하기 위한 것이다.

불은 정말로 필요한 것일까?

- 불빛이나 연기로 인해 적에게 발각될 위험이 있다.
- 연료를 확보하는 데 시간이 걸릴 가능성이 있다.
- 바람으로 인해 불을 제어하기 어려운 사태에 빠질 가능성도 있다.

위에 적은 위험과 이점을 잘 저울질하여, 불을 피울지의 여부를 결정하게 된다.

원 포인트 잡학

라이터의 경우, 연료를 다 소모했다고 하더라도, 내부의 부싯돌을 이용하여 불씨를 만들 수 있으므로 버리지 않고 보관해 둘 필요가 있다.

특수부대원은 잡초도 먹을 수 있다?

극한의 한랭지나 열사의 사막을 제외한, 지구상 대부분의 지역에서는 식물이 자라고 있다. 손을 뻗기만 하면 쉽게 채취할 수 있으며, 동물처럼 도망치거나 반격을 당할 위험도 없다. 물론 풀만 먹고는 살 수 없겠지만, 적어도 당장의 배고픔을 달래는 데에는 큰 도움이 되기도 한다.

● 단, 독성이 있는 식물에는 주의를!

인간이라는 것은 먹어야만 움직일 수 있는 존재이다. 뭔가의 사고가 원인이 되어 장비를 상실했다거나, 작전이 길어지면서 가지고 온 식료품을 전부 소모했다고 해도, 임무의 달성과 무사 귀환을 위해서는 어떠한 수단이건 가리지 않고 사용하여 에너지의 보급을 실시할 필요가 있다. 「고기」는 높은 영양가를 자랑하지만, 식재료가 되는 동물 또한 어떻게든 살아남으려 하는 것이 본능이기에, 간단히 붙잡혀줄 리는 없는 법. 사냥감을 포획하기 위해 더 많은 열량과 체력을 소모해서는 본말전도, 밑지고 장사를 하는 것이나 다름없는 일이다.

그런 이유에서 주목을 받는 것이 바로 「식물」이다. 흔히 콩을 "밭에서 나는 쇠고기"라고 하는 것과 같이, 종류나 부위에 따라서는, 아주 훌륭한 영양 공급원이 될 수도 있는 것이다. 특히 아몬드나 호두와 같은 견과류는 높은 열량(칼로리)을 자랑하는데, 불과 한 줌을 입에 털어 넣는 것만으로도 신속하게 에너지의 보급이 가능할 정도이다. 보존은 물론 휴대가 간편하다는 것 또한 정말 고마운 점이라 할 수 있을 것이다.

식물은 일부 극단적인 기후의 지역을 제외한다면 지구상 어디에서든 자라고 있는 반면, 종류가 지나칠 정도로 풍부하기에, 식별이 대단히 까다롭다는 문제가 있다. 채집해온 식물의 식용 여부를 알 수 없을 경우에는 식용 적성 테스트라는 것을 통해 판별하게 된다.

처음에 강렬한 냄새나 산성취가 나지 않는가를 확인한 다음, 짓이긴 조각을 팔꿈치나 손목 안쪽에 살짝 발라, 옻이 오른 것처럼 뭔가 이상이 일어나지는 않는지를 체크하는데, 15분 정도 지켜봐서 별다른 반응이 없다면, 소량을 입에 머금거나 삼켜보면서 이상이 없는지를 확인하게 된다. 하지만 이러한 테스트에는 시간이 오래 걸리며, 테스트를 하는 도중에 다른 음식물을 먹을 수가 없기에, 어느 정도 진정된 적의 위협이 없는 상황이 아니면 실시하기가 좀 곤란하다.

또한 독버섯의 경우, 섭취한 뒤 증상이 나타나기 까지 잠복기간이 긴 것(10~40시간)이 많다. 특히 체력이 떨어진 상태에서는 소량으로도 치명적인 결과로 이어질 수 있기 때문에, 이러한 테스트로는 안전 여부를 판단하기가 매우 어렵다. 따라서 버섯류의 구분을 위해서는 전문 지식을 필요로 하며, 개별적으로 보고 판단하는 수밖에 달리 방법이 없다. 특히 성장 도중의 버섯은 「독버섯의 특징」이 완전히 발현되지 않은 상태이므로 대단히 위험하다.

풀을 뜯어먹어보자

식물은 입수하기 수월한 식재료이다.

무엇보다 동물처럼 도망치거나 반격해오는 일이 없다는 점이 장점.

귀중한 에너지원으로서의 「식물」

열매나 잎

필요로 하는
비타민의 대부분을
섭취할 수 있다.

나무열매

지방이나
단백질이
풍부하며
칼로리도 높다.

뿌리

섬유질이 풍부하여
포만감을 주고,
수분이 많이 들어있다.

하지만 독성이 있는 식물도 많이 존재한다.

식용 가능한 식물인가를 판별하기 위한 「식용 적성 테스트」

대상이 되는 식물을 실제로 섭취할 때와
같은 방법으로 조리한다.
(생식할 경우에는 그대로 사용해도 OK)

검사에 들어가기 8시간 전부터
는 절식. 그 사이에 냄새나 피부
트러블 등의 테스트를 실시한다.

①소량(손가락 끝으로 집은 정도)을 입술 바깥쪽에 묻힌 뒤 3분간 대기.
②혀 위에 올려놓은 뒤 다시 15분.
③삼킨다.
④이 상태에서 8시간 대기. 만약 이상이 있을 경우에는 토해낸 뒤 대량의 물을 마신다.
⑤이번에는 섭취량을 1/4컵 정도까지 늘려서 실시.

⇒8시간이 경과한 뒤에도 아무 이상이 없다면, 해당 부위와 조리법은 안전한 것이라 봐도 무방하다.
(단 버섯류의 경우는 해당하지 않을 수도 있다)

대상이 되는 식물은 「잎」, 「줄기」, 「뿌리」, 「싹」, 「꽃」으로 잘게 나눈 뒤, 개별적으로 테스트를 실시한다. 잎
부분이 OK였다고 해서 줄기 부분까지 OK라는 보장은 없기 때문이다. 또한 가열해서 섭취하는 것은 괜
찮지만, 생으로는 먹을 수 없는 경우도 있으며, 사람에 따라서는 반응이 대단히 늦게 나타나는 케이스도
있으므로 주의할 필요가 있다.

다른 동물(원숭이 등을 포함)이 맛있게 먹고 있는 식물이라고 해서, 전부 먹을 수 있을 것이라고 판단을 내리는 것은 잘못
이다. 동물들마다 체내에 지니고 있는 소화 효소가 제각기 다르기 때문이다.

임무 도중에 복통이 엄습했을 경우엔?

어려운 임무를 수행할 때일수록 컨디션의 관리에 만전을 기해야 하는 법이다. 하지만 임무를 수행하는 과정에서 가혹한 환경에 노출되면 체력이 저하되는 것은 물론, 스트레스도 많이 쌓이게 된다. 두통이나 치통, 복통 등의 증상은 작전 중에 집중력이 저하되는 원흉이 되는데, 이를 방치하는 것은 결코 현명하다 할 수 없다.

● 곧바로 약을 투여하여 대처!

특수부대의 대원들에게 있어, 몸 상태의 관리는 대단히 중요한 사항이다. 최상의 컨디션을 유지하지 못하면, 자신의 맡은 바를 완수하지 못함은 물론, 같은 팀의 동료들에게까지도 피해를 주게 되기 때문이다. 도심지를 홈그라운드로 하는 부대라면 그렇게 까지 심하지는 않겠으나, 사람의 발길이 닿지 않은 지역에까지 진입하여 장거리 행동을 실시해야만 하는 부대의 경우라면 정말 골치 아픈 일이라 하지 않을 수 없다.

위생상태가 그다지 좋지 않은 곳에서는 조달해온 물이나 식재료의 정화가 충분치 못해, 소화기관에 문제가 생기는 경우가 많다. 변비로 시달리는 일이 늘어나거나, 반대로 배설물의 점도가 점차 낮아지거나 하는 일이 발생하면 특히 주의할 필요가 있다. 더욱 악화되어 설사로 이어지기 전에 신속히 대처해야만 한다.

수라장을 헤치고 살아남아온 대원들에게 있어, 생리현상으로 인한 창피는 극히 사소한 문제에 불과하다. 무심결에 내용물이 새어나왔다고 하더라도, 그것이 "임무 달성에 필요한 희생"이라면, 그들은 얼굴색 하나 변하지 않고 그 사실을 받아들일 것이다. 이 사태에서 이들이 정말로 신경을 쓰는 것은 새어나온 내용물 자체와 그 냄새가 자신들의 존재나 위치를 드러내게 될 가능성은 없겠는가에 대한 문제일 것이다.

멀리서 봤을 때에는 완벽한 엄폐 및 은폐를 하고 있다고 하더라도, 흐르는 바람을 타고 냄새가 퍼져나가서는 모든 일이 허사가 될 수도 있다. 지형이나 바람의 방향에 따라서는 넓은 범위에까지 냄새가 퍼지면서 적을 불필요하게 자극할 수 있으며, 더럽혀진 속옷이나 바지를 그대로 방치한다면 거기서 병원균이 발생할 수 있고, 이를 막기 위해 세탁을 한다고 하더라도 여기에 들어가는 시간과 수고는 결코 무시할만한 것이 아니다. 따라서 이들의 장비나 비상용 키트 안에는 반드시 「지사제」나 「정장제」 등, 복통에 듣는 약을 넣고 다닐 필요가 있다.

약을 다 써버렸을 경우에는 「숯가루」를 사용하는 것도 효과가 있는데, 숯에는 체내의 독소를 흡착하는 기능이 있기 때문이다. 실제 의료현장을 살펴보더라도, "독극물을 흡입"한 환자가 실려 왔을 경우, 위세척과 함께 활성탄 수용액을 사용하므로, 그 효능은 충분히 검증이 된 것이라고 할 수 있다.

우리의 배에서 알려오는 위험 신호

- 변비 회수가 늘어난다.
- 배설물의 점도가 현저히 낮아진다.

이 나이를 먹고 지리기라도 했다간, 역시 창피하겠지······?

아뇨, 그 자체는 별로 대단할 것 없는 문제입니다.

특수부대원들은 이미 그러한 경지를 초월한 지 오래인 존재들이다.

정말로 문제가 되는 것은 새어나온 '내용물'의 「냄새」와 「처리」이다.

- 「냄새」는 적에게 이쪽의 존재를 알려주는 원인이 된다.
- 「오염된 의복」은 버리려고 해도 세탁을 하려고 해도 시간과 수고가 필요하다.

신속하게 처리하지 않으면 안 되는 것이다.

| 장비 속에 반드시 복통약을 챙겨둔다. | → | 뭔가 낌새가 좋지 않다고 느껴진다면 주저 없이 약을 복용한다. |

더 이상 복용할 약이 없다면, 숯가루를 대용으로 쓸 수 있다.

예비 약품으로 준비하는 것도 좋지만, 불을 피우고난 자리에서도 채취가 가능하다.

컵 1잔(약250ml) 분량의 물에 10g 정도가 기준

※독극물을 섭취했을 때에는 50g으로 늘린다.

물이 없을 때에는 그대로 섭취하는 것도 OK

원 포인트 잡학

보다 심각한 가능성으로는 말라리아나 콜레라, 살모넬라균에 오염되었을 위험도 생각할 수 있으나, 이런 상황이라면 이미 현장에서 어떻게 손을 쓸 수 있는 상황이 아니다. 따라서 이때는 즉시 임무를 중지하고 후송을 요청할 필요가 있다.

갑작스럽게 적지에 떨어졌을 경우엔?

특수부대의 대원이라면, 적지 한 가운데에 고립되는 사태도 결코 드문 일이라고는 할 수 없다. 소속 부대와 떨어지거나, 추락한 항공기에서 간신히 목숨만 부지한 채로 탈출하는 등의 케이스가 그것인데, 이 모든 상황에 있어 가장 중요한 것은 「자신이 놓여있는 상황을 정리하는」것이다.

●허둥대거나 당황하지 않고 상황을 정리

적지에 홀로 떨어졌다고 해도, 그것이 정찰임무처럼 원래 예정되어있던 행동이라면 딱히 문제가 될 것은 없다. 곤란한 상황이기는 하지만, 대원들은 여기에 필요한 훈련을 쌓았으며, 장비 또한 충분하게 갖춘 상황이다. 정말 문제가 되는 것은 "상정하지 않았던 상황"일 경우인 것이다.

의도하지 않았던 고립상태에 빠졌을 경우, 맨 처음에 해야 하는 행동은 자신이 어떤 상황에 놓여있는지 파악하는 것이므로, 특히 그 중에서 제일 우선으로 해야 하는 것이 「자신의 신체가 어떤 상태인가 파악하는」 것이다. 어디 다친 곳은 없는지, 체력은 얼마나 남아있는지에 따라 무엇을 할 수 있는지 정해지기 때문이다. 따라서 가능한 한 객관적으로 신체적 컨디션을 체크해야만 한다.

그 다음으로 행할 것은 「장비의 확인」이다. 장비를 잃어버렸을 경우에는 적에게서 "조달"하거나, 부근에 있는 것을 이용하거나 가공하여 자작하지 않으면 안 되지만, 가능하다면 눈에 띄지 않게 실시할 필요가 있다. 결국 나중에 가서는 발각이 된다고 하더라도, 그 시점이 조금이라도 더 나중으로 미뤄질수록 그만큼 자유롭게 행동할 수 있는 시간을 더 벌 수 있기 때문이다.

「아군과의 통신수단」은 어떻게든 확보해야만 한다. 이쪽의 위치나 상황을 알릴 수 있다면, 구조부대의 파견을 기대할 수 있을 뿐 아니라, 설령 구조부대가 올 수 없는 상황에서 자력으로 탈출을 해야 할 경우라 하더라도 아군의 지원을 받을 수 있는 확률이 높아지게 되기 때문이다. 본인의 통신기가 사용가능한 상태로 자신의 손에 남아있는 것이 가장 이상적인 상황이라 할 수 있을 테지만, 편지나 전언, 봉화 등의 원시적인 수단에 의지해야만 하는 경우도 얼마든지 있을 수 있다. 또한 임무를 속행하건, 작전지역에서의 탈출을 시도하건, 특정한 「이동수단」을 확보할 수 있다면, 일이 대단히 수월해진다. 차량이나 보트, 소형 항공기, 지역에 따라서는 말이나 낙타 등을 "발" 대신으로 사용가능하지만, 눈에 띄지 않으며 해당 지역의 지형에 맞는 교통수단을 고르는 것이 중요하다.

고립되었을 때 중상을 입는 등, 그 자리에 숨어있는 것 이외에 불가능한 상황에서는 항복을 하는 것도 하나의 방법이다. 물론 특수부대의 대원이 일반적인 포로들과 똑같은 대우를 받을 리는 없으므로, 어느 정도의 각오가 필요하겠지만, 살아남기 위해 최선을 다한다는 의미에서 본다면 이 또한 훌륭한 선택지 가운데 하나라고 할 수 있을 것이다.

고립된 상황에서 해야 할 것이라면?

「적진 한가운데에 고립」이라고 하는 상황이……

| 당초의 작전대로일 경우 | ➡ 문제 없음. 이후로도 계획에 따라 행동한다. |

| 계획이나 상정을 벗어난 경우 |

⬇

자, 진정하고 차분하게 자신이 놓인 상황을 정리해보자.

해야만 하는 것들

①신체의 상태를 파악한다.

다친 곳이나 부상을 입은 곳은 없는지 확인하고, 체력은 얼마나 남아있는지,
조금 무리한 행동이라도 수행 가능한지를 객관적으로 판단한다.

②장비의 상태를 확인한다.

필요한 장비가 파손되지는 않았는지, 새로이 조달하거나 자작할 필요는 없겠는지,
그리고 그것이 가능한가의 여부 등.

③ A 아군과의 통신수단을 확보한다.

적에게 발각되지 않도록 하는 것이 기본 전제이지만,
화급을 요하는 상황에서는 일일이 따져가며 실시할 수는 없는 법이다.

B 이동수단을 확보한다.

너무 요란하게 움직이면 적에게 발각될 수 있으니 주의하도록 한다.
그 지역에 맞는 이동수단을 선택하는 것이 좋다.

> **살아남기 위해 필요하다고 판단된다면,**
> **「적에게 항복」이라는 선택지도 검토할 만하다.**

원 포인트 잡학

「식수의 확보」, 「식량의 조달」, 「셸터의 설치」 등의 준비는 어떤 상황에서라도 반드시 해야만 하는 것이므로, 상황을 정리
하면서도 장소를 찾거나 용구를 확보할 필요가 있다.

「서바이벌키트」에는 어떤 것이 들어있을까?

군용 장비품 중 하나로 「서바이벌키트」라는 것이 있다. 이것은 조난이나 적진에서의 탈출 등, 특정한 원인으로 인해 야외에서의 생활을 해야만 하는 병사가 사용하는 것으로, 야외 생존에 요긴하게 쓰이는 아이템들을 콤팩트하게 하나의 패키지에 담고 있다.

● 생존용 아이템의 종합 선물세트

서바이벌키트는 함선에 적재되어있는 탈출용 구명보트나 항공기의 사출좌석에 비치되어있는 경우가 일반적이다. 전자에는 해상에서의 생존에 필요한 물품들이 들어있으며, 후자에는 격추당하거나 고장으로 불시착한 기체에서 탈출한 뒤에 도움이 될 만한 아이템들이 들어있다.

지상부대의 전투차량이나 일반 장병들의 경우, 망망대해나 적 세력권 한 가운데에 고립되는 케이스는 거의 드물기에, 이들에게 지급되는 키트 또한 해군이나 공군의 그것에 비해 매우 간소한 경우가 대부분이다. 하지만 같은 지상군이라 해도 특수부대의 대원들은 이들과 좀 다른 입장에 있다. 정찰이나 인질구출 등, 소수의 인원으로 은밀 행동을 실시해야만 하는 특수부대의 특성상, 이들은 전용으로 만들어진 서바이벌키트를 휴대하고 있다.

키트의 내용물은, 이들의 임무 특성을 감안하여 아웃도어나 등산용품의 구성에 가까운 모습을 보이고 있다. 불을 피울 때 사용하는 부싯돌이나 집광렌즈, 나침반, 재봉용 도구, 낚싯바늘과 낚싯줄, 상처에 붙이는 밴드에 각종 약품(정수제나 비타민제, 진통제 등), 멀리 떨어진 곳에 신호를 보낼 때 사용하는 신호용 거울 등의 물품들이 이에 해당한다.

작은 동물을 사냥하기 위한 함정을 만드는 데 사용되는 트랩 와이어(철사), 나무는 물론 경금속까지 절단할 수 있는 줄톱(Wire saw), 응급조치나 조리, 가공 등에 사용할 수 있는 의료용 메스와 그 칼날도 사용처는 한정되어있으나 편리한 아이템들이다.

위에 열거한 장비들은 담배를 담는 양철 박스 정도 크기의 밀폐용기에 전부 수납되는데, 임무 도중에 방기할 가능성이 있는 배낭 안에 넣지 않고, 항상 몸에 지니고 다니는 것이 원칙이다. 툴 나이프나 지도, 응급 보온포(Emergency Blanket : 응급 상황에서 체온 유지용으로 사용되는 알루미늄 코팅이 된 시트) 등은 중요한 서바이벌 용구이지만, 부피문제로 케이스 안에 수납하기는 어려우므로, 이들은 별도로 휴대하게 된다.

이러한 장비들의 경우, 이전에는 군에서 개발한 전용 제품들이 대부분이었지만, 최근에는 민수용품의 성능이 크게 올라가면서, 이들 민수품을 그대로 사용하거나, 군의 수요 및 특성에 맞게 민간 기업이 개발한 상품을 채용하여 조달하는 경우도 많다.

서바이벌키트의 내용물

서바이벌키트

선박의 구명보트에 싣거나, 항공기의 사출좌석에 비치되어있다.

야외에서의 생존이나, 적지에서의 은밀 행동 또는 탈출 시에 요긴하게 쓰이는 아이템을 한데 묶은 것.

적지에서 행동해야 하는 일이 많은 특수부대는 전용으로 만들어진 키트를 갖고 있다.

특수부대용 서바이벌키트의 예

재봉용구

부싯돌 세트

집광렌즈

양초

소형 나침반

각종 정제

상처용 밴드

낚시 세트

메스용 칼날

신호용 거울

트랩 와이어

줄톱(와이어 소우)

이외의 장비는 별도로 휴대하게 된다. 비닐 포장에 담겨 있는 경우도 있으나, 금속 깡통으로 되어있는 경우는 케이스 자체를 용기로 사용 가능하고, 뚜껑 뒷면은 거울 대신으로도 쓸 수 있다.

금속제 밀폐용기

키트의 내용물은 각자 다르며, 필요가 없다고 판단한 물품을 놔두고 가거나 민수품을 비롯한 도움이 될 것으로 예상되는 물품을 독자적으로 추가하는 케이스도 많다.

원 포인트 잡학

대원들에게 금화나 현지의 통화(또는 미국 달러화)가 지급되는 경우도 있다. 물론 이것은 현지의 주민들에 대한 답례 등의 용도로 사용되며, 경우에 따라서는 매우 요긴한 아이템이 되기도 한다.

No.088

서바이벌용 장비를 몰래 휴대하기 위해서는?

특수 임무에 참가할 경우, 충분히 염두에 둬야 할 가능성 가운데 하나가 「장비를 전부 상실하게 되는 경우」이다. 항공기나 차량에서 몸만 간신히 탈출해야만 하는 처지가 되거나 적의 포로가 되어 몸에 지닌 것을 전부 빼앗기는 경우도 있기 때문이다.

●완전히 맨손이 되어서는 서바이벌 자체가 불가능

아무리 고도의 훈련을 받은 특수부대원이라고 하더라도, 인간에게 적대적인 대자연이란 환경에서 살아남기 위해서는 최소한의 아이템을 갖추고 있어야 할 필요가 있다. 식료품의 조달에 도움이 되는 낚싯바늘의 경우는 방수처리를 한 뒤, 군복의 부대 모표나 계급장 뒤에 꿰메어 감출 수 있으며, 외과용 메스날도 마찬가지 방법으로 숨겨둘 수가 있다.

줄톱이나 트랩 와이어를 바지의 허리 부분이나 허리띠 속에 넣어두면, 셸터를 만들거나 함정을 설치할 때 편리하며, 바지 주머니나 단추는 일단 재봉된 부분의 실밥을 푼 뒤, 낚싯줄로 다시 꿰매어두면 쉽게 들키지 않을 수 있다.

서바이벌 용구 가운데, 지도는 특히 중요하다. 작전지역을 간단히 그린 지도를 준비한 뒤 (대도시나 간선도로, 하천, 철도 등의 중요지점 만을 기재해 둔다), 나침반과 병용하여 방위를 확인할 수 있기 때문이다. 지도 자체는 머릿속에 기억해둘 수 있지만, 나침반은 그렇게 하는 것이 불가능하다. 일단 태양이나 별의 위치 등을 통해 방위를 어느 정도 파악할 수는 있으나, 편의성으로는 역시 나침반에 미치지 못한다. 단추 크기 정도의 나침반을 삼켜두면, 나중에 자신의 배설물에서 이를 다시 꺼내서 사용할 수 있다.

의복의 경우에는 일반적으로 죄수복 같은 것으로 갈아입게 하는 이미지가 강하지만, 수용 시설의 규모나 예산에 따라, 피복의 수가 부족한 경우엔 그냥 각자가 입고 왔던 군복을 그대로 입고 있도록 하는 케이스도 많은 편이다.

모자나 손목시계 등은 대단히 높은 확률로 몰수당하게 되므로, 이러한 물품은 서바이벌 용구를 숨기는 데 적합하지 않다. 군복의 윗도리도 마찬가지로 빼앗기는 경우가 많지만, 그래도 바지만은 남겨주는 경우도 제법 있으므로, 옷의 어느 부분에 무엇을 숨길 것인가 하는 점에 대하여 진지하게 고민해볼 필요가 있다. 신발의 경우도 속옷과 마찬가지로 빼앗아가기 어려운 물품이므로 뭔가를 숨기기에 안성맞춤이라고 할 수 있으나, 숨기는 방법에 따라서는 신고 있기가 불편해지거나, 작전에 지장을 주는 경우도 있으므로 주의해야만 한다.

긴급용 장비는 잘 숨겨두도록 하자

서바이벌키트를 시작으로, 생존에 필요한
「중요 아이템」은 어떻게든 몸에 지니고 싶다.

• 뭔가의 이유로 간신히 몸만 빠져나온 상태라거나……
• 포로가 되어 지니고 있던 장비를 모두 몰수당하는 등……

하지만 장비를 몸에 숨기고 있으면 곤란할 때 도움이 된다.

낚싯바늘이나 메스날을 계급장 뒷면에 몰래 숨겨둔다.

모자나 손목시계 등은 몰수당할 가능성이 매우 높으므로 뭔가를 숨기기에는 적당하지 않다.

방수처리가 되어있는 소형 나침반을 삼켜두면, 나중에 다시 꺼내서 사용할 수 있다.

바지의 주머니를 낚싯줄로 꿰매놓는다.

와이어 소우나 트랩 와이어를 벨트 속에 감춰둔다.

지도는 옷의 안감 부분에 꿰매놓거나, 신발 밑창 부분에 감추어 놓는다.

적의 포로가 되어 신체검사를 받거나 하는 상황에서도
하나라도 더 많은 도구가 무사히 통과 될 수 있도록 지혜를 짜내어보자.

……

대장님! 이 자식, 팬티 속에 이런 걸 숨기고 있었습니다!

하지만, 지나치게 기발한 장소에 특수한 물건을 감추고 있었을 경우는 「변명」의 여지가 없게 될 수도……

……음, 보통 놈이 아니군. 당장 끌고 가!

원 포인트 잡학

신체검사를 할 때, 상대의 흥미를 끄는 대표적인 아이템은 「무기」나 「지도」, 「노트」 등의 물건으로, 이러한 물품들을 미끼로 삼아 몸에 감춘 서바이벌 장비가 발견되는 것을 피하는 방법도 있다.

한랭지에서 동사하지 않기 위해서는?

한랭지의 가장 무서운 점은 체온의 저하나 동상이다. 체온이 35℃ 이하로 떨어질 경우, 신체 기능의 저하가 나타나며, 끝내는 기능 정지까지 이어질 수도 있는데, 바람이 강한 곳에서는 더욱 체온을 빼앗기기 쉽기에, 셀터의 유무가 매우 중요하다. 또한 공복 상태이거나 피로한 경우, 이러한 증상의 진행에 더욱 가속도가 붙기도 한다.

● 저체온과 동상에 주의!

추운 장소에서도 체온을 유지하기 위해서는 다운 재킷이나, 스키 웨어 같은 방한복이 절실하게 느껴지는 법이지만, 이러한 장비가 없어도 어떻게든 해야만 하는 것이 바로 특수부대이다. 체온의 저하를 막는 포인트가 숙지함으로써, 어떤 상황에서도 최악의 경우만은 피할 수 있다.

사람의 머리에서는 대량의 열이 공기 중으로 방출되며, 목 주변으로부터는 윗도리 안에 있던 열이 서서히 빠져나간다. 우리가 흔히, 추운 겨울에 머플러를 두르거나 코트의 옷깃을 세우는 것은 이러한 현상을 막기 위해서이다. 귀마개가 달린 모자는 이러한 경우 대단히 유용한 아이템이지만, 이것이 없을 때에는 귀나 목 주변에 천을 감아주는 것만으로도 어느 정도 효과가 있다.

추운 날씨로 체온이 떨어지면, 인체는 중요한 장기들이 모여있는 신체 중심부의 보온을 우선시하게 되며, 이에 따라 신체의 말단부, 즉 팔과 다리 부분의 혈류는 정체되기 시작한다. 하지만 손이 얼어버리면, 당장에 불을 피울 수도 없으며, 셀터를 만드는 데에도 지장을 초래하게 된다. 또한 무심결에 맨손으로 금속을 만지게 되면 금속 표면에 피부가 달라붙어버리는 일이 생길 수도 있으므로, 장갑을 잃어버리지 않도록 항상 주의해야 한다. 또한 발의 경우는 지면으로부터 직접 냉기가 올라오므로, 수 분 마다 발가락을 움직이거나 발을 굴러주는 식으로 혈류를 원활하게 유지해주는 편이 좋다.

땀이나 물에 젖은 의복은 체온을 빼앗아가기 때문에, 이 경우에는 차라리 알몸으로 있으니만 못한 일이 생기기도 한다. 작업 등으로 땀이 날 것 같은 경우에는, 모자나 윗도리를 벗어 체온을 조절한다. 또한 양말의 경우는, 걷는 것만으로도 땀에 젖는 일이 많으므로, 동상에 걸리고 싶지 않다면 시간이 날 때마다 양말을 갈아 신어서 발을 건조하게 해줄 필요가 있다.

동상이라는 것은 추위로 혈액의 흐름이 둔해진 곳이 얼어버리는 증상으로, 진행이 비교적 느린 편이기 때문에 쉽게 눈치 채지 못하는 경우가 많다. 자칫 치료시기를 놓치게 될 경우, 조직파괴(괴저)가 일으켜 최악의 경우에 환부를 절단해야만 하는 사태로 발전하기도 한다. 동상에 걸린 부분은 조직이 취약해지기 때문에 자연적으로 서서히 따뜻하게 해줘야 하며, 온수를 사용할 경우, 뜨거운 열탕은 취약해진 조직에 지나치게 강한 자극이 될 수 있으므로, 아기들을 목욕시키는 데 사용하는 정도의 온도로 조절해야 한다.

저온에 대한 대책

한랭지에서는 생명유지활동 자체가 곤란한 경우가 많다.

특히 주의해야만 하는 것은 체온의 저하(저체온증)나 신체 말단부위의 동상이다.

젖은 의복은 체온을 빼앗는다.

머리와 목 주위로부터 많은 열기가 빠져나간다.

장갑을 잃어버리면, 목숨이 위태로워질 수도 있다.

발가락을 움직여 혈류가 계속 유지되도록 한다.

저체온증

체온의 저하에 따라 신체의 기능이 저하되는 것. 심장의 박동이나 호흡이 거칠어지고, 체내에서 에너지를 만들기 어렵게 된다.

동상

추위로 혈류가 둔해진 곳이 얼게 되는 현상. 세포조직이 파괴되어버리므로, 자칫하면 돌이킬 수 없는 일로 번지기도 한다.

일몰 후에 기온이 급속하게 낮아지면 모닥불을 피우는 등의 수단으로 체온을 유지하지 않으면 안 되지만, 연료가 없거나 불을 피울 수 없는 상황도 얼마든지 있을 수 있다.

이러한 경우……

응급 보온포 등을 꺼내 몸을 감싼다.

생사를 같이 하는 동료와 살을 맞대고 체온을 나눈다.

가까이에 있는 「자산」을 최대한으로 활용하여 위기를 극복한다.

원 포인트 잡학

한랭지에서 이동하던 도중에 눈보라를 만났을 경우, 그 시점에 지니고 있는 장비로 셸터를 만드는데 걸리는 시간을 계산한다. 셸터의 건설에 전날에 만든 캠프나 안전지대로 돌아가는 것보다 시간이 더 걸린다면 안전지대로 귀환을 시도하고, 반대의 경우라면 즉시 셸터 건설에 착수한다.

사막에서 살아남기 위해서는?

사막에서 가장 큰 위협이 되는 것으로는, 일사병이나 강렬한 햇볕으로 인한 피부의 화상, 탈수 증상을 들 수 있다. 사막의 더위는 일본이나 한국의 습기 차고 눅눅한 더위와는 그 성질이 완전히 다르기 때문에, 위와 같은 증상을 예방하기 위해서는 직사광선을 차단하는「긴 소매에 긴 바지」를 착용하는 것이 훨씬 바람직하다.

● 대책과 꾸준한 수분의 섭취

사막의 직사광선은 정말 강렬하다. 때문에 머리를 보호하기 위해 챙이 넓은 모자를 쓰고, 목에는 스카프나 반다나를 감게 되는데, 일단은 땀의 흡수가 주된 목적이지만, 젖은 상태에서는 냉각 효과도 있으며, 코와 입을 가리면 모래폭풍이 불 때 미세한 모래먼지로부터 호흡기 점막을 보호할 수도 있다. 또한 신체의 노출 면적이 적은 옷은 직사광선으로 인한 화상의 대비책이 되어주기도 하는데, 방열효과를 좀 더 높이기 위해서는 품이 넉넉한 디자인의 옷이 좋다. 목 주위부터 그 윗부분은 열을 발산하기 쉬우므로 유효하게 사용하게 된다.

눈의 보호 또한 중요한 문제가 된다. UV(자외선)차단 선글라스가 있다면 좋겠지만, 차량으로 이동하는 경우도 감안하여, 모래먼지에 대한 대책을 겸할 수 있는 고글을 갖추는 쪽이 좀 더 편리하다. 또한 눈 밑에 검댕 같은 것을 발라두면 태양광선의 반사로 시력을 해칠 위험을 상당히 경감해주는 효과가 있다.

사막은「낮과 밤의 일교차」가 대단히 큰데, 이는 낮 시간에 받았던 열기, 즉 태양복사 에너지가 복사냉각 현상으로 다시 방출될 때 이를 흡수·보존해주는 역할을 하는 식생이나 대기 중의 수분이 다른 기후지역에 비해 크게 부족하기 때문이다. 하지만 온도가 크게 저하된다고 해서, 한랭지만큼 온도가 내려가는 것은 아니므로, 따뜻한 의복이나 침구를 갖추고 있다면 큰 문제가 되지는 않는다. 야간에는 공기가 훨씬 맑아지면서 원거리 시야가 좋아지는 점도 있어, 사막에서의 이동은 밤 시간대에 실시하는 것이 정석이다.

사막에는 도마뱀이나 뱀, 전갈, 거미, 지네, 파리, 이, 진드기, 벼룩 등이 들끓고 있다. 도마뱀의 대부분은 딱히 해를 주지 않는 것들이지만, 뱀의 경우는 치명적인 독을 품고 있는 종도 있으며, 이들은 대개 바위 밑이나 덤불 속 같은 그늘진 곳에 숨어있다. 전갈은 밤이 되어서야 막이를 찾기 위해 밖으로 기어 나온다. 전갈은 습하고 서늘한 곳을 좋아하기 때문에, 옷이나 신발, 침낭 속으로 숨어들어오는 경우가 종종 있다. 거미나 지네도 찌르거나 깨무는 종류가 있으므로 요주의 대상 중 하나이다.

파리는 습기가 있는 곳에 모이며, 이나 진드기와 함께 적리나 쯔쯔가무시병 등 전염병의 매개체가 되곤 한다. 벼룩은 낙타나 개와 고양이 등에 붙어 있으며, 페스트나 티푸스의 매개체가 된다. 유목민들이 휴식처로 자주 이용하는 고대 유적의 경우, 이러한 생물들의 서식지처럼 되어버린 경우가 있으므로 주의할 필요가 있다.

고온에 대한 대책

> 사막에서는 체온의 상승이 원인이 되는 일사병(열중증)이나, 탈수증상으로 목숨을 잃을 위험이 있다.

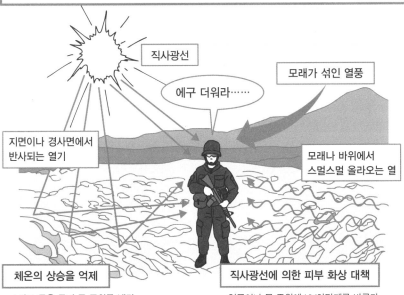

직사광선

에구 더워라……

모래가 섞인 열풍

지면이나 경사면에서 반사되는 열기

모래나 바위에서 스멀스멀 올라오는 열

체온의 상승을 억제

• 스카프 등을 둘러 목 주위를 냉각.
• 품이 넉넉한 옷을 입어, 손과 발의 노출을 최소한으로 한다.

직사광선에 의한 피부 화상 대책

• 얼굴이나 목 주위에 UV차단제를 바른다.
• 고글이나 선글라스로 눈을 보호한다.

해가 진 뒤에는 기온이 내려가면서, 체온 상승의 우려가 줄어들게 되므로, 「사막에서 이동할 때는 언제나 야간」이 기본이다.

사막에는 위험한 생물이 가득?!

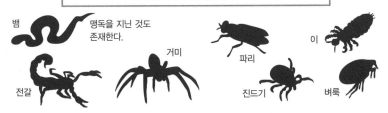

뱀

맹독을 지닌 것도 존재한다.

거미

이

파리

전갈

진드기

벼룩

물거나 침으로 찌르는 경우가 있는데, 이 중에는 쇼크 증상을 일으키는 것도 존재한다.

적리나 쯔쯔가무시병, 페스트나 티푸스 같은 전염병을 매개한다.

원 포인트 잡학

한국이나 일본처럼 여름 날씨가 고온다습한 경우, 옷을 입은 안쪽의 습기가 더욱 뜨거워지면서, 사우나 수트 같은 상황이 펼쳐지지만, 공기가 건조한 사막에서는 옷 속의 공기가 일종의 단열층 역할을 해주기도 한다.

강물에 떠내려가지 않고 무사히 건너기 위해서는?

목적지에 도달하기 위해서, 또는 적으로부터 달아나기 위해서, 어떻게 결국 다리가 놓여있지 않은 하천을 건너야만 하는 상황과 맞닥뜨리는 경우도 종종 있을 수 있다. 하지만, 원래 도하라고 하는 것은 위험한 행위로, 꼭 필요한 경우가 아닌 이상은 피하는 것이 옳은 일이지만……

● 유속이 느린 여울 주변은 비교적 안전

인어나 어인(…)이라면 모르겠지만, 그냥 일반적인 인간의 몸으로 강을 건넌다는 것은 정말 '답이 없는' 일이다. 물살이 강한 곳에서는 발이 여기에 휩쓸리면서 몸을 가눌 수 없게 될 우려가 있으며, 수심이 깊은 곳에선 물에 빠진 채 헤어 나오지 못하고 익사할 수도 있다. 하지만 이러한 위험에도 불구하고 강을 건너야 할 경우에는, 그 구조를 이해하고 조금이라도 안전하다고 생각되는 장소를 고를 필요가 있다.

하전의 유속은 일반적으로 상류로 올라갈수록 빨라지며, 반대로 하류로 내려갈수록 느려진다. 또한 지형에 따라서도 차이가 나타나는데, 수심이 깊고 흐름이 비교적 완만한 곳을 「소(沼)」, 수심이 얕고 흐름이 빠른 곳을 「여울」이라 부르며 구분한다. 그런데 같은 여울이라고 해도, 유속이 상대적으로 느리며 물결도 잔잔한 부분이 있는가 하면, 물살이 빠르고 격하게 흐르는 부분도 있는데 이러한 부분을 순 우리말로는 「살여울」이라 구분하여 부르기도 한다.

여울에는 크고 작은 돌이나 바위가 많으며, 징검다리로 삼으면 굳이 옷을 적시지 않고도 건널 수 있을 것으로 보이지만, 바위가 젖어있어 미끄러지기 쉬우므로, 발을 잘못 디디면서 다치게 될 위험이 있다. 반대로 소라고 하는 곳은 하천 바닥이 흐르는 물에 깎여나가면서 수심이 깊어지거나, 진흙 등이 퇴적되어있는 경우가 많으므로, 무심결에 잘못 발을 들였다가는 낭패를 볼 수도 있다. 특히 커브를 그리고 있는 하천의 바깥쪽 커브는 대단히 위험한 곳이다.

팀을 짜서 도하를 시도할 경우, 로프를 사용하면 떠내려갈 위험을 현저하게 낮출 수 있다. 이때 로프를 고리모양으로 만들어두면, 하천을 건너던 동료가 도중에 줄을 놓치더라도 다시 줄을 붙잡을 수 있는 기회를 얻을 수 있다.

또한 로프의 유무와는 상관없이, 팀 전원이 동시에 하천에 들어가는 것은 피해야 한다. 제아무리 경험 많고 우수한 능력의 대원이라 하더라도, 물속에서는 제대로 전투능력을 발휘할 수 없기 때문이다. 물론 도하 도중에 습격을 받게 되면 팀이 분단될 수밖에 없겠지만, 전멸당하는 것보다는 이쪽이 훨씬 나은 법이다. 살아남기만 한다면, 적을 격퇴하거나 그 자리를 벗어난 연후에 다시 합류하여 임무를 속행할 수 있기 때문이다.

은밀 행동이나 적으로부터의 탈주 등의 이유로
「다리가 놓여있지 않은 하천」을 건너야 하는 경우는 제법 많은 편이다.

하천 바닥의 구조를 이해한 다음, 도하 포인트를 정해보자!

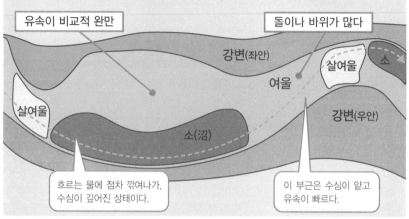

유속이 비교적 완만

돌이나 바위가 많다

강변(좌안)

살여울

소

여울

살여울

강변(우안)

소(沼)

흐르는 물에 점차 깎여나가, 수심이 깊어진 상태이다.

이 부근은 수심이 얕고 유속이 빠르다.

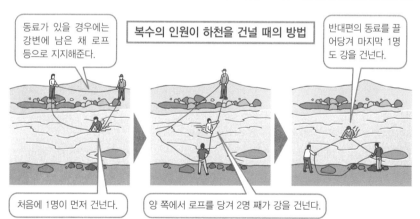

동료가 있을 경우에는 강변에 남은 채 로프 등으로 지지해준다.

복수의 인원이 하천을 건널 때의 방법

반대편의 동료를 끌어당겨 마지막 1명도 강을 건넌다.

처음에 1명이 먼저 건넌다.

양 쪽에서 로프를 당겨 2명 째가 강을 건넌다.

단독으로 하천을 건널 경우, 얕은 곳이라 하더라도, 지팡이 등을 이용하여
몸을 지지하거나, 바닥의 상태를 확인하며 지나가도록 한다.

원 포인트 잡학

하천의 폭이 넓은 곳은, 시야가 탁 트여있기에 적에게 발견되기 쉽다. 폭이 좁은 곳의 경우, 돌이 많고 유속도 빨라서 넘어지거나 물에 휩쓸릴 위험이 있다. 따라서 팀이 놓여있는 상황이나 인원수를 고려하여, 도하 지점을 결정할 필요가 있다.

현지 주민과 접촉 시 주의해야할 점은?

밀림의 오지나 황량한 사막, 북극의 동토 어디를 가더라도, 거기에는 그 토지를 삶의 터전으로 하여 살아가는 주민들이 존재한다. 문명인이라 자칭하는 사람들이라면 그들을 「원주민」이니 「토착민」이니 하는 말로 부르며 미개인 취급을 하는 경향이 있지만, 이들의 도움 없이는 달성할 수 없는 임무도 많다.

● 현지 주민들과 접촉 시의 규칙

영국의 SAS나 미국의 그린베레와 같은 특수부대는, 민사작전에 특히 열심이다. 현지 주민들밖에 모르는 샛길이나 이동수단은 부대의 이동과 철수 과정에 도움이 되며, 비가 많이 내리거나 바람이 많이 부는 등, 해당 지역 특유의 기후나 날씨, 그리고 그 변화의 징후에 관한 지식 또한 만약의 사태에 대비하기 위해서는 빼놓을 수 없는 요소이다. 또한 목표와 관련된 사소하지만 중요한 변화, 예를 들면 「평소보다 수행원의 수가 늘었다」거나, 「멀리서 누군가 손님이 온 것 같다」라는 식의 정보도 결코 무시할 수 없는 것으로, 한 지역의 일은 역시 그 지역 주민들이 가장 잘 알고 있을 수밖에 없는 법이다.

문명화 되어있지 않은 부락의 사람들과 접촉하는 데는 몇 가지의 규칙이 있는데, 그 중에서도 가장 기본이 되는 것은 「예의를 잊지 말 것」이다. 언뜻 보기에는 별 것 아닌 간단해 보이는 규칙이지만, 의외로 까다로운 규칙이기도 하다. 낙후된 지역 사람들을 아래로 놓고 보는 태도는, 꼭꼭 감추려고 하더라도 자기도 모르는 사이에, 아주 확실하게 상대에게 전해지는 법이기 때문이다. 또한 예의를 갖추고 접근하는 한편, 지나치게 이쪽이 마음을 열어버리는 것도 문제가 된다. 적의가 없다는 것을 알리기 위해 총기를 바닥에 내려놓는 것 까지는 좋으나, 몰수라도 당하는 날에는 일이 귀찮아진다. 주민들 가운데 적의 연락원이 섞여있을 가능성도 결코 제로라고는 할 수 없기 때문이다.

종교나 관습 등의 사항도 소홀히 할 수 없는 부분이다. 이러한 지역의 부락들 대다수는 남녀가 각기 다른 입장과 역할을 갖고 있으므로, 현지 여성에게 함부로 접근하는 것은 피하는 것이 현명한 판단이라 할 수 있다. 부족의 규칙이나 풍습을 모독하는 행위는 아무리 우호적이고 온화한 주민이라도 순식간에 적대적인 감정으로 가득한 복수자로 변모시키는 원인으로 작용할 수 있으므로, 행동거지에는 항상 주의를 기울일 필요가 있다.

문명 세계로부터 고립되어있는 것처럼 보이는 부족이라도, 외부와의 커뮤니케이션을 위한 수단은 어떤 형태로든 반드시 하나 둘 정도 갖추어두고 있는 법이다. 하지만 이러한 것들은 어디까지나 「마을을 지키기 위해」라는 명목으로 부족의 우두머리나 유력자들의 손에 관리되고 있는 경우가 많다. 이들을 적으로 돌리는 것은 결코 현명한 판단이라 할 수 없으므로, 자신들이 어느 정도 선까지 환영받고 있는 것인가를 판단한 다음, 거기에 맞춰 처신할 필요가 있다.

성의를 가지고 접하도록 한다

> 토착민들을 미개인 취급하며 업신여기기라도 하면, 그것은 커다란 실책이다.

그들밖에 알지 못하는 사정이나 정보도 많다.
- 그 지역사람들밖에 모르는 샛길이나 이동수단.
- 지역 특유의 기후 · 날씨나 그 변화의 징후 등에 관한 것.
- 목표와 관련된 사소하지만 중요한 정보 등.

> 이러한 요소들이 임무 달성의 열쇠가 되기도 한다.

처음으로 대면하는 현지 주민들과 접촉을 실시할 경우에는……

- 양해 없이 멋대로 마을에 들어가지 않는다.

> 생사가 걸린 문제가 아닌 이상, 허가를 얻을 때까지 밖에서 기다린다.

- 이곳에 오래 머무를 생각은 없음을 전한다.

> 지면에 그린 간단한 지도를 이용하여 경위를 설명한다.

- 주민들에게 경의를 갖고 대한다.

> 음식물을 제공받았거나, 출발할 때 반드시 감사의 말을 전한다.

- 주민을 무조건적으로 신용하지 않는다.

> 기밀 정보는 가르쳐주지 않는다. 부락에서 탈출할 방법도 생각해 둔다.

- 종교나 관습 등과 관련된 일에 대해서는 최대한 주의를 기울인다.

> 여성에게 말을 걸거나, 사람들 앞에서 옷을 벗거나 하지 않는다.

상기의 원칙을 기본적으로 준수하는 상태에서, 나머지는 임기응변으로 대응한다.

원 포인트 잡학

발을 들인 마을의 지도자 격인 인물이 이미 적과 "친구"이거나 그에 준한 상태일 가능성도 얼마든지 있을 수 있는 법이다. 당장 환영을 받고 있다고 하더라도, 그것이 함정일 지는 아무도 모르는 일인 것이다.

포로가 되었을 때 겪게 되는 일은 무엇인가?

임무중의 군인이 적의 포로가 되었을 경우, 「국제법」의 보호를 받으므로 고문을 당하거나 살해당할 걱정은 없다. 하지만 특수부대의 경우는, 이러한 규칙의 사각지대에서 움직이는 존재인 관계로, 국제법의 보호를 받을 수 없는 경우도 많다.

●국제법에서 정하는 「포로」란?

국제법이란 국가 간의 전쟁이, 자칫 「무제한적이며 무자비한 살육」으로 변질되는 것을 막기 위한 약속의 모음으로, 말하자면 전쟁의 '규칙'이라고도 할 수 있는 것이다. 이러한 약속들 중에는 포로를 인도적으로 대우해야 한다고 명시한 조문도 있어, 정상적인 군인이라면 이러한 규정에 따른 보호를 받을 수 있다.

하지만 특수부대의 경우, 작전 수행의 과정에서 "신분을 숨긴 채, 스파이나 다름없는 행동"을 취하는 등, 정상적인 군인이라면 사용하지 않는 수단을 선택하는 경우가 대단히 많다. 물론 이러한 행위는 국제법으로 절대 인정받지 못하며, 특수작전을 수행하던 도중에 대원이 포로로 붙잡혔을 경우, 좀 일이 귀찮아진다. 이들은 국제법에서 규정하는 「포로」로서 대우를 받을 수 없기 때문이다.

특수부대원을 포로로 잡은 쪽도 「이런 위험한 놈들을 파견하다니, 대체 뭘 노리고 있었던 거지?」라며 전력을 다해 심문을 하려는 것은 너무나도 당연한 일이다. 포로를 거칠게 다루는 일은 국제법으로 금지되어있지만, 붙잡힐 당시에 적의 군복을 착용하고 있거나, 무기를 숨기고 있었다면 포로 대우를 받을 자격이 없다. 이러한 경우엔 테러리스트 취급으로 대처할 수 있게 되며, 당연히 국제법이 적용되지 않는 사각에 들어서게 되는 것이다.

일이 이렇게 되면, 붙잡힌 대원 입장에서도, 「언젠가 아군이 구해주러 올 것」이라거나 「나 자신이 특별한 존재인 이상, 국가에서도 '투자'의 회수를 위해 전력을 다할 것이다」라며 계속 낙관만 하고 있을 수는 없게 된다. 국가를 지키기 위해서라는 대의명분을 위해서라면, 대원이 선전을 위해 이용당하거나 적에게 정보가 누설되기 전에 「없었던 일로 해버리자」라는 식으로 나와도 할 말이 없기 때문이다. 따라서 구출은커녕 암살을 목적으로 한 부대가 찾아오는 사태도 충분히 있을 수 있다.

유명한 부대나 인권의식이 높은 국가에서는 상상하기 어려운 흐름일 수도 있겠지만, 픽션의 세계에서는 이 또한 '기본'이라 할 수 있다. 일본의 만화가 사이토 타카오(さいとうたかを)의 극화 『고르고13』에서는 상층부로부터 버림받은 수많은 희생양들이 고르고13의 손에 "처분"당하는 모습이 그려지기도 했다.

포로의 조건

국제법으로 「임무 중의 군인」은 포로가 되더라도 보호를 받게 되지만……

⬇

특수부대의 대원들에게는 이러한 것이 적용되지 않을 가능성이 있다.

⬇

이유

특수부대의 존재 그 자체가 「규칙의 사각지대」에 있기 때문이다.

포로가 될 자격이 없는(전투원으로 인정받지 못하는) 경우

> 특수부대의 경우, 임무에 따라서는 조건을 (일부러) 지키지 않는 경우도 있다.

✕ 적의 군복을 입거나 민간인의 복장을 한 경우.

◎ 규정 복장이나 「표식」을 멀리서도 쉽게 알 수 있도록 부착해야 한다.

✕ 무기를 보이지 않도록 은밀하게 휴대.

◎ 무기류는 누가 봐도 쉽게 알 수 있도록 공공연하게 휴대해야만 한다.

✕ 상관이나 리더의 지시에 따르지 않고 자유의지로 행동.

◎ 「폭주한 전투력」을 「정상적인 통솔을 받는 전투원」과 똑같이 취급해줄 수는 없다.

✕ 금지된 병기를 사용하거나, 비인도적 행위를 한 경우.

◎ 규칙을 지키지 않는 자는 법의 보호를 받을 자격이 없다.

국제법상의 「포로」로 취급받지 못하게 되면……

⬇

특수부대는 「기밀」을 알고 있을 것이라
간주되기 쉬우므로, 심문 담당자의
관심을 끄는 경우가 많다.

더욱 운이 나쁠 경우에는……

⬇

특수부대원은 뭔가의 「기밀」을 갖고 있기에
(특히 픽션의 세계에서는)
입막음의 대상이 되어 아군의 손에
처분되는 신세가 되기도……

네놈은 중요한 정보를 알고 있겠지! 어서 아는 대로 순순히 불라고!

원 포인트 잡학

붙잡은 상대가 정규 직업 군인이 아니라, 민병대나 게릴라일 경우, 상황은 더욱 최악으로 치닫게 된다. 이들 중에 국제법을 아는 자가 있을 가능성은 거의 없기에, 집단 린치를 당하거나 보복의 대상이 되는 경우가 많다.

적의 심문에 저항하기 위해서는?

특수부대원들이 포로가 되었을 경우, 일반 장병들과는 다른 대우가 기다리고 있다. 부대의 목적이나 배후관계를 알아내기 위한 「혹독한 심문」이 실시되기 때문이다. 이러한 경우에 대처하기 위해, 대원들은 훈련과정에서 「심문에 저항하는」 테크닉을 교육받게 된다.

●완전 침묵은 하지 않는 것이 이롭다

특수부대가 종사하는 작전은, 적지 한가운데나 적의 세력권 아래인 지역에서 실시되는 경우가 많다. 작전의 실시 자체를 비밀로 하고 있는 경우가 많으므로, 부대는 항상 소규모 편성에다가 장비도 빈약하다. 당연한 얘기겠지만, 포로가 될 위험성도 매우 높다.

포로가 되면 당연히 적의 심문을 받게 된다. 적의 입장에서는, 특수부대원으로부터 중요한 정보를 얻을 수 있는 기회일지도 모르기 때문이다. 따라서 심문하는 쪽에서도 그쪽 방면으로 유명한 심문관을 파견해 올 것이다. 이러한 심문은 신사적인 분위기에서 이뤄지는 경우도 있지만, 심문을 빙자한 「고문」의 풀코스 정찬을 맛보게 되는 경우도 많다. 심문 과정에서 육체적·정신적 고통을 가하는 것은, 포로에게 「이런 고문이 계속되면 죽을 지도 모른다」는 공포심을 심어줌으로써, 심신을 강제로 소모시켜 끝내는 굴복시키기 위해서이다. 특히 군사독재국가나 개발도상국에서는 이런 경향이 매우 강하다.

이러한 심문에 저항하기 위해서는, '공포'라는 감정을 「자신이 약하기 때문」이라고 받아들이지 않고, 육체가 위기에 빠졌을 때 내보내는 「극히 자연스런 자기방어기제」라고 생각하고 받아들여야만 한다. 공포를 극복할 수 있다면 냉정함을 되찾을 수 있다. 또한 극한의 상태에서 분비되는 아드레날린 등의 성분은 통각을 마비시켜, 정신을 다잡을 수 있도록 도와주기도 한다.

이런 상황에서 오가는 상대와의 대화는, 심문에 대항하는데 있어 대단히 중요한 요소가 된다. 예전에는 "포로가 되었을 경우, 이름, 계급, 인식번호, 생년월일만을 답하고, 나머지 사항에 대해서는 철저히 입을 다무는" 방법이 있었으나, 이는 상대방을 자극하여, 오히려 심문에 의욕적으로 만들어 버릴 위험이 있었다. 적절한 정도의 대화는 긴장을 풀어주며, 적어도 심문 과정이 일방적으로 에스컬레이트 되어가는 사태를 방지하는 데도 도움이 된다. 이러한 대화를 시도하는 목적은 자신의 기력과 체력을 온존하기 위한 일종의 "시간 벌기" 이므로, 상대를 설득하거나 논파하려고 해서는 안 된다. 「상대방의 논리를 적당히 들어주며, 태도를 보류하고, 이야기가 핵심에 접근하기 전에 화제를 전환하는 것」이야말로 이쪽이 취해야 할 기본적인 자세이다.

> 특수부대의 대원은 일반적인 장병들과 비교했을 때,
> 「가혹한 고문」을 받을 가능성이 높다.

심문에서 자백으로 이어지는 매커니즘

생명의 위기 → 심신의 소모

고통 → 공포 ✕→ 자백

공포를 받아들여 냉정을 되찾는다.

**이하의 테크닉을 구사하여
심문이 에스컬레이트 되는 것을 방지한다.**

> 공포라고 하는 감정은 「육체의 방어반응 기재」이므로 어쩔 수 없다.

- 상대의 말에 귀를 기울이며, 어느 정도의 신뢰관계를 쌓는다.
- 상대를 친숙하게 이름으로 부른다.
- 뭔가 논리를 내세우거나 도발적인 언동 및 태도는 금물이다.
- 상대가 자신들의 대의명분에 대해서 늘어놓을 때, 이를 막지 않으며, 이러한 화제에 대해서는 숙고하는 듯한 모습을 보이면서 반론도 찬성도 하지 않는다.
- 대화가 막히거나 뭔가의 요구를 해올 때에는 무난한 화제를 꺼내어 이야기를 다른 쪽으로 돌린다. (구체적인 예: 가족, 입고 있는 옷, 스포츠, 건강, 음식 등. 반면 정치나 경제, 종교 문제는 감정적으로 변하기 쉬우므로 피하는 것이 좋다)
- 약한 소리를 내거나, 용서를 빌거나 하지 않는다.

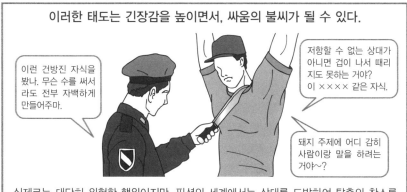

이러한 태도는 긴장감을 높이면서, 싸움의 불씨가 될 수 있다.

> 이런 건방진 자식을 봤나. 무슨 수를 써서라도 전부 자백하게 만들어주마.

> 저항할 수 없는 상대가 아니면 겁이 나서 때리지도 못하는 거야? 이 ×××× 같은 자식.

> 돼지 주제에 어디 감히 사람이랑 말을 하려는 거야~?

실제로는 대단히 위험한 행위이지만, 픽션의 세계에서는 상대를 도발하여 탈출의 찬스를 만들거나, 역으로 정보를 토해내도록 만들기 위해서라는 이유로 빈번하게 이뤄지고 있다.

원 포인트 잡학

혹독한 고문을 실시한 뒤, 심문과 전혀 관계없던 자(식사 당번이나 호송 차량의 운전수)가 다가와서 「어이, 괜찮아? 이건 좀 심했는걸?」이라며 말을 걸어오거나 하는 일이 있다. 물론 실제로는 이쪽 또한 심문관과 한패일 경우가 많으므로 절대 마음을 놓아서는 안된다.

탈주 계획에 필요한 것은?

포로로 잡혔을 경우, 가능한 한 탈출을 시도해야만 한다. 설령 이러한 시도가 실패로 돌아가더라도, 적의 입장에서 이는 경비 인원을 늘리거나, 시설의'수리 및 개수 등의 수고를 감수할 수밖에 없는 일이므로, 극히 소소한 것이라 하더라도 계속하여 부담을 주는 식으로 적을 괴롭힐 수 있기 때문이다.

● 들키지 않도록 신중하게

　탈주계획은 적의 포로가 된 순간부터 구상하기 시작해야 한다. 이를 위해 빠질 수 없는 것이 정보인데, 주변의 풍경이나 기후, 건물의 위치나 구조, 도로의 폭이나 교통량, 감시병의 위치나 상상할 수 있는 보안 시스템 등, 연행되어 끌려가는 도중에도 눈에 들어온 모든 정보를 확실하게 머릿속에 담아둘 필요가 있다. (눈가리개를 한 상태라 하더라도, 귀나 코를 통해 얼마든지 정보를 얻어낼 수 있다) 감시병이나 다른 포로들도 중요한 정보원이지만, 핵심적인 부분을 건드리는 얘기를 꺼내면 탈주를 구상하고 있다는 것이 발각될 수 있으므로, 대화에는 세심한 주의를 기울일 필요가 있다. 가능한 한 정확하고 확실한 정보가 필요하지만, 여의치 않은 상황에서는 지나가면서 대화를 훔쳐듣거나, 내부에 도는 소문 같은 귀동냥 수준의 것이더라도, 판단의 재료 정도로는 사용할 수 있다.

　필요한 물자를 조달하는 것도, 계획의 성공에 있어 중요한 요소이다. 손에 넣어야 할 물품으로는 「탈주하는데 필요한 물품」과 「탈주한 뒤에 필요한 물품」의 두 종류가 있다. 전자가 없을 경우엔 탈주 그 자체를 성공시킬 수 없지만, 후자의 물품이 부족해도 탈출한 이후에 생존할 수 없기 때문에 결코 소홀히 할 수 없다. 최소한 의복과 야외에서 신을 신발 정도는 꼭 놓치지 않고 확실하게 손질해둘 필요가 있다.

　또한 만전의 컨디션을 유지하지 못하는 상태에서는 탈출을 감행한다는 것 자체가 어불성설이다. 감금 생활이 길어지면 길어질수록 체력이 약화되며, 병에 걸릴 가능성도 점차 높아지게 된다. 일껏 탈출에 성공하여 적의 추격을 따돌렸다고 하더라도, 아군이 있는 곳에 도달하기 전에 피로와 병으로 쓰러져 죽는다면, 탈출의 의미 자체가 사라져버리고 마는 것이다. 따라서 눈에 띄지 않게 몸을 움직여주며 근력을 유지하고, 몸이 약해진 상태에서는 회복될 때까지 탈출 계획을 연기하는 편이 좋다.

　특수부대의 대원 쯤 되면, 적의 집중 경계 대상이 되기 쉬우므로 탈주 준비가 쉽지 않을 것이다. 또한 상황에 따라서는 섣불리 움직여 상대를 자극하는 사태를 피하는 편이 좋을 경우도 있다. 하지만, 머릿속으로 계획을 다듬고 있는 것만으로도 정신적 균형을 유지하는데 큰 도움이 되며, 정말로 기회가 찾아왔을 때에도 당황하지 않고 행동할 수 있다. 신중하게 준비를 진행하면서 기회를 기다리다가, 타이밍을 놓치지 않고 탈주에 성공시켜야 한다.

즐거운 탈출 계획

탈주를 시도한다는 것은 어떤 결과가 나오더라도 그 나름의 의미를 갖는다.

성공했을 경우 ➡ 만세, 만만세! 드디어 자유의 몸이 되었다!!

실패했을 경우 ➡ 재발 방지를 위해 적으로 하여금 고민에 빠지도록 만든다.

탈주 계획을 구상하고 다듬는 과정에서 중요한 것

정보수집 포로가 된 순간부터 시작한다.

- 연행될 당시, 주변의 상황을 최대한 기억해둔다.
- 경비병의 위치나 보안시스템 등을 파악해둔다.
- 세상 돌아가는 얘기 속에서도 정보를 수집한다.

물품조달 탈주의 성패는 물론, 이후의 생존에도 직결된다.

- 입을 옷과 신발은 놓치지 않는다.
- 눈에 띄지 않도록 탈주에 필요한 도구를 자작한다.
- 상황이 허락된다면 휴대 가능한 식료품을 비축해둔다.

건강관리 탈주에 성공했어도 도중에 쓰러지면 죽도 밥도 안 된다.

- 잘 먹고, 숙면을 취한다. 또한 즐거운 일을 회상하며 건전한 정신 상태를 유지한다.
- 노골적인 근육 트레이닝은 적의 경계를 살 수 있으므로 피한다.
- 체력이 떨어졌을 때에는 탈주 계획을 연기한다.

잠깐 기다려! 일단 여기서는 신중하게⋯⋯

멋모르고 탈주 시도를 했다가는 목숨이 위태로울 분위기.

아군의 구출작전이 실행될 것이라는 것을 확실히 알고 있을 경우.

섣불리 움직였다간 자기 목을 죄는 결과로 이어질 수 있으므로 주의할 것!

원 포인트 잡학

감금 생활이 길어지면 길어질수록, 연행되어 올 당시의 기억이 애매한 형태로 변질되므로, 붙잡히고 얼마 되지 않은 상태에서 지도나 메모 등의 형태로 정보를 남겨두면, 나중에 다시 기억을 되살리는 데 도움이 된다.

탈주했을 경우 「도망친다」 or 「숨는다」 가운데 어느 쪽?

탈주가 발각되었을 경우에는 대대적인 수색이 시작된다. 도망쳐 나온 이상, 만에 하나 붙잡히기라도 한다면, 결코 좋은 꼴을 볼 리는 없을 것이다. 특히 나중에 다른 이들이 이러한 시도를 하지 말라는 보장이 없으므로, 이들에 대한 본보기라는 의미에서 최악의 경우엔 다른 포로들이 보는 앞에서 「형장의 이슬」이 되어버릴 가능성도 있다.

● 도주와 잠복

탈주에 성공하여 자유의 몸이 되었다면, 우선 그 다음 단계부터의 행동 방침을 확인할 필요가 있다. 다시 말해 「도망칠 것인가」 아니면 「숨어있을 것인가」를 선택해야 한다. 이것은 탈주 당시의 상황이나 자신의 컨디션, 지리적인 조건이나 협력자의 유무등에 따라 판단 기준이 달라지므로, 어느 쪽을 택하는 것이 옳을 지는 딱 잘라서 말할 수 없다.

도망칠 것을 선택한 경우, 조금이라도 더 그 자리에서 멀리 달아나야만 한다. 수색이 시작되기 전에 최대한 거리를 벌어둘 수 있다면, 그만큼 발견될 확률이 낮아지기 때문이다. 죄수복이나 군복을 그대로 입은 상태에서는 눈에 잘 띄므로, 어떻게 해서든 현지인의 복장을 손에 넣는 것이 좋다. 하지만, 언어나 얼굴 생김새, 습관 등의 차이는 숨기기가 어려우므로, 주민들과의 접촉은 피하는 것이 상책이다.

숨어있을 것을 선택한 경우에는 수색이 개시되기 전까지의 시간은 숨어있을 장소를 정하고, 숨을 곳을 만들거나 위장을 실시하는 데 사용하게 된다. 동물은 대단히 예민한 감각을 가지고 있으므로, 개집이나 가축의 축사가 있는 근처에 숨는 것은 가급적 피하는 것이 좋다. 배수시설이나 풀이 무성하게 우거진 곳은 사람들이 즐겨 찾아가는 장소는 아니므로, 수색하는 쪽에서 단단히 작정을 하고 돌아다니지 않는다면, 발견되지 않고 지나갈 가능성이 높다.

물론 「적당히 숨으면서 도망친다」라는 방식도 나쁘지 않은 방법이다. 「주간에는 잠복할 만한 곳에 몸을 숨긴 뒤, 어두워지면 이동한다」거나, 「변장을 한 채, 공공 교통기관을 이용」하는 방법 등은 적의 의표를 찌를 수 있으며, 한동안 쥐죽은 듯 숨어있으면서 적으로 하여금 「이미 멀리 도망쳐버린 거 아닐까?」라고 생각하도록 만든 뒤 그 틈을 타서 유유히 이동하는 것도 충분히 효과적이라 할 수 있다.

도망치는 쪽이건 숨는 쪽이건, 아군의 세력권에 도달하기까지는 「현실론」과 「낙관론」을 똑같은 비중으로 유지할 필요가 있다. 힘든 현실을 직시하면서도 한편으로는 "그래도 어떻게든 될 거야"라며 정신적 부담의 조절을 하지 않으면 심신의 지나친 긴장이 생각지도 못한 실수를 유발할 수도 있기 때문이다.

도망칠 것인가, 숨을 것인가

일단 탈주 성공! ……어디 그러면,

다시 붙잡혀 끌려가지
않기 위해서는……

> 도주와 잠복 가운데 어느 쪽을
> 택할 지는 여러 가지 외적 요인
> 도 관여하고 있으므로 신중하게
> 판단을 내리자.

도주 = 적의 손이 닿지 않는 곳으로 멀리 달아난다.

- 가능한 한 멀리 이동하여 거리를 벌려둔다. 운이 좋다면 검문소가
  설치되기 전에 국외로 탈출하거나 아군의 세력권으로 도망칠 수도 있다.
- 옷을 갈아입고 민간인들 틈에 숨어든다.
- 일반인과의 접촉은 가급적 피한다.

잠복 = 적의 눈길이 닿지 않는 장소에 숨는다.

- 몸을 숨길 장소를 찾거나 만들어낸다. 물과 식료품만 충분하다면,
  도망치는 것보다 이점이 더 큰 경우도 있다.
- 농가의 창고나 비어있는 민가에 숨을 경우, 주민들이 돌아오거나
  적이 그 장소를 휴식처로 사용할 가능성을 염두에 둬야 한다.
- 개집이나 가축의 축사 근처는 피하도록 한다.

> 물론 도주와 잠복의 장점만을 취하는 것도 좋은 방법.

현실적 사고

냉정한 시점과 분석을 통해
「자신이 처한 상황과 그 대처」
에 대하여 곰곰이 생각할 수
있는 사고방식.

낙관적 사고

그 어떤 가혹한 환경이라도
「포기하지만 않는다면 극복할
수 있다」라고 믿는 사고방식.

> 도주하고 있는 동안에는 항상 「현실론」과 「낙관론」이
> 같은 비중을 유지할 수 있도록 할 필요가 있다.

원 포인트 잡학

가난한 국가에서는 인정보다도 당장의 돈이 밀고의 동기가 되는 경우가 많으므로, 주의할 필요가 있다. 특히 분쟁에 휘말
려든 당사국이나 그 주변국에서는 잘 모르는 외지인에 대한 경계심을 갖기 쉽다.

적의 추적을 따돌리기 위해서는?

추적을 당하는 상황은 기본적으로 적의 세력권 내에서 벌어지는 일이다. 따라서 적에게 따라잡히게 되었을 경우, 그대로 전투로 돌입하게 되는 케이스가 대부분인데, 잘 해봐야 적의 포로로 잡히는 것이고, 최악의 경우 사살당할 가능성도 배제할 수 없다.

●「숨바꼭질」과 「술래잡기」

적의 추적을 따돌리는 노하우에는 크게 나눠 2가지의 패턴이 존재한다. 「장기적인 추적에 대한 것」과 「단기적인 추적에 대한 것」이 그것이다.

장기적인 추적이 발생하는 것은 "추적하는 쪽에서 도망자를 발견하지 못한" 경우이다. 추적하는 쪽에서는 온갖 수단을 동원하여 이쪽이 있는 곳을 찾아다니며 거리를 좁히려고 하기 때문에, 가능한 한 모든 흔적을 소거하고, 사고의 의표를 찌르는 식으로 계속 도망치지 않으면 안 된다.

적과 아군의 쫓고 쫓기는 레이스는 아군의 세력권에 도달할 때까지 계속되므로, 짧게는 며칠에서 몇 주, 좋지 않은 상황이라면 수개월에 걸쳐 「숨바꼭질」을 계속 해야만 한다. 도주 중에는 장비가 불충분하거나 제대로 챙길 여력이 없는 경우가 대부분이기 때문에, 잘못된 방향으로 들어서게 되면 돌이킬 수가 없게 된다. 이 때문에 방위나 방향을 확인하는 내비게이션 수단이나 이동수단의 확보가 중요하게 된다. 또한 식수나 식료품의 확보, 적대적 환경으로부터 몸을 보호하기 위한 셸터의 설치 등도 무시할 수 없는 문제들이다.

단기적인 추적의 경우는 "추적자 측에서 도망자의 소재나 위치를 파악"한 경우가 대부분이므로, 바로 눈앞까지 다가온 적으로부터 도망치는 「술래잡기」를 강요받게 된다. 때문에 이 경우에는 적의 기척을 탐지하는 「경계」와 적에게 발견되지 않도록 행동하는 「은밀행동」의 기술이 생존의 가능성을 좌우하게 된다. 수용소에서 탈주한 포로 등이 이를 알지 못하는 현지의 순찰 부대에게 발견되어버리는 경우처럼, 의도하지 않은 상황에서 발생하는 경우도 많다.

단기적인 추적 상황에서는 추적하는 쪽도 살기등등하게 "반드시 붙잡고 말테다"라며 전력으로 추격해오기 때문에, 극도의 긴장과 소모를 강요받게 된다. 하지만 그 대신 시간적 스트레스는 적은 편으로, 수 시간, 길어도 수 일 이내에 승부가 갈리게 된다. 단기적인 추적의 회피에 성공하게 되면 이윽고 장기적인 추적이 시작되므로, 이쪽이 도망치는 데 성공하거나, 아니면 붙잡히기 전까지 2가지 패턴이 단속적으로 반복되는 추격전이 계속된다.

추적을 뿌리치다

> 추적자의 손으로부터 달아나는 데에는 2가지의 패턴이 있다.

A : 장기적인 추적에 대한 것

- 추적자는 이쪽의 정확한 위치를 알지 못하는 경우가 많으며, 이쪽의 흔적을 쫓아 거리를 좁히는 것을 목적으로 하고 있다.
- 추적자 중에 해당 지역의 지리에 훤한, 그 지역 출신 가이드가 섞여있을 가능성도 있다.
- 항공기 등을 이용, 공중에서의 수색을 실시하는 등, 대규모 수색이 이뤄지는 경우도 많다.

도망치기 위해서는……
→ 흔적을 최대한 지우고, 적이 생각하지 못할 루트를 택한다.
→ 장기전이 될 수밖에 없으므로, 앞으로의 일을 고려하여 행동한다.

B : 단기적인 추적에 대한 것

- 추적자는 이쪽의 위치나 소재를 파악하고 있을 가능성이 높고, 몰아붙인 채 포획하거나 살해하는 것을 목적으로 하고 있다.
- 추적자 측이 매우 경제적으로 움직이고 있으며, 명확한 의지를 느낄 수 있다.
- 「의도치 않았던 조우」의 결과로 발생하는 케이스도 많다.

도망치기 위해서는……
→ 적의 기척을 미리 감지하고, 그 눈으로부터 도망친다.
→ 우선은 눈앞의 위기에서 벗어나는 데 전력을 다한다.

> 도주한 쪽이 붙잡히거나, 살해당하거나, 아니면 무사히 아군이 있는 곳으로 도망치는 데 성공할 때까지 A와 B의 패턴이 단속적으로 계속 반복된다.

원 포인트 잡학

적 추적대의 인원이 소수라고 하더라도 방심은 금물이다. 추적대가 소수일 경우, 그들의 대장은 이러한 임무의 전문가인 경우가 많은데, 발자국을 지우거나, 어딘가에 숨어 추적대를 따돌리려고 하더라도 이를 전부 간파할 위험성이 높아지기 때문이다.

군용견이란 어떤 것인가?

잘 훈련된 개는 대상의 냄새를 기억하고는 집요하게 추적해온다. 여기서는 일단 「군용견」이라는 단어로 뭉뚱그려 표기하긴 했으나, 경찰이나 기타 치안유지기관에서도 개라는 동물의 특이한 능력을 살릴 길이 대단히 많고, 같은 종류의 훈련을 받은 개들이 인간인 대원들과 함께 임무에 참여하고 있다.

● 개의 뛰어난 감각기관을 이용하다

개는 오랜 옛날부터 인류와 함께 해왔던 동물이다. 특히 셰퍼드나 도베르만, 리트리버 종의 개들은 머리가 영리하여 인간의 명령을 잘 이해할 수 있고 자신의 판단으로 일을 융통성 있게 수행할 수 있기 때문에, 현재도 군용견이나 경찰견으로 훈련되고 있다. 인간보다도 덩치가 작으면서도 2배 이상의 속도로 달릴 수 있으며, 인간보다도 훨씬 높은 음이나 작은 소리고 들을 수 있다. 다른 무엇보다도 발달한 능력은 후각으로, 인간의 1억배에 달하는 능력이라고도 알려져 있다.

군용견으로서의 개의 역할은, 주로 예민한 후각과 청각을 유효하게 이용한 것에 집중되어있다. 파수꾼으로 훈련된 「경비견」과 「보초견」은 평소와 다른 냄새나 소리에 반응하여, 짖어서 알리거나, 아예 직접 공격을 가하기도 한다. 사슬에 매이지 않은 채 부지 안을 자유로이 돌아다니는 경우가 있는가 하면, 목줄에 매인 채 부지 내를 순회하는 경우도 있다. 일반 거주지에서도 개들은 수상한 자를 보면 마구 짖어대기 시작하므로, 귀찮은 상대라는 점에서는 사실 이쪽도 다를 바가 없다.

아군의 부상자를 찾거나 적의 도망자를 추적하는 데 사용되는 「수색견」은 대상의 냄새를 기억한 뒤 , 그것을 추적하도록 훈련된 개로, 경비견보다는 공격성이 낮고, 핸들러라 불리는 사람(기본적으로는 해당견의 조련과 교육을 담당한 훈련사)이 항상 목줄을 쥐고 있다.

냄새에는 대기 중을 떠도는 것과 지표 부근에 존재하는 것의 2종류가 있는데, 공중에는 체취나 향수, 의복(탈취제나 세제 등을 포함)의 냄새가 남게 되는데, 그 중에서도 동물의 체취는 유전자나 체질, 운동, 심리상태에 따라 미묘한 차이가 발생한다고 알려져 있다. 지면에는 대기 중을 맴돌다가 내려온 냄새와 풀이나 벌레 등을 밟았을 때 발생하는 냄새가 남는다. 특히 후자의 냄새는 휘발성이 낮은 편이므로, 식물이 자라있고, 어느 정도 습도가 있다면 48시간 동안은 그 냄새를 따라 추적할 수 있다. 반대로 강풍이나 호우 등에 노출되거나 돌이나 모래처럼 건조한 장소, 교통량이 많은 곳의 경우는 냄새가 단기간밖에 남지 않는다.

군용견의 평균적인 스펙

어깨까지의 높이 : 약 50〜70cm
체중 : 20〜45kg
달릴 때의 속도 : 시속 35〜48km (단거리)

군용견으로 훈련되는 견종

● 저먼 셰퍼드

쇼독(품평회용 개)이 아니
므로 허리의 위치가 높다.

● 도베르만

● 래브라도 리트리버

보디아머를 착용한 경우
도 있다.

최대의 위협이 되는 것은 가공할만한 후각! (인간의 1억배)

그 코를 속이기
위해서는……

• 하천이나 물웅덩이를 가로질러 지나간다.
• 건조하거나 바람이 많이 부는 장소를 지나간다.

사람의 눈을 속이는 것보다 몇 배의 노력이 필요하다.

주요 역할은 이하의 2가지

경비견(파수견) = 수상한 자의 존재를 알리고, 공격을 하기도 한다.

수색견 = 냄새를 추적하여 부상자나 도망자, 지뢰를 찾아낸다.

※오랜 옛날에는 탄약이나 의료품의 운송, 통신선의 가설, 문서를 수발하는 전령 등의 임
무에 사용된 이외에도, 지뢰나 폭탄을 짊어진 채 적에게 돌격시키기도 했다.

원 포인트 잡학

의복이나 손수건, 신발 등의 개인 물품을 남겨두게 되면, 개에게 「시금털털한 냄새」나 「달콤한 향기」등 개인을 식별할 수
있는 자극을 주게 되므로, 적의 추적이 더욱 정밀해질 위험이 있다.

군용견과 싸우기 위해서는?

임무 도중에 무심코 군용견과 눈이 마주치고 말았을 경우, 정말 지지리도 운이 없다고 밖에는 달리 표현할 길이 없다. 보통의 개라면 흥미를 갖고 다가오기 전에 가만히 멈춰 선다면 그냥 지나가줄 수도 있지만, 훈련을 받은 군용견 상대로는 효과를 기대하기 어려운 방법이다.

● 강아지라고 방심하지 말라

개라는 동물은, 인간 따위는 비교도 되지 않을 정도로 발이 빠르기 때문에, 달리기를 해서 이를 따돌리는 것은 거의 불가능하다. 또한 개는 날카로운 이빨로 인간의 목 줄기를 물어뜯을 수 있지만, 인간은 무기 없이는 그 비슷한 흉내조차 내기가 어렵다.

자신과 개 사이에 어느 정도 거리가 떨어져 있다면, 뒤도 돌아보지 말고 도망쳐야만 한다. 열심히 달려서 개와의 거리를 벌이는 방법 이외에도, 담장을 뛰어넘거나, 하천을 가로질러 건너가는 방법으로 추적을 단념시킬 수 있다. 만약 정밀도가 우수한 총기를 갖고 있다면, 개가 아닌 핸들러 쪽을 저격해버리는 것도 하나의 방법이 될 수 있다. 핸들러가 쓰러지면 개는 그 자리에서 움직일 수 없게 된다.

개에게 따라잡힐 것 같은 상황이라면, 생각을 전환할 필요가 있다. 이제는 더 이상 도망쳐도 아무 의미가 없으며, 그보다도 달려드는 개의 기세를 어떻게든 하는 쪽이 더욱 중요하기 때문이다. 개는 공격을 가하려고 할 때, 점프하여 달려들 때의 기세로 사람을 덮쳐 쓰러뜨리려하는 경향이 있으므로, 그 직전에 나무나 물건의 그늘에 몸을 숨기면 일단 일시적으로 위기를 모면할 수가 있다.

핸들러가 가까이 있지 않다면, 몸이 더욱 크게 보이도록 양 팔을 펼친 채 큰 소릴 내어 개를 위협하는 방법도 사용할 수 있는데, 개라고 하는 동물은 자신보다 커다란 상대로부터 공격을 당할 것 같으면 겁을 먹게 되는 성질을 가지고 있기 때문이다. 따라서 겁에 질린 개가 다리 사이에 꼬리를 만 채로 핸들러에게로 돌아갈지도 모른다. 운 좋게 이 방법이 먹혔을 때에는 전력으로 그 자리에서 도망쳐 거리를 벌려놓도록 하자.

완전히 따라잡혀, 어쩔 도리 없이 개와 맞붙어야만 할 경우, 봉이나 윗도리를 감은 부분을 물게 한 뒤, 날붙이로 가슴을 찌른다. 1kg 이상의 무게를 지닌 돌이나 벽돌로 머리를 내려치는 것도 좋은 방법이다. 하지만 여기서 주의해야 할 것은, 괜히 개가 불쌍하다고 해서 봐주거나 하는 것은 절대 금물이라는 점이다. 상처를 입은 개는 더욱 흉폭해지기 때문에, 불쌍하다는 마음이 들수록 더욱 철저하게 일격을 가해야만 한다.

게임이라고 한다면 그냥 '자코'에 불과했을 테지만…

**인간은 「발의 빠르기」로 개에게 이길 수 없다.
인간에게는 「발톱」도 「엄니」도 달려있지 않다.**

게다가 군용견은 훈련까지 받은 존재이다.

맞붙어 싸우기에는 상당히 골치 아픈 상대라 할 수 있다.

아직 어느 정도 거리가 있을 경우라면……

= 어쨌거나 전력으로 거리를 벌리도록 노력을 한다.

● 멈추지 않고 달린다.
(개와의 거리를 벌린다.)

● 높은 곳에 올라간다.
(개는 뭔가를 붙잡고 기어 오르는 것이 불가능하다.)

● 하천이나 물을 건넌다.
(개의 후각이 우수하다 해 도 물속까지 추적은 불가능 하다.)

● 아예 핸들러를 저격한다.
(핸들러가 움직일 수 없게 되면 개의 움직임도 자연히 거기에 머무르게 된다.)

이미 접근을 허용해버리고 말았을 경우.

● 따라잡히기 직전에
나무 등의 뒤에 숨는다.

● 놀래킨다.

봉이나 적당한 헝겊 같은 것을 물게 만든 뒤 일격!

달려오던 기세가 붙은 개는 곧바로 멈출 수가 없다.

자신의 덩치를 크게 보이는 것이 포인트.

● 최악의 경우 죽인다.

원 포인트 잡학

「개를 죽인다」라는 선택은, 정말 최후이자 최악의 상황에 한정된 선택지이다. 포로가 되었을 경우, 죽은 개의 핸들러에게 서 심한 보복을 당할 수도 있기 때문이다.

무사히 아군에게 구출되기 위해서는?

세상일이란 것이 늘 마음먹은 대로만 흘러가는 것은 아닌 법인데, 이는 특수작전의 경우에도 어김없이 적용이 된다. 전혀 예기치 못했던, 상정 외의 사건이 터지면서, 당초의 예정이 완전히 휴지조각이 되어버리고, 최악의 경우에는 "자력으로는 어쩔 도리가 없는" 그런 상황에 빠지고 마는 일도 있다.

● 아군과의 접촉이 최우선

작전 도중에 예기치 못한 사태가 발생하여, 적지로부터의 탈출 루트가 위험해지거나 사용할 수 없게 되는 경우가 있다. 분명, 계획 단계에서 예비의 탈출루트를 다수 준비해뒀을 터이지만, 상황의 변화가 당초에 상정했던 것을 훨씬 뛰어넘으면서 준비했던 모든 루트가 막히고 마는, 악몽과도 같은 사태 또한 얼마든지 일어날 수 있는 것이다. 상황이 이 정도까지 "막장"으로 치닫게 된 시점에서는 아군 부대의 구원을 기다리는 것 외에는 달리 뾰족한 수가 남지 않게 된다.

증원이건 구출이건 이를 요청하기 위해서는, 어찌 되었건 "이쪽이 지금 어떤 상황에 놓여있는가" 연락하는 과정이 반드시 필요하다. 이를 위한 수단으로 가장 이상적인 것이라면 무전기를 비롯한 상호 통신이 가능한 방법이겠지만, 적에게 교신 내용을 도청당할 위험성을 감안한다면, 디지털 위성 통신 같은 최첨단 장비를 필요로 하게 된다. 이 방법은 안전한 반면, 미군과 같이 "장비에 돈을 투자할 수 있는 군대"이외에는 결코 일반적인 것이 아니다.

정보는 많으면 많을수록 구출작전의 입안에 도움이 되는 법인데, 설령 통신이 일방통행이더라도, 실행에 있어 필요 최소한의 정보인, 자신들의 현 위치(위치좌표)는 반드시 전해야만 한다. 어쨌거나 위치를 알 수 없다면, 구출 및 회수를 위한 부대를 파견할 방법이 없기 때문이다. 무전을 사용할 수 없다면, 발신기 신호를 보내거나, 봉화를 올리거나 하는 원시적 수단을 사용해도 상관없다. 하지만 직접적으로 이쪽의 위치를 알리게 된다면, 적 또한 이를 눈치 챘을 경우에 아군의 구원보다도 적의 추격부대와 먼저 조우하게 될 가능성이 있으므로 주의하지 않으면 안 된다.

자신의 위치를 아군에게 알릴 수 있었다면, 남은 것은 아군의 구원이 올 때까지 살아남는 것이다. 구출하러 온 부대가 위험에 처하지 않도록 하기 위해서는, 적의 추적을 뿌리치고, 안전하게 접촉할 수 있는 장소로 이동할 필요가 있다. 2중으로 부대가 조난을 당하는 사태는 구출을 위한 부대 파견을 검토해야 하는 입장에서 가장 크게 우려하는 부분으로, 이러한 위험이 있을 경우에는 「구출 부대의 안전을 확보할 수 없다」는 이유로 버림받을 가능성도 충분하다. 최대한으로 아이디어를 짜내 적을 따돌리고, 전력으로 구출부대의 안전을 도모할 필요가 있다.

통상부대와 어떤 점이 다른 것인가?

막다른 곳에 몰려있는 상황이라도, 행동의 선택을 올바르게 한다면
아군의 구출을 받을 수 있는 확률이 매우 높아진다.

체크①

자신이 아직 살아있음을 알린다.

자신의 상태나 적의 정보 등을 가능한 한 상세하게
전달한다.
- 아군이 탐지 가능하다고 하면 구난신호같은
  편도 통신도 상관없다.

통신의 방법이나 내용의 보안에 신경을 쓰지 않으면,
도리어 적의 추격을 불러 모으는 결과를 초래하기도 한다.

체크②

구출되기 전까지 죽거나 적에게 붙잡히지 않는다.

- 가능하다면 조금이라도 구출부대가
  오기 쉬운 곳으로 이동한다.
- 적을 교란시켜 구출 부대의 작전을 원호한다.
- 아무 것도 할 수 없는 상황이라면,
  하다못해 컨디션 관리에 전력을 기울인다.

특히 구출되기 전에 적에게 붙잡힐 경우, 이후에 날아올 구출
부대는 「불길에 뛰어든 나방」과 같은 신세가 되기 때문이다.

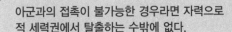

아군과의 접촉이 불가능한 경우라면 자력으로
적 세력권에서 탈출하는 수밖에 없다.

「잠복」, 「정보수집」, 「이군과의 통신 · 연계」 등, 대원이 가지고 있는
모든 기술을 총동원, 임기응변으로 대응해야 한다.

원 포인트 잡학

적의 세력권에서 빠져나오기 위해서는, 국경을 넘어 우호국이나 중립국을 향하는 것이 일반적이다. 그것이 가능하다면
「아군과의 연락」이라는 부분의 허들이 크게 내려가며, 보다 안전하게 회수를 받을 수 있게 된다.

아군에게 사살당하지 않기 위해서는?

추적의 손길을 피하면서, 아군의 세력권을 향해 도주 중인 자에게 있어 위협이 되는 것은 적군 만이 아니다. 정말 얄궂은 이야기이겠지만, 구출을 위해 달려와 줬을 터인 아군이 "목숨을 위협하는 위험한 존재"가 되어 버리는 사태도 그리 드문 일은 아니기 때문이다.

●모습을 드러낼 때는 신중하게

아군의 손에 죽게 된다고 하는 사태는 그다지 상상하고 싶지 않은 일이지만, 예상외의 일은 언제든지 일어날 수 있는 법이다. 더군다나 그곳이 전장이라고 한다면 더 이상 말할 필요가 없을 것이다. 포탄이 작렬하는 전쟁터에서는 아군의 입장에서도 이쪽이 아군인지 적군인지 판별할 정신적 여유가 없는 경우가 많으며, 그러한 상황에서 「살려줘~!」라며 손을 흔들어도 이를 눈치 챌 가능성은 낮다.

특히 현대의 전쟁은 모니터 너머로 적의 모습을 확인하며, 원격조작을 하는 경우도 많기 때문에 이러한 경향에 점차 박차를 가하고 있는 중이다. 만약 화상처리회로의 성능이 낮다면 모니터 화면에는 "뭔가의 화상이 잡히긴 했지만 그것이 무엇인지는 알 수 없는" 상황도 벌어질 수도 있으며, 이 상황에서 입고 있는 옷이나 들고 있는 물건(이를테면 추적자를 속이기 위해 적의 군복이나 장비를 착용 하는 등)에 따라서는 적으로 간주되어 공격을 받는 일도 그다지 신기할 것이 없다.

상대가 직접 눈으로 볼 수 있는 경우라 해도, 아군의 총격을 받을 위험은 여전히 남아있다. 한창 총격전이 진행되던 도중이라면 서로가 극도로 긴장한 상태이기 때문에, 시야에 움직이는 뭔가가 들어오기라도 하면 확인도 하지 않고 무조건 쏴 버렸다고 해서 탓할 수는 없는 법이다. 따라서 전장에서 자신의 존재를 드러낼 때에는 그 상대가 아군이라고 하더라도 결코 방심하지 말고, 신중하게 타이밍을 잴 필요가 있는 것이다.

인질구출작전과 같은 상황에서도, 돌입해 들어간 부대가 구출해야 할 상대를 쏴버리거나 날려버린 케이스는 얼마든지 있어왔다. 픽션의 세계에서라면 「별도의 루트로 침입하거나, 인질 속에 숨어있던 주인공이, 적의 무기를 빼앗아 한바탕한다」라는 시추에이션도 제법 익숙하지만, 돌입부대의 입장에서 본다면 이보다 더한 민폐는 없다. 이와 같은 불확정 요소는 구출 작전의 근간을 뒤흔들 수도 있기 때문에 "묻지도 따지지도 않고 배제" 하는 것이 기본이다. 운 좋게 사살되지는 않더라도, 상당히 험한 취급, 예를 들면 팔 다리에 총을 맞거나, 관절이 어긋나거나, 아예 기절할 정도로 두들겨 맞는 등의 처사를 당할 각오는 해야 할 것이다.

이럴 수가…… 난 아군이란 말이다!

도주 중에는 적뿐만 아니라 아군도 위협적인 존재가 될 수 있다.

전장에서 발생할 수 있는 「사고」

데이터의 해상도가 낮을 때 벌어지는 오인

적인지 아군인지 잘 모르겠는데요?

아군이 이런 곳에 있을 리가 없잖아. 날려버려.

극도의 긴장상태에서 일어나는 오사

어~이!

적이다!

쏴! 쏴버려!!

이쪽으로 오고 있잖아!?

인질구출작전 도중에도 「사고」가 발생할 수 있다.

돌입부대를 엄호하지. 안과 밖에서 협공하는 거야.

엥?! 뭐야 이 자식.

처음 보는 자가 총을 들고 있군. 즉시 「무력화」시켜.

Yes, sir.

자신이 「아군」임을 어필하기 위해서는
- 함부로 돌아다니지 않는다.
- 무기를 휴대하지 않는다.
- 자신의 입장을 간결하게 보고한다.
- 거칠게 취급받더라도 저항하지 않는다.

중요한 것은 「자신이 적이 아님을 인식시키는 것」, 「아군의 의도를 저해하지 않는 것」이다. 여기에 더하여 「쓸데없는 짓을 하지 않는 것」이 대원칙이 된다.

원 포인트 잡학

아군이 암시 고글을 착용하고 있는 경우에는 특히 주의할 필요가 있다. 암시장치는 시야가 좁은 데다, 색상까지는 판별해낼 수 없기에, IR(적외선) 마커를 비롯한 「피아식별장치」를 착용하지 않은 자는 모두 잠재적 위협으로 간주해버리기 때문이다.

용어집

영문 및 숫자

GRU (데브그루)
원래 SEAL 6팀(SEALs Team Six)이었던 부대를 개편한 것으로, 대테러임무를 전문으로 한다. 대외적으로는 미 해군 특수전 연구개발단(U.S. Naval Special Warfare Development Group)이라는 이름으로 알려져 있으나, 실제로는 현장에서 열심히 구르고 있는 실전부대. 2011년에 실시된 오사마 빈 라덴 습격작전인 「넵튠 스피어 작전」의 핵심으로 활약하기도 했다.

▪FN
벨기에의 총기 메이커. 초창기 PDW인 「P90」을 개발한 것으로도 유명하지만, 자동권총인 「브라우닝 하이파워」나 소구경 기관총인 「SPW」등, 특수부대에서 선호하는 견실한 설계의 총기를 다수 개발한 회사이다. 정식 명칭은 Fabrique Nationale de Herstal(벨기에 국립 총기 제작소).

▪GIGN
프랑스의 특수부대. 「국가헌병대 개입부대(Groupe d'Intervention de la Gendarmerie Nationale)」의 약칭으로, 일반적으로는 「제이지엔」 또는 「지젠」이라고 읽는다. 대원들은 국가헌병대 소속으로, 대테러임무 외에 요인경호나 파괴공작 등의 임무도 수행한다. 전원이 뛰어난 사격 실력을 지니고 있으며, 인명 존중을 대원칙으로 하는 부대로도 알려져 있으나, 이러한 특성 때문에 범인을 놓······치거나 하는 일은 없으며, 필요하다면 용서 없이 범인을 사살한다.

▪GSG-9
독일의 특수부대. 명칭은 「제9국경경비대(Grenzschutzgruppe-9)」의 약칭으로, 1972년에 일어난 뮌헨 올림픽 참사 당시의 실패를 거울삼아 출범한 대테러부대이다. 군이 아닌 국경경비대(연방경찰 소속이다)에서 부대를 창설한 것은 「특수부대 = 게슈타포(Gestapo, 나치스의 비밀경찰)나 나치스의 SS(Schutzstaffel, 친위대) 또는 SA(Sturmabteilung, 돌격대)」를 연상하는 국민들에 대한 배려라고 알려져있다.

▪H&K (Heckler & Koch)
세계 각국의 경찰치안계통 특수부대 사이에서 인기를 끌었던 기관단총 「MP5」를 개발한 독일의 총기 메이커. SOCOM 피스톨이라는 이름으로 잘 알려진 「HK21」이나 M4카빈의 개량을 위해 제안되었던 모델 가운데 하나인 「HK416」등, 특수부대용 총기로도 유명하며, 높은 기술력으로 정평이 난 회사이다.

▪KAC (Knight's Armament Company)
미국의 총기 메이커. 「M16」을 설계한 유진 스토너와 그의 제자 격이라고 할 수 있는 리드 나이트(Reed Knight Jr.)가 설립한 회사로, M16의 개량 발전형이라고 할 수 있는 「SR(Stoner Rifle) 시리즈」나 레일시스템의 표준이라 할 수 있는 「RIS」를 만들어낸 것으로 유명하다. SOCOM 측의 요청으로 「M4 SOPMOD」의 개발에도 참가하는 등, 군경조직에 대한 판촉에 열을 올리고 있다.

▪KSK
독일 육군 소속의 특수부대 GSG-9가 주로 국내에서 활동 하는 것과는 반대로, 국외에서의 대테러임무를 위해 출동한다. 1996년에 창설된 비교적 새로운 부대로, 영국의 SAS와 빈번하게 합동 훈련을 실시하곤 한다.

▪N.E.E.T
「Not Employ-ment Embattled Team」의 약자로, 자택과 자신이 지키고자 하는 것만을 위해 목숨을 걸고 있는 일본의 민간방위조직. 9개 방면대와 중앙의 즉시대응집단으로 편성되어있으며, 방면대 사령부 직속의 자택경비 특수부대에서 선발된 정예들로 구성된다. 「집밖파견부대」가 편성되는 경우도 있다.

▪OMON(오몬, ОМОН)
러시아의 특수부대. 1987년에 창설된 내무부 산하의 부대로, 「특별임무기동대(Отряд Милиции Особого Назначения)」의 약자이다. 미국의 SWAT와도 비슷한 성격을 지니며, 무장 범죄조직의 단속이나, 시위·폭동의 진압을 주요 임무로 한다.

▪PTSD
심적 외상 후 스트레스 장애(Post Traumatic Stress Disorder). 극적인 체험 직후 나타나는 ASD(Acute Stress Disorder, 급성 스트레스 장애)가 1개월 이상 지속, 만성장애가 된 상태를 말한다. 특수임무는 강한 긴장이나 쇼크를 동반하므로 PTSD를 유발하기가 쉽다. 심한 경우 전역, 퇴역의 원인이 되기도 한다.

▪SAS
영국군의 특수부대. 「Special Air Service」라는 명칭 때문에 공군 소속으로 오해하기 쉽지만, 전통 있는 육군 소속 부대이다. 부대가 창설된 것은 제2차 세계대전 중으로, 전후에는 북아일랜드의 독립 문제와 관련, 대테러활동에 종사하며, 노하우를 축적해왔다. 각국의 특수부대들은 그 역사나 창설 배경 등에 따라 전문이라 할 수 있는 분야가 있어, 예를 들어 그린베레의 경우는 게릴라전과 민사작전, 델타포스는 대테러임무에 강세를 보이는 특징이 있는데, SAS의 경우는 대테러임무 뿐 아니라, 정찰, 후방교란, 파괴공작, 인질구출부터 중요인물의 경호까지, 거의 모든 영역의 임무를 수행할 수 있는 것으로 유명하다.

■ SAS의 분가들

SAS는 가장 오래된 특수부대인 만큼, 후발 부대들에 크고 작은 영향을 주었는데, 미국의 델타포스도 그 중 하나로, 부대의 창설자인 찰스 베크위스가 SAS에 파견 근무를 했던 경험이 있었기 때문에, 대원의 선발 과정이나 훈련 내용이 SAS와 매우 흡사했고, 이 때문에 「미국판 SAS」라고 불리기도 했다. 또한 커먼웰스(Commonwealth of Nations, 영연방)에 속한 호주나 뉴질랜드에는 부대 이름까지 똑같은 「SAS」가 존재한다.

■ SAT

일본 경찰의 특수부대로, 일본 적군파가 1977년에 일으킨 일본항공 472편 납치사건의 교훈으로 일본 경시청과 오사카 부(府) 경찰의 기동대 내부에 설립되었던 하이재킹 전담 부대를 전신으로 하며, 현재는 홋카이도, 카나가와, 치바, 아이치, 후쿠오카, 오키나와에도 부대가 배치되어있다. 독일의 GSG-9이나 프랑스의 GIGN과도 교류가 있으며, 공동 훈련이나 교환 요원의 파견 등이 이뤄지고 있다. SAT란 「Special Assault Team」의 머리글자를 딴 것이지만, 일본에서의 부대명은 「특수급습부대」가 아니라 그냥 「특수부대」라고만 불리고 있다.

■ SBU (특별경비대)

일본 해상자위대의 특수부대. 히로시마 현의 에다지마(江田島)에 본부를 두고 있으며 영문표기인 SBU는 「Special Boarding Unit」의 약자이다. 수상한 선박의 무력화나 무장 해제를 주요 임무로 하는 부대로, 1999년에 일어났던 노토반도 앞 바다의 괴선박 사건을 교훈삼아 창설되었다.

■ SDV

미군이 운용중인 소형 잠수정. 「SEAL Delivery Vehicle」의 약자로, 잠수함에 도킹하여, 대원들을 목표 지역의 인근 해역까지 운반한다. 선체가 밀폐되어있지 않은 채, 대원들이 노출되어있어, 잠수 장비를 착용한 채 탑승할 필요가 있다. 하지만 개량형인 「ASDS(Advanced SEAL Delivery System)」은 밀폐식이며, 물에 젖을 일이 없기 때문에, 북해의 차가운 바다에서도 체력을 소모하지 않을 수 있다는 장점을 지니고 있다.

■ SEALs

일반적으로 네이비 실이라고 불리는 미 해군의 특수부대. 제2차 세계대전 당시 수중파괴공작이나 상륙 지원 임무를 수행했던 부대를 전신으로 하고 있다. 소속 팀에는 각기 번호가 붙으며, 국지적인 담당 구역을 맡고 있지만, 대테러작전을 임무로 하는 관계로 특정 지역에 묶이지 않은 「6팀」과 같은 예외도 존재하며, 수송이나 각종 지원 등을 담당하는 팀도 존재한다.
해군소속이면서도 육군이나 공군 등 타군에서도 지원자를 받아들이고 있다는 것 또한 특징이다.

■ SEALs Team Six

1980년에 실시되었던 「이글 크로우 작전(Operation Eagle's Claw)」의 실패를 계기로 SEALs 내부에 새로이 창설된 특수 팀. 대테러작전을 주요 임무로 하며, 델타포스 등의 부대와도 연계하여 작전에 임한다. 다른 번호가 붙은 팀들보다 한 수 위의 실력이라 알려져있으며, 「데브 그루(DEVGRU)」의 전신인 것으로도 유명하다.

■ SF

스페셜 포스(Special Forces)의 약자로, 특수부대를 말한다.

■ SFGp

일본 육상자위대 소속 특수부대. 특수작전군이라고도 하며, 치바 현의 나라시노 주둔지에 본부를 두고 있다. 창설 당시에는 「일본판 그린베레」를 목표로 했다고도 하지만, 자세한 사항은 불명이다.

■ SOBR

러시아의 특수부대. '소블'이라 읽는다. 소련이 붕괴한 뒤인 1992년에 창설된 내무부 소속의 부대로, 조직범죄에 대응하기 위해 만들어졌다. SOBR이라는 것은 「긴급대응특수과(Специальные Отряды Быстрого Реагирования)」의 약칭으로, 무기나 탄약, 폭발물, 마약 등을 압수하거나, 확산을 저지하는 임무에 투입되기도 한다.

■ SOCOM (소콤)

1987년에 설립된 미군 특수부대 전체를 총괄하는 사령탑과 같은 조직. 「US SOCOM」이란 「미 특수전사령부(United State Special Operations COMmand)」의 약칭으로, 육군의 「그린베레」를 시작으로 해군의 「네이비 실」 등과 같은 부대의 지휘계통을 일원화하여, 효율적인 작전의 입안과 실행이 가능하도록 한 것이다. 총기와 탄약, 그 외 각종 장비의 개발 등에도 깊이 관여하고 있다.

■ SOPMD

「Special Operatons Peculiar Modfication」의 약자로, 특수작전전용으로 개발, 또는 개량된 장비를 지칭하는 말이다. 「M4」용으로 각종 액세서리 키트를 개발하거나, 구형 소총인 「M14」를 SOPMD 사양으로 개조하여 이라크나 아프가니스탄에서 사용할 수 있게 만든 것이 대표적인 예이다.

■ SRT

대테러임무나 인질구출작전 등을 수행하기 위해 조직된 9~10인 구성의 부대. 특별대응팀(Special Reaction Team)의 약자로, 원래는 군사용어이지만, SWAT 팀을 이 이름으로 부르는 경우도 종종 있다.

■ SWAT

미국의 경찰치안계통 특수부대로 흉악범죄에 대처하기 위해 만들어졌다. 하지만 SWAT라는 것은 단일 부대를 지칭하는 말은 아니며, 각 주의 경찰기관이나 FBI(연

방수사국), DEA(마약단속국), ATF(담배, 주류 및 화기단
속국)같은 연방 기관에도 SWAT가 조직되어있다. 소속된
기관이나 지역에 따라 집행 가능한 예산에 차이가 있으
며, 대도시의 부대일수록 훨씬 질 좋은 장비를 지급받게
되는 경우가 많다. 당초에는 「특수무장돌격부대(Special
Weapons Assault Team)」의 약칭이었으나, 이후 전투적
인 냄새를 지우기 위해 현재의 약칭으로 바뀌었다.

■ WTO
(Warsaw Treaty Organization, 바르샤바 조약기구)
정식명칭은 우호, 협력, 상호 원조 조약(Договоро д
ружбе, сотрудничествеи взаимной помощи).
바르샤바 조약(WP, Warsaw Pact)으로 불리기도 한다.
구 소련을 중심으로 동유럽 국가들이 연합한 군사기구로
서방 진영의 NATO(북대서양 조약기구)를 견제하는 성격
을 지닌다. 구 소련의 붕괴와 함께 해체되었으며, 현재는
상하이 협력 기구(SCO)가 그 역할을 대신하고 있다.

가

■ 구더기
파리의 유충. 알에서 부화하여 성충이 된 뒤 다시 알을
낳기까지의 기간인 라이프사이클이 짧은 것이 많아 순식
간에 증식하는 특징이 있다. SAS의 교범 등에는 화농을
방지할 항생제를 손에 넣을 수 없는 상황에서 「구더기들
이 환부의 죽은 세포를 먹도록 해서 상처를 소독」한다는
처치법이 실려 있다고 한다.

■ 그린베레
미 육군의 특수부대로, 1961년에 발족되었다. 게릴라전
이나 민사작전을 장기로 하며, 우호국의 특수부대를 훈
련시키거나, 적대국의 적에게 게릴라전을 지도해주는 등
인텔리전스를 살린 임무를 특징으로 하고 있다. 「그린베
레」라고 하는 것은 통칭으로, 내부적으로는 그저 「미 육
군 특수부대(SF)」라고만 부르는 경우가 많다.

■ 기관총
소총탄을 완전 자동으로 연사할 수 있는 총기. 사용 탄약
이나 그 크기에 따라 다양한 베리에이션이 존재하는데,
소수의 인원으로 행동해야만 하는 특수부대에 있어 기관
총 특유의 화력은 작전 수행에 있어 불가결한 존재라 할
수 있을 것이다.

■ 긴급전개부대(緊急展開部隊)
중국의 특수부대로, 군계통과 경찰치안계통의 특징을 아
울러 지니고 있으며, 미국의 「레인저」와 같은 레벨의 훈
련을 쌓고 있는 것으로 알려져 있다. 또한 인민훼방군의
각 군구별로 「비룡(飛龍)」, 「엽표(獵豹)」 등의 이름이 붙
은 부대가 존재하며, 총 인원수가 5만 명 이상이라고 하
는 자료는 "이러한 부대들을 모두 총합하여 계산한" 숫
자일 가능성이 높다.

나

■ 나이트 나인
일본의 만화 『요르문간드』에 등장하는 특수부대. 결번으
로 알려진 SEALs의 「9팀」을 뜻하며, 특히 야간 작전을
장기로 하는 부대라는 설정으로 등장했다.

■ 나이트 스토커즈
특수부대의 운송을 전문으로 하는 항공부대. 숙련도가
부족한 파일럿이나 성능이 떨어지는 헬기를 무리하게 투
입한 것이 원인이 되어 실패했던 「이글 크로우 작전」을
교훈삼아 창설되었다. 정식명칭은 「제160특수작전항공
연대」. 육군의 작전만이 아니라 대다수의 특수작전에 참
가하고 있어, 미군 내부에서도 가장 바쁜 부대 중 하나라
는 평가를 받고 있다.

■ 나이츠 아마먼트 社
→ KAC

■ 냉전
제2차 세계대전 이후, 미국을 중심으로 한 자유진영과
구 소련을 중심으로 한 공산진영간의 대립. 직접적인 무
력 대신 경제 · 외교 · 정보 등의 수단을 통해 펼쳐진 국
제적 대립 항쟁으로, 「차가운 전쟁」이라 불렸다. 정치 ·
군사 · 경제적 측면 등에서 대립관계가 성립, 긴장이 계
속되고 있었으나, 1989년 지중해의 몰타에서 미국의 부
시 대통령과 소련의 최고회의 의장이었던 고르바초프가
회담을 가진 후 냉전의 종결을 선언했다.

■ 네이비 실
→ SEALs

■ 넵튠 스피어 작전(Operation Neptune's Spear)
지난 2001년에 일어난 「9.11 미국 동시 다발 테러」(속칭
「9.11 테러」)의 주모자였던 오사마 빈 라덴 체포(내지 사
살)를 목적으로 한 강습작전으로, 2011년 5월 1일에 실
시되었다. 계획을 미리 감지하고 도주할 우려가 있었기
에, 빈 라덴의 은신처가 있었던 파키스탄 정부 측에도 비
밀로 한 상태에서 실행되었는데, 작전의 주력이 된 것은
네이비 실(데브그루)이었으며, 스텔스 성능을 강화한 2
기의 「블랙호크」헬기로 건물을 급습, 도중에 1기를 사고
로 손실하기는 했으나 무사히 표적을 사살하고 그 시체
를 회수하여 복귀했다. 2013년에 공개된 영화 『제로 다
크 서티』의 소재가 된 것으로도 잘 알려져 있다.

다

■ 더블 컬럼 (Double column)
복열 탄창이라고도 불리며, 탄창 내부에 탄약을 2열로
채워 넣는 방식이다. 장탄수를 크게 늘릴 수 있으므로,
현용 권총의 주류가 되어있는 상태이지만, 탄약을 많이
넣을 수 있는 만큼, 총의 손잡이 부분도 덩달아 두꺼워지
는 경향이 있다. 미군이 오랜 세월에 걸쳐 주력으로 사용

해왔던 「콜트 가버먼트(M1911)」 시리즈의 경우 원래는 싱글 컬럼 탄창을 사용했으나, 더블 컬럼 탄창을 사용하도록 재설계된 모델도 등장, 일부에서 인기를 끌고 있다.

■ 데브그루
→ DEVGRU

■ 델타포스
미 육군의 특수부대로 1977년에 창설되었으며, 대테러 임무를 전문으로 한다. 부대 창설 당시, 미군에는 이미 그린베레라고 하는 특수부대가 존재했으나, 찰스 베크위스 대령의 「미국에도 SAS처럼 대테러임무에 특화된 부대가 필요하다」라는 강력한 주장을 통해 부대의 창설이 실현될 수 있었다. 임무의 특성상, 부대의 존재 자체가 기밀로 취급되기에 공식적으로는 "그런 부대는 존재하지 않습니다"라는 식으로 되어있으나, 정부 고관의 발언에서 이름이 언급되는 등, 그 존재는 「공공연한 비밀」로 되어있는 상태이다.

라

■ 라이너
철도의 객차, 버스 여객기의 객실 등 「세로로 긴 공간」을 말하는 용어. 이러한 라이너를 제압하기 위해서는 「미끼가 되는 팀」, 「외부에서 엄호사격을 실시하는 팀」, 「내부로 돌입, 대상을 확보 또는 무력화 시키는 팀」의 상호 연계가 중요하다.

■ 레인저
기습공격이나 후방교란 등을 실행하기 위한 훈련을 받은 병사, 또는 그런 부대를 가리키는 말. 일본 자위대의 경우, 병과나 직종이 아닌 「기능(자격)」으로 취급하고 있으며, 이로 인해 자위대에는 「레인저 부대」가 따로 존재하지 않는다.

■ 리로드(Reload, 재장전)
탄을 전부 소모한 총기에 새로 탄을 보충하는 행위로, 초탄의 장전을 「로드(로딩)」, 약실에서 탄을 꺼내는 것을 「언로드」라고 부른다. 이 외에 약실에 탄을 남긴 채 재장전을 실시하는 「택티컬 로드」와 탄을 전부 사용한 뒤에 실시하는 「스피드 로드」라는 것도 존재한다.

■ 리볼버
원통형의 탄창(실린더)에 5~6발의 탄을 장전하는 연발총. 고장이나 작동불량의 가능성은 낮지만, 장탄수가 적다는 문제가 있어 특수부대의 권총으로는 비주류에 해당한다.

마

■ 마우스 홀
브리칭(Breaching, 통로 개척)으로 벽에 생긴 구멍을 가

리킨다. 돌입작전 중에 적의 매복이 예상되는 경우, 해당 출입구나 통로를 피하기 위해 이러한 구멍을 뚫는 경우가 있다.

■ 맥풀 (Magpul Industries Corporation)
미국의 총기 및 액세서리 메이커. 1999년에 포스 리컨 출신인 리처드 M 피츠패트릭(Richard M. Fitzpatrick)이 설립한 회사로, 회사명은 창업 당시의 주력 상품이었던 「탄입대에서 탄창(MAG)을 빼내는(PULL)것을 편리하게 해주는 액세서리」에서 유래했다고 알려져 있다. 실총이나 연습용 총기로 총기 트레이닝을 실시하는 「맥풀 다이나믹스(Magpul Dynamics)」, 「맥풀 프로페셔널 트레이닝 & 시뮬레이션(Magpul PTS)」 등의 자회사가 있으며, 어설트 라이플인 「MASADA(※역자 주 : 정식 명칭은 ACR(Adaptive Combat Rifle)임)」를 시장에 내놓아, 우수한 개발능력을 보유하고 있음을 알리기도 했다. 다만, 총기를 대량으로 뽑아낼 생산라인을 갖추지는 못했기에, 다른 메이커에 생산 면허를 주고 있으며, 자체 생산하는 상품은 탄창이나 액세서리가 주류를 이루고 있다.

■ 메탈 매치(Metal match)
서바이벌용구 가운데 하나로 불을 피우는 데 사용된다. 불꽃이 튀기 쉬운 재질로 만들어진 봉과 금속제 날이 하나의 세트를 이루고 있는데, 강한 힘을 주어 봉을 빠르게 깎아내듯 문지르면 불꽃이 튀면서 부싯깃에 불을 붙이게 된다. 젖은 상태에서도 사용가능하다는 점이 편리.

■ 뮌헨 올림픽 참사
1972년 독일의 뮌헨에서 열린 제20회 하계 올림픽 기간 중에 발생했던 인질사건. 팔레스타인 계 테러리스트 「검은 9월단」이 뮌헨 올림픽에 참가했던 이스라엘 선수단을 인질로 잡고, 동료들의 석방을 요구하는 사건으로, 「검은 9월단 사건」이라 부르기도 한다. 당시의 독일(서독) 정부 측에서는 이들의 요구를 들어주는 척 하면서 범인들을 저격하려 했으나, 실패로 돌아가면서 총격전이 벌어졌고, 결국 9명의 인질 모두가 사망하는 참사로 끝나고 말았다.

바

■ 발라클라바
머리 전체를 덮을 수 있는 자루모양의 모자로, 눈과 입 부분만을 노출시킨 디자인이 특징이다. 영화나 드라마에 등장하는 은행 강도들이 뒤집어쓰고 있는 것으로도 익숙할 것이다. 우크라이나의 크림 반도에 있는 항구도시 발라클라바에서 사용된 방향용 모자에서 유래했다고 알려져 있다.

■ 배터링 램(Battering ram)
금속제 원추에 손잡이가 달린 물건으로, 1인용일 경우 한 지점에 순간적으로 6,300kg의 타격력을 전할 수 있어, 잠겨있는 문을 부수는 통로개척(Door breaching)에

사용된다.

■ 배틀 라이플(Battle Rifle, 전투 소총)
7.62mm 탄약을 사용하는 자동소총의 통칭. 길고 무거
우며 반동이 강하다는 이유로 구식화된 상태이지만, 이
라크나 아프가니스탄의 전장 환경에서는 강한 위력과 높
은 원거리 명중률의 장점 때문에 다시 주목을 받고 있다
고 한다.

■ 밸리스틱 실드(Ballistic shield, 방탄방패)
경찰치안계통 특수부대 등에서 사용하는 「방패」. 어느
정도의 방탄 성능을 지니고 있지만, 강행 돌입 작전 등에
사용할 수 있는 사이즈와 중량의 방패로는 산탄이나 권
총탄을 방어하는 것이 고작이다. 사용자가 시야를 확보
할 수 있도록 투명소재로 만든 실드가 달린 것도 있다.
경찰 기동대에서 시위 진압에 사용하는 금속 방패의 경
우는 어디까지나 폭도들을 제압하고 더 큰 폭력을 차단
하기 위한 것으로 방탄 성능은 고려되어있지 않다. 따라
서 이러한 종류의 방패는 「라이오트 실드(Riot shield)」라
고 부르며 별도로 분류한다.

■ 베레모
특수부대의 상징. 미 육군의 유명 부대인 「그린베레」를
비롯하여 「블랙베레」, 「레드베레」등 베레모의 색깔에서
기원한 부대명이나 이명도 많은 편이다. 베레모의 각을
잡는 방법에 따라 영국식(오른쪽을 아래로 내림)과 프랑
스식(왼쪽을 아래로 내림)으로 나뉜다.

■ 보우 드릴(Bow drill)
활과 봉을 조합하여 만든 발화용 도구. 나무 봉에 활의
현을 감은 뒤, 좌우로 움직이면서 봉을 회전, 마찰열을
이용하여 부싯깃에 불을 붙이는 방식으로 사용되었다.

■ 블러드 치트(Blood Chit)
작전지역의 언어로 「이 사람을 도와준 자에게 소정의 보
수를 주겠다」라고 하는 것을 보증하는 서류. 고유 번호가
찍혀있으며, 대원을 구해준 자에게 이 번호를 알려주게
된다. 상황이 진정된 뒤에 대사관 등을 찾아가 이 번호를
대면, 소정의 포상금을 받는 방식. 중일전쟁 당시의 용병
파일럿 부대였던 『플라잉 타이거즈(Flying Tigers)』의 항
공 재킷에 새겨진 것으로도 유명하다.

■ 비대칭전
서로의 장비나 전력의 차이가 현격한 상태에서 상대방과
다른 수단이나 방법으로 싸우는 전쟁 양상. 특히 정규군
과 게릴라, 또는 테러조직 등과의 싸움이 비대칭전의 전
형이라고 할 수 있을 것이다. 근대 국가의 군대는 기본적
으로 군대끼리의 싸움, 즉 「정규전」을 위해 만들어진 조
직으로, 비대칭전을 상정하고 있지는 않았기 때문에, 아
무리 규모가 큰 군대라 하더라도 비대칭전에 말려들어갔
을 경우 상당히 골치 아픈 일이 벌어지곤 한다.

■ 비정규전
적의 지배하에 있거나 정세가 불안한 지역에서 실시되는
군사행동. 이러한 지역에서는 일정 규모를 갖춘 정규군
끼리의 전투(정규전)가 일어나는 일은 드물며, 이에 따라
게릴라전이나, 파괴공작, 잠입이나 정찰 등의 활동이 주
류를 이루게 된다. 비교적 방어가 허술한 곳을 노려 혼란
을 일으키고, 적으로 하여금 경계 태세에 들어가도록 만
들어, 피로를 축적시키고, 인원과 장비를 유효하게 활용
하지 못하도록 하는 것을 목적으로 한다. 정규전과 대비
되는 용어로, 「비통상전」이라고 불리기도 한다.

■ 빔펠 (Вымпел, 빔펠)
러시아의 특수부대. 구 소련 시절에는 「알파 그룹」과 마
찬가지로 KGB산하의 조직 중 하나로, 각종 특수작전에
종사했으며, 첩보 외에, 중요거점의 방위를 위한 훈련에
서 가상 적부대 역을 맡기도 했다. 1991년에 있었던 소
련 보수파 쿠데타 당시에는 알파 그룹과 함께 KGB 측의
명령을 거부했으며, 소련이 붕괴된 뒤에는 내무부의 관
리 아래에 들어가면서 「베가」, 또는 「베가 그룹」이라 개
칭되기도 했으나, 현재는 예전의 명칭으로 돌아갔으며,
연방보안국(FSB) 소속으로 활동 중이다.

사

■ 산탄총(Shot Gun)
적게는 2~3발에서 많게는 수백 발의 금속구(산탄)을 발
사하는 총기. 어림잡은 정도의 조준이라도 명중탄을 낼
수 있으나, 탄이 확산되므로 사용법이 은근히 까다롭다.
그 반면에 상대를 기절시키는 「스턴 탄」이나 출입문의
경첩 등을 파괴하는 「도어 브리칭 탄」 등을 발사할 수 있
어, CQB 과정에 있어 대단히 요긴하게 사용된다.

■ 서방 진영
미국이나 영국을 중심으로 한 자유진영 국가를 일컫는
속칭. 원래는 냉전 시대 당시의 구분법으로, 현재는 「구
서방진영」이라는 식으로 불리기도 한다. 서방진영에서는
여론이나 미디어의 힘이 강한 관계로, 아무리 특수부대
라 하더라도 멋대로 행동할 수는 없다.

■ 세미 오토(Semi-auto)
「세미 오토매틱(Semi-automatic)」의 줄임말로, 반자동
사격이라고도 한다. 방아쇠를 당길 때마다 1발의 탄환만
이 발사된 뒤, 다음 탄이 재장전 되는 방식으로, CQB 상
황에서는 탄약의 절약과 함께, 확실한 조준이 가능하다
는 점 때문에 반자동 사격이 기본으로 되어있다.

■ 스나이퍼 라이플
저격용 소총을 일컫는 속칭으로, 긴 총신에 더해, 단단히
안정된 개머리판을 특징으로 하며, 스코프(조준경)을 부
착하면 1km 이상 떨어져있는 표적도 노릴 수 있게 된다.
볼트액션식 소총의 경우는 명중률이 높기는 하나, 1발을
쏠 때마다 수동으로 탄을 장전해줘야 할 필요가 있기에,

특수부대의 저격수는 반자동을 좀 더 선호하는 편이다.

■ 스네이크
인질구출작전 등에서 건물 내에 돌입하는 팀이 종대로 편성된 것을 가리키는 말. 6명 전후의 인원이 종렬로 움직이며, 앞사람의 어깨를 두드리거나 몸을 미는 식으로 의사소통을 실시한다.

■ 스켈톤 스톡
파이프를 조합한 모양이거나, 구멍을 뚫어놓은 형상의 개머리판을 가리키는 말. 주로 경량화가 목적으로, 장비 중량에 여러 제한이 있을 수밖에 없는 공수부대 등에서 많이 사용된다. 빈틈이 많아 탄피 배출구를 가리지 않는다는 이점이 있어, 접이식 개머리판과 조합한 디자인의 개머리판이 달린 총기도 많다.

■ 스톡 (Stock)
소총처럼 전장이 긴 총기로 조준을 실시할 때, 사수의 어깨에 대는 부분. 우리 말로는 개머리판이라 하며, 총상 (銃床)이라는 한자어로 불리기도 한다. 사격자세를 안정시키는 데 사용되며, 발포시의 반동을 경감하는 데에도 도움이 된다. 연사(완전 자동 사격)를 실시할 때, 개머리판을 팔과 허리 사이에 끼운 자세를 취할 때가 있는데, 이러한 사격자세를 「지향사격자세」라고 한다.

■ 스톡홀름 증후군
1973년에 스웨덴의 스톡홀름에서 일어난 은행 강도 사건에서 유래한 심리학 용어로, 「인질들이 범인에게서 친밀함을 느끼는」 현상을 가리키는 것인데. 스톡홀름 사건의 경우, 나중에 인질 가운데 1명이 범인 중 1명과 결혼하기까지 했다고 전해진다. 하지만, 이러한 상태에 빠지는 것은 인질뿐만 아니라, 인질 사건의 해결을 위해 투입된 교섭 담당자에게도 얼마든지 일어날 수 있는 일로, '감염'이 의심되는 경우에는 교섭에서 제외시킬 필요가 있다.

■ 스페츠나츠
러시아군의 특수부대. 스페츠나츠(Спецназ)라는 것은 러시아어로 「특수임무부대」를 의미하지만, 이것이 어느 특정부대만을 가리키는 것은 아니다. GRU(Главное Разведывательное Управление, 참모본부 정보총국)를 시작으로, 육해공군과 내무부, 연방보안국(FSB), 해외정보국(SVR)등의 조직이 각자의 산하에 "스페츠나츠"를 보유하고 있는 것으로, 언어의 용법을 따진다면 「SWAT」의 경우와 비슷하다 할 수 있을 것이다.

■ 시그널 미러
항공기 등에 구조를 요청할 때 사용되는 서바이벌 도구의 일종. 중앙의 구멍을 통해 날아가는 항공기가 보이도록 높이 치켜 올린 뒤, 햇빛을 반사시켜 자신의 위치를 알린다. 보통의 거울이나 깡통 뚜껑 등으로도 대용 가능하다.

■ 싱글 컬럼 (Single column)
단열식 탄창. 탄창 내부에 탄약을 1열로 채워 넣는 방식으로, 장탄 수는 조금 적지만, 탄의 공급이 비교적 매끄럽게 이루어지기에, 잼의 발생이 적은 편이다. 오래전에 설계된 권총의 경우, 이런 타입의 탄창을 사용하는 것이 많은데, 장탄수가 적다는 부분 때문에 경원시 되는 경향이 있지만, 적을 무력화하는 데 유리한 대구경 탄약을 사용하는 모델도 있기에 함부로 일반화 할 수는 없다.

아

■ 알파 그룹 (Группа Альфа)
러시아의 특수부대. 소련 시절에는 KGB(국가보안위원회. 미국의 CIA에 대응되는 정보기관)의 첨병으로 아프가니스탄 침공 등에도 관여했다. 1991년 8월, 소련 보수파가 일으킨 쿠데타 사건에서는 자신들의 상부 조직인 KGB에 반기를 들고, 당시의 대통령이었던 보리스 옐친 측을 지지했으며, 현재는 러시아 국내의 치안 유지를 목적으로 하는 대테러부대로 활동 중이다.

■ 약실
총기의 내부 메카니즘에서, 탄약이 가장 마지막에 머무는 곳. 기본적으로 총신이 시작되는 지점에 위치한다. 흔히 총기의 장탄수를 표기하면서 「+1」이라 적는 경우가 있는데, 이는 약실 안에 장전된 상태의 탄을 마저 계산한 것이다. 약실 안에 탄이 장전된 상태에서는 적절한 안전장치를 걸어놓지 않는 이상, 사고의 위험이 있으므로 주의할 필요가 있다.

■ 약협 (Cartridge)
탄환을 발사하기 위한 화약(발사약, 장약)을 담아놓은 통. 영어로는 「카트리지」, 또는 「카트리지 케이스(Cartridge case)」라고 하지만, 이미 발사가 끝난 빈 케이스는 「엠프티 케이스」라고 부르며 따로 구분한다. 특수부대용으로 인기가 높은 「MP5」의 경우 엠프티 케이스에 독특한 자국이 남기 때문에 쉽게 알아볼 수 있다고 한다.

■ 어설트 라이플
소구경 · 고속탄을 사용하며 완전 자동 사격이 가능한 소총. 5.56mm 급 탄을 사용하는 격이 일반적으로, 특수부대원의 주무장으로도 인기가 많다. 최근에는 방탄조끼를 관통할 수 있다는 점 때문에 경찰치안계통 부대에서도 사용이 늘고 있는 추세이다.

■ 엔도스코프(Endoscope)
감시나 정보수집 등에 쓰이는 내시경. 벽에 작은 구멍을 뚫고, 안쪽의 상황을 살피는 식으로 사용된다.

■ 엔트리
강행돌파를 말한다. 기본적으로 건물 내에 돌입하는 것을 가리키는데, 요란하게 뛰어들어 적을 혼란에 빠지도록 하는 「다이나믹 엔트리」와 적이 눈치 채지 못하도록 몰래 잠입하여, 조용히 실내를 제압해나가는 「스텔스 엔트리(고스트 엔트리)」라는 2가지 종류가 있다.

■ 와일드 기스
용병을 뜻하는 말 가운데 하나. 전쟁을 밥벌이 수단으로 삼아 세계 각지를 떠도는 용병들의 현실을 야생 기러기(Wild Geese)가 먹이를 찾아 여기저기를 이동하는 모습에 빗대서 사용한 것이다.

■ 유탄발사기(Grenade Launcher)
그레네이드(Grenade, 유탄)를 발사하는 장치. 유탄이란 소형의 수류탄과 같은 것으로, 내부의 화약(작약)이 폭발할 때 발생하는 충격파와 금속 파편으로 주위의 적을 살상하는데, 단순히 부대의 화력을 강화시켜줄 뿐만 아니라, 「가스탄」 등의 특수한 탄을 사용할 수도 있어, 경찰 치안계통의 부대에서도 사용되고 있는 중이다.

■ 이글 크로우 작전
1980년에 실시되었던 미군의 인질구출작전. 테헤란의 미 대사관원들이 대사관을 점령한 이란의 과격파 혁명세력의 포로가 된 사건으로, 창설되고 얼마 지나지 않았던 시점의 델타포스가 투입되었다. 하지만 각 군의 이해관계가 얽히면서, 해·공군은 물론 해병대까지 참가하는 합동작전으로 변질되었는데, 이외에도 잘못된 정보에 준비 부족, 각 부대의 공조 부족 등의 악재가 겹쳤고, 설상가상으로 작전 도중 헬기가 추락하면서 대사관에 도착하기도 전에 작전의 속행 자체가 불가능하게 되었다. 미국은 이 작전의 실패를 교훈으로 삼아, 전군의 특수부대를 하나의 계통 아래에서 관리하기 위하여 특수전 사령부(US SOCOM)을 창설하였으며, SEALs의 「6팀」이나 「나이트 스토커즈」같은 부대가 탄생하는 계기가 되기도 했다.

■ 일본항공 472편 납치사건
1977년에 일본 적군파가 일으킨 공중납치사건. 정치범의 석방 등을 비롯한 범인들의 요구를, 「인명은 지구보다 무겁다」라는 발언 아래 일본 정부 측이 전부 받아들인 데 더해, 아무런 방해도 받지 않고 도주할 수 있게 만들면서 국제적인 비난을 받았던 것으로도 유명하다.

자

■ 「자네가 알 필요는 없네」
특수 작전에 있어, 지휘의 원칙인 「정보는 그것을 알아야만 하는 자 외에는 알려줄 수 없다」라는 것을 극단적인 형태로 표현한 말. 포로가 되었을 때의 기밀 보호는 물론, 선입관을 갖거나 어설프게 정이 들면서 임무 수행에 지장을 초래할 지도 모르는 사태의 발생을 미연에 방지하기 위한 대책이기도 하다.

■ 자동권총
방아쇠를 당겼을 때, 「격발 → 약협의 배출 → 차탄 장

전」이라는 프로세스가 자동으로 실시되는 권총. 정비 및 유지에 좀 더 손이 가기는 하지만, 리볼버에 비해 거의 2~3배 많은 장탄수를 자랑한다. 흔히 말하는 「더블 탭」 사격 등, 단번에 여러 발의 탄환을 박아 넣는 것을 원칙으로 하는 특수부대의 권총 사격에 있어, 장탄수가 많은 자동권총은 인기가 많은 편이다.

■ 잼 (Jam)
총기 내부의 탄약이 뭔가의 이유로 정상적으로 급탄, 배출 되지 않는 현상. 한국어로는 「급탄 불량」, 또는 「탄 걸림」 등으로 표현하기도 한다. 이러한 현상이 발생한 총기는, 응급조치를 실시한 뒤, 그래도 안 된다면 깔끔하게 포기하고 다른 총기를 바꿔드는 것이 기본이다.

■ 저강도 분쟁
정치적 또는 군사적 충돌이 발생했지만, 전쟁상태까지 발전하지는 않은 상태로, 이것이 전면전으로 번지지 않은 것은 분쟁 당사국간의 자제가 있었거나, 국제 사회의 압력이 작용했기 때문일 뿐이므로, 뭔가의 계기만 있다면 언제든지 대규모의 정면 충돌로 이어질 위험이 남아있는 상태이다. 경우에 따라서는 이 상황이 장기화된 케이스도 있으며, 결과적으로 전쟁상태와 다를 것이 없거나, 그 이상의 희생이 발생하는 경우도 적지 않다.

■ 전직 SAS
원래 SAS는 역사가 오랜 부대이기에, 픽션의 세계에서도 인기가 많으며, 이에 따라 이곳 출신으로 설정된 인물들도 많은 편이다. 현실의 세계에서도 자칭 "전직 SAS요원"이 책을 쓰거나 하는 일이 있는데. 개중에는 이를 사칭한 가짜들도 있어, 이런 경우에는 진짜 OB들이 전우들 간의 "사회적 연줄"이라는 스킬을 구사하여 그 인물의 정체나, 내용의 신빙성 문제를 까발려버리는 일도 있다.

■ 전투증명
총기나 기타 장비가 실전에서 사용되어, 그 성능이 설계 의도나 카탈로그 스펙을 제대로 만족시키고 있다는 것이 실제로 증명된 것에 붙는 말로, 「컴뱃 프루프(Combat proof)」또는 「배틀 프루프」라고도 불린다. 근년에는 큰 규모의 전쟁이 그다지 일어나지 않았기 때문에, 특수부대원이 임무에 사용한 것을 통해 「배틀 프루프가 이루어졌다」라는 케이스도 적지 않은 편이다.

■ 제75레인저연대
미 육군의 정예부대. 해병대와 함께, 미군 내부에서 긴급 즉응부대의 포지션을 차지하고 있는 부대로, 세계 이곳저곳에 파견되며, 특수부대원을 지망하는 장병들에게 있어, 일종의 "등용문"이라고도 할 수 있으나, 이 때문에 레인저 대원을 한 수 아래로 깔보는 특수부대 대원들도 종종 있다.

■ 제네바 조약
전쟁으로 인해 발생하는 희생자(병상자 및 민간인, 포로

등)를 보호하는 것을 목적으로 하는 국제 조약. 제2차 세계대전 당시의 경험을 바탕으로 하여 1949년에 정해진 「전쟁에 있어서의 인도적 규칙」으로, 포로에 대한 폭행이나 협박, 고문, 처형 등을 금지하며, 얼굴 사진을 공개하여 공중의 놀림감으로 만드는 행위 또한 금지되어었다. 베트남 전쟁이 끝난 1977년에는 학교나 병원, 발전소 등 민간 시설에 대한 공격을 금지하는 2개의 의정서가 추가되었다.

■ 제다이
데브그루 대원들을 가리키는 속어. 영화 『스타워즈』에 등장하는 전사들인 제다이(Jedi)에서 유래한 말이다.

■ 제압 (클리어)
CQB 등을 통해, 실내의 적을 사살, 또는 무력화시켜, 아군의 지배하에 두는 것을 말한다. 인질구출작전이나 요인 호위 및 암살 작전의 수행을 위해 건물에 침입한 경우, 가장 가까이 있는 방이나 통로부터 하나씩 차근차근 제압해나가는 것이 정석이며, 이러한 행동을 「클리어링」 또는 「하우스 클리어링」이라고 한다.

카

■ 카나리아
경찰치안계통 특수부대에서 "인질"을 가리키는 은어. 이와 반대로 범인의 경우는 「크로우(까마귀)」라 하며, 적인지 아닌지 확실히 판별할 수 없는 상대는 「패롯(앵무새)」이라고 부른다.

■ 칸디루
아마존에 서식한다고 알려진 메기 과의 소형 민물고기. 다른 물고기의 아가미에 달라붙어 피를 빠는 습성이 있다. 물고기가 아가미로 내보내는 요소에 반응하여 모여들기 때문에, 원주민 어부들은 「강에서 소변을 볼 경우 "안쪽"까지 파고들어온다」라고 경고하기도 한다. 피를 빠는 동안에는 가시를 이용하여 몸을 고정하므로 울고 싶을 정도로 아프다는 듯 하다.

■ 코만도
기습부대나 게릴라부대 등 「특수한 부대」에 소속된 병사를 가리킨다. 암살이나 파괴공작을 임무로 하며, 이를 수행하기 위한 각종 기술을 보유하고 있다.

■ 클리어
→ 제압

■ 킬하우스
영국의 SAS의 훈련시설. CQB 훈련용 건물로, 내부의 방 배치는 자유로이 변경이 가능하다. 또한 훈련탄은 물론 실탄에도 대응 가능하며, 영상투사장치 등 첨단 기기도 갖춰져 있다. 델타포스의 「하우스 오브 호러」를 필두로, 각국의 특수부대는 SAS의 킬하우스를 본보기로 한

CQB 훈련 시설을 만들어두고 있다.

타

■ 탱고
테러리스트를 뜻한다. 테러리스트의 머리글자인 「T」가 포네틱 코드에서는 「탱고(Tango)」라 불리는 것에서 유래. 비슷한 이유로 저격수(스나이퍼)를 「시에라(Sierra)」라고 부르기도 한다.

■ 테러
특정의 정치적 목적을 실현하기 위한 수단으로, 반 정부 조직이나 혁명단체, 경우에 따라서는 정부 측에서 제3자를 공포에 빠뜨리기 위해 암살, 폭행 등의 폭력이나, 위협 등을 조직적으로 실시하는 것을 인정하는 사고방식을 「테러리즘」이라 한다. 매우 다양한 용법이 존재하는데, 이러한 테러 행위를 실시하는 자를 「테러리스트」, 시한폭탄 등을 사용한 것을 「폭탄테러」, 생환을 생각하지 않고 저지르는 것을 「자폭테러」, 불특정 다수를 대상으로 한 것을 「무차별테러」라 부르는데, 야간에 인터넷 상으로 맛있는 음식의 화상을 마구 게재하는 「위꼴테러」 또한 절대 용서받을 수 없는 테러 행위의 하나라 할 수 있다.

■ 텔레스코픽 스톡 (Telescopic stock)
길게 늘리거나 짧게 접어 넣는 등, 길이를 조절 가능한 개머리판으로 「슬라이드 스톡」이라 불리기도 한다. 여러 단계로 길이를 조절할 수 있는 모델도 있어, 사용자의 체격이나, 방탄조끼의 유무같은 상황에 맞춰서도 조정 가능하다. 『SCAR』의 개머리판은 「폴딩」과 「텔레스코픽」이라는 두 기능을 겸비하고 있기도 하다.

■ 트랜지션 (transition)
지금까지 사용한 총기를 타인에게 넘기거나, 다른 총기를 꺼내드는 것을 말한다. 오른 손에 들고 있던 총기를 왼손으로 바꿔 쥐는 「스위칭」 또한 포함해서 트랜지션이라 말하는 경우도 있는데, 좁은 실내에서 치러지는 관계로 교전거리가 짧고, 이 때문에 총기의 작동 불량 등의 문제에 신속하게 대처해야만 하는 CQB 상황에서는 매끄러운 트랜지션이 생사를 가르는 요소가 되기도 한다.

■ 특별경비대(日)
→ SBU

■ 특별작전군(日)
→ SFGp

파

■ 파라코드(Paracode)
항공기에서 강하하는 대원과 낙하산의 천을 이어주는 「끈」을 의미한다. 대단히 가늘면서도 질기다는 특성 때문에 로프 대신으로 사용되기도 한다. 사용이 끝난 낙하

225

산에서 재활용하는 경우가 있는가 하면, 아예 처음부터 준비하는 경우도 많다. 또한 낙하산의 천도 가볍고 튼튼하기 때문에 텐트나 판초 대신으로 사용할 수 있다.

■ 포네틱 코드 (Phonetic Code)
무전이나 전화로 연락을 할 때 알파벳을 잘못 알아듣는 일을 방지하기 위해 사용되는 일종의 암호. 군생활, 특히 포병으로 복무한 사람이라면 매우 익숙한 「하나, 둘, 삼, 넷……」이라는 숫자 기호가 대표적인 예이며, 시대나 국가, 기관별로 다른 기호를 사용하는 경우가 있는데, 현재 가장 널리 쓰이는 NATO 표준 음성코드는 아래와 같다.
A = ALFA(ALPHA) 알파 / B = BRAVO 브라보 / C CHARLIE 찰리 / D = DELTA 델타 / E = ECHO 에코 / F = FOXTROT 폭스트롯 / G = GOLF 골프 / H = HOTEL 호텔 / I = INDIA 인디아 / J = JULIETT 쥴리엣 / K = KILO 킬로 / L = LIMA 리마 / M = MIKE 마이크 / N = NOVEMBER 노벰버 / O = OSCAR 오스카 / P = PAPA 파파 / Q = QUEBEC 퀘벡 / R = ROMEO 로미오 / S = SIERRA 시에라 / T = TANGO 탱고 / U = UNIFORM 유니폼 / V = VICTOR 빅터 / W = WHISKY 위스키 / X = X-RAY 엑스레이 / Y = YANKEE 양키 / Z = ZULU 줄루

■ 포스 리컨 (Force Recon)
미 해병대의 강행정찰부대. 공수강하를 비롯한 특수작전을 실행할 수 있는 능력을 지니고 있으나, SOCOM 산하의 부대는 아니다. 미 해병대는 전통적으로 「모든 해병대원은 전투원이고 정예요원」이라는 사고방식을 갖고 있었기에, 2006년에 「해병 특수전 연대(Marine SpecOps Regiment)」가 출범하기 전까지는 따로 특수부대를 지니지 않았다.

■ 폴딩 스톡 (Folding Stock)
기관부와의 접속 부분을 경계로 하여 접을 수 있도록 만들어진 개머리판을 가리키는 말. 총기를 휴대할 때, 총의 전체 길이를 줄일 수 있다는 장점이 있는데, 접은 상태에서도 사격이 가능하도록 접힌 개머리판이 탄피 배출구를 막거나, 총기의 작동에 방해가 되지 않는 디자인으로 만들어진 것이 많다.

■ 풀 오토 (Full-auto)
「Full Automatic」의 약어로, 완전 자동 사격을 말한다. 방아쇠를 당기면 탄창 안의 탄약을 전부 소모할 때까지 연속으로 격발이 이루어지는데, 보급을 기대할 수 없는 경우도 많은 특수작전에서는 급박한 상황이 아니고서는 잘 사용되지 않는다.

■ 프렌들리 파이어(Friendly fire)
아군에 의한 오인사격. 다시 말해 아군이 아군을 쏴버린 것을 말한다. 특수부대의 대원들은 임무에 따라서 적의 군복을 입고 있거나 고도의 위장을 하고 있어서 피아구분이 어려울 경우가 많으므로, 특히 주의할 필요가 있다.

■ 피카티니 조병창 (Picatinny Arsenal)
미국 뉴저지 주에 위치한 미군의 연구시설. 두 차례의 세계대전 동안에는 탄약과 포탄의 제조거점으로 활용되었으며, 1970년대 이후로는 신기술의 군사적 이용과 개발, 평가를 실시하는 기관으로 미군의 무기 개발에 관여하고 있다. 「밀스펙(MILSPEC, 군용물자조달기준)」등의 군수품 규격을 제정하기도 했으며, 총기용 마운트레일의 대명사인 「피카티니 레일」을 만들어낸 것으로도 유명하다.

■ 픽스 스톡(Fix stock, 고정식 개머리판)
길이를 조절하거나 접을 수 없는 보통의 개머리판. 흔들림이 없기 때문에 CQB처럼 좁은 장소에서의 전투가 아닌 이상은 일부러 이쪽을 선택하는 경우도 많다. 고정식이 아닌 수납식 개머리판을 「리트랙터블 스톡(Retractable stock)」이라 부르는 경우도 있다.

하

■ 헤이그육전조약(Hague Regulation land warfare)
전쟁의 수단이나 방법, 사용되는 무기 등의 제한을 위해 정해진 국제조약. 19세기 말에 네덜란드의 헤이그에서 열린 국제평화회의를 그 기원으로 하며, 1907년에 개정되었는데, 현재도 "전쟁의 규칙"으로서 효력을 갖고 있다. 언론 등의 보도를 보면 국제적인 아이의 탈취로 인한 민사상의 측면에 관한 조약인 「헤이그 국제아동탈취협약(Hague Convention on the Civil Aspects of International Child Abduction)」도 「헤이그 조약」이라 줄여 부르는 경우가 종종 있는데 전혀 관계없는 조약이므로 주의할 필요가 있다.

■ 헤드 샷
인간의 머리 부위를 노려서 쏘는 것. 적이 방탄조끼 등을 착용하고 있을 가능성도 있기 때문에, 특수부대의 사격에선 이 기능을 중요시한다. 돌입작전에서는, 25m 이내에서 헤드 샷을 날릴 수 있는 사격 능력(또는 총의 성능) 정도는 필요하다.

■ 헤클러 운트 코흐
→H&K

■ 헬 위크(Hell Week, 지옥 주간)
네이비 씰에서 실시하는 훈련 메뉴. 수면시간이나, 식사시간, 휴식시간을 극도로 제한하는 가혹한 훈련으로 사망자가 나오기도 한다.

색인

『21世紀の特殊部隊(21세기의 특수부대)』〈上・下〉江畑謙介 著　　並木書房

『世界の特殊部隊(세계의 특수부대)』グランドパワー編集部 著　　デルタ出版

『特殊部隊(특수부대)』《ビジュアルディクショナリー 11》同朋舎出版

『特殊部隊(특수부대)』ヒュー・マクマナーズ 著　村上和久 訳　　朝日新聞社

『現代の特殊部隊(현대의 특수부대)』坂本明 著　　文林道

『戦場の特殊部隊(전장의 특수부대)』アレグザンダー・スティルウェル 著　伊藤綺 訳　　原書房

『米軍サバイバル・マニュアル(미군 서바이벌 매뉴얼)』ワールドフォトプレス 編　　光文社

『米海軍サバイバル・マニュアル(미 해군 서바이벌 매뉴얼)』ワールドフォトプレス 編　　光文社

『グリーン ベレー(그린베레)』ワールドフォトプレス 編　　光文社

『アメリカ特殊部隊(미국 특수부대)』レイ・ボンズ 著　福井祐輔 訳　　東洋書林

『SAS大事典(SAS 대사전)』バリー・デイヴィス 著　小林朋則 訳　　原書房

『KGB格闘マニュアル(KGB 격투 매뉴얼)』パラディン・プレス 編　　並木書房

『図解敵地サバイバル・マニュアル(도해 적지 서바이벌 매뉴얼)』クリス・マクナブ 著　北和丈 訳　　原書房

『サバイバル戦闘技術(서바이벌 전투 기술)』スティーブ・クローフォド 著　小路浩史 訳　　原書房

『イスラエル式テロ対処マニュアル(이스라엘식 테러 대처 매뉴얼)』ハイム・グラノット／ジェイ・レビンソン 著　滝川義人 訳　　並木書房

『COMBAT SKILLS』〈1・2・3〉 ホビージャパン

『SURVIVAL SKILLS』〈1・2・3〉 ホビージャパン

『大図解 特殊部隊の装備(대도해 특수부대의 장비)』坂本明 著　　グリーンアロー出版社

『世界の特殊部隊(세계의 특수부대)』マイク・ライアン／クリス・マン 著　小林朋則 訳　　原書房

『コンバットバイブル(컴뱃 바이블)』〈1・2〉 上田信 著　　日本出版社

『コンバットバイブル(컴뱃 바이블)』〈3〉 上田信／毛利元貞 著　　日本出版社

『[図説] 世界の特殊部隊([도설] 세계의 특수부대)』学習研究社

『[図説] 世界の特殊作戦([도설] 세계의 특수작전)』学習研究社

『ミリタリー・スナイパー(밀리터리 스나이퍼)』マーティン・ペグラー 著　岡崎淳子 訳　　大日本絵画

『世界の最強対テロ部隊(세계의 최강 대테러부대)』レロイ・トンプソン 著　毛利元貞 訳　　グリーンアロー出版社

『SWAT攻撃マニュアル(SWAT 공격 매뉴얼)』グリーンアロー出版社

『警察対テロ部隊テクニック(경찰 대테러부대 테크닉)』毛利元貞 著　　並木書房

『SASサバイバル百科全書(SAS 서바이벌 백과사전)』バリー・デイヴィス 著　滝川義人 訳　　東洋書林

『図解 究極のアウトドアテクニック(도해 궁극의 아웃도어 테크닉)』ヒュー・マクマナーズ 著　近藤純夫 訳　　同朋舎出版

『赤軍ゲリラ・マニュアル(적군 게릴라 매뉴얼)』レスター・グラウ／マイケル・グレス 著　黒塚江美 訳　　原書房

『フランス外人部隊(프랑스 외인부대)』デイヴィッド・ジョーダン 著　大槻敦子 訳　　原書房

『[図説] アメリカ軍のすべて([도설] 미군의 모든 것)』学習研究社

『戦争のルール(전쟁의 룰)』井上忠男 著　　宝島社

『世界の特殊部隊作戦史 1970-2011(세계의 특수부대 작전사 1970~2011)』ナイジェル・カウソーン 角敦子 訳　　原書房

『戦争・事変(전쟁・사변)』溝川徳二 編　　名鑑社

『月刊Gun(월간 GUN)』各号　国際出版

『Gun Magazine』各号　ユニバーサル出版

『Gun Professionals』各号　ホビージャパン

『月刊アームズマガジン(월간 암스매거진)』各号　ホビージャパン

『コンバットマガジン(컴뱃매거진)』各号　ワールドフォトプレス

『ミリタリー・クラシックス(밀리터리 클래식스)』各号　イカロス出版

『歴史群像(역사군상)』各号　　学習研究社

『週間ワールド・ウェポン(주간 월드 웨폰)』各号　デアゴスティーニ

도해 특수부대

초판 1쇄 인쇄 2015년 2월 20일
초판 1쇄 발행 2015년 2월 25일

저자 : 오나미 아츠시
일러스트 : 나카무라 아키오(액티보)
　　　　　후쿠치 다카코
DTP : 주식회사 인사이드
편집 : 주식회사 신기겐샤 편집부
번역 : 오광웅

〈한국어판〉
펴낸이 : 이동섭
편집 : 이민규
디자인 : 고미용, 이은영
영업 · 마케팅 : 송정환
e-BOOK : 홍인표
관리 : 이윤미

㈜에이케이커뮤니케이션즈
등록 1996년 7월 9일(제302-1996-00026호)
주소 : 121-842 서울시 마포구 서교동 461-29 2층
TEL : 02-702-7963~5 FAX : 02-702-7988
http://www.amusementkorea.co.kr

ISBN 978-89-6407-899-0 03390

한국어판ⓒ에이케이커뮤니케이션즈 2015

図解 特殊部隊
"ZUKAI TOKUSYUBUTAI" written by Atsushi Ohnami
CopyrightⒸAtsushi Ohnami 2014 All rights reserved.
Illustrations by Akio Nakamura, Takako Fukuchi 2014.
Originally published in Japan by Shinkigensha Co Ltd, Tokyo.

This Korean edition published by arrangement with Shinkigensha Co Ltd, Tokyo
in care of Tuttle-Mori Agency, Inc., Tokyo

이 도서의 국립중앙도서관 출판예정도서목록(CIP)은 서지정보유통지원시스템 홈페이지(http://seoji.nl.go.kr)와
국가자료공동목록시스템(http://www.nl.go.kr/kolisnet)에서 이용하실 수 있습니다.
(CIP제어번호: CIP2015001603)

*잘못된 책은 구입한 곳에서 무료로 바꿔드립니다.